N
0
20 km
大水上山
帝釈山
尾瀬沼
矢木沢ダム（水）
奈良俣ダム（水）
楢俣ダム（東電）
谷川岳
藤原ダム
利根川
黒岩山
鬼怒沼山
川治ダム
川俣ダム
五十里
白根山
男体山
大谷川
日光
中禅寺湖
片品川
薄根川
白砂山
相俣ダム
赤谷川
皇海山
栃木県
白根山
品木ダム
沼田
薗原ダム
草木ダム（水）
吾妻川
赤城山
八ッ場ダム
南摩ダム（水）
桐生川ダム（県）
鳥居峠
渋川
群馬県
榛名山
榛名湖
渡良瀬川
浅間山
桐生
前橋
鼻曲山
霧積ダム（県）
旗川
足利
安中
高崎
秋山川
鳥川
碓氷川
鏑川
矢場川
八斗島
館林
渡良瀬遊水地
本庄
富岡
神流川
小山川
利根大堰（水）
福川
羽生
熊谷
行田
栗橋
下久保ダム（水）
加須
久喜
埼玉県
大落
元荒川
桶川
三国山
桶川
大宮
浦和
東京都
凡　例
ダム（完成）
ダム（工事中）
堰

アーカイブス　利根川

宮村　忠　監修
アーカイブス利根川編集委員会　編

信山社サイテック

歴史

利根川のあゆみ

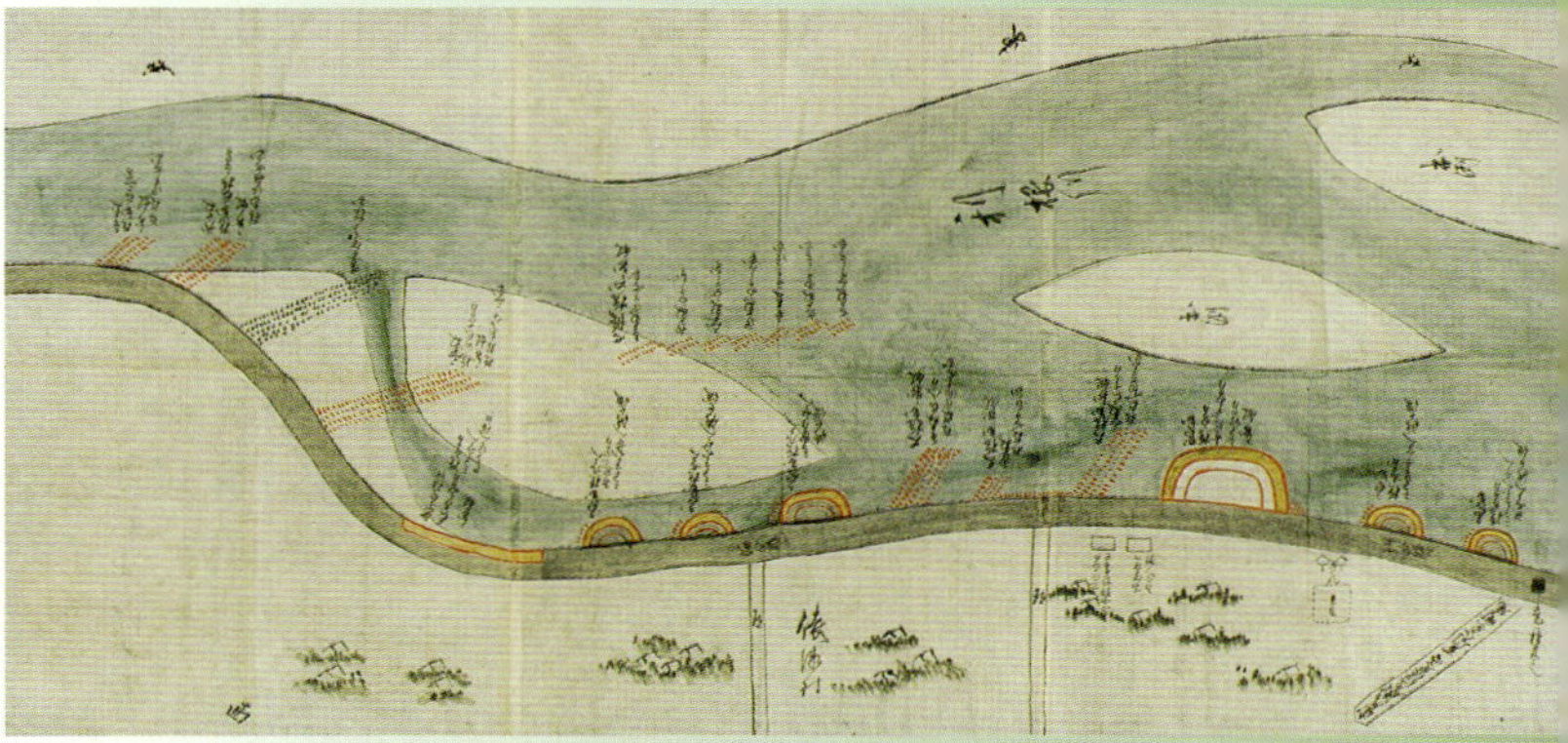

寛保二年（1742）の大名手伝普請絵図（岩国徴古館蔵）

12年に一度行われる香取神宮式年神幸祭（佐原市：津の宮大鳥居）（写真提供：香取神宮）

利根川のながれ

日光連山

関東三大堰の一つ・岡堰（小貝川）

❻江戸川分派点

❼利根運河・鬼怒川合流点

霞ヶ浦

❽佐原付近

❾利根川河口（銚子）

（写真提供：国土交通省関東地方整備局）

―源流から河口まで―

❶利根川の源流―大水上山

❷坂東大橋と烏川合流点付近

❸利根大堰

❹渡良瀬遊水地

❺渡良瀬川合流点

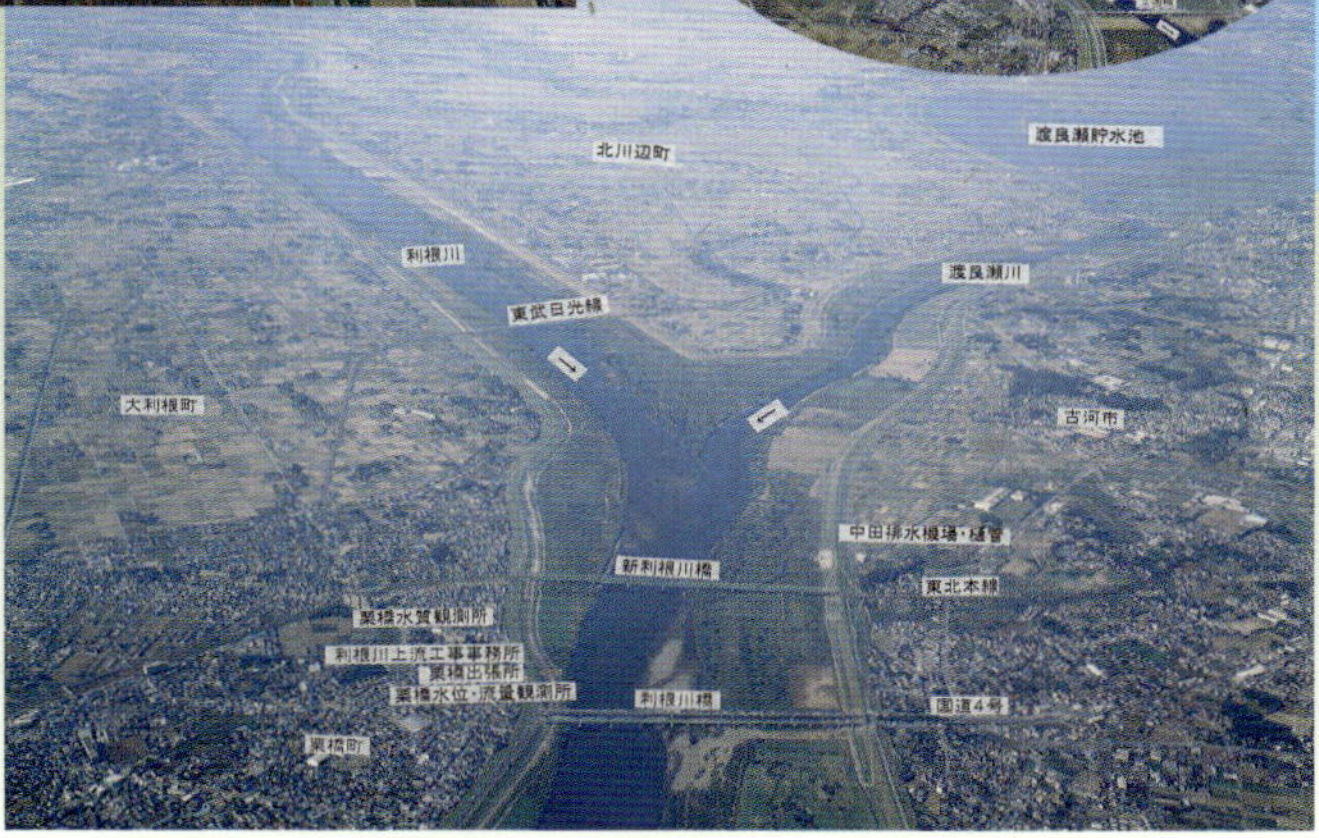

絶滅が危惧されているフジバカマとアサギマダラ
（写真提供：鷲谷）

小貝川の河畔林に咲くヒメアマナ
（写真提供：鷲谷）

利根川の栗橋地点で見られるハクレンのジャンプ（写真提供：栗橋町）

吹割の滝（写真提供：群馬県東京事務所）

利根川のめぐみ

自然

はじめに

アーカイブス利根川をおとどけします。

利根川は、ことのほか人間の臭いの強い河川です。なにしろ、首都圏を育てあげてきた川です。しかも、過去の事象にとどまらないで現代も、将来についてさえ、首都圏は利根川と密接にかかわりながら進まなくてはなりません。しかも、多面な内容です。

そんな利根川を紹介するためには、やはり「人」の動きに視点を置いた方が良いと判断しました。少々「人」の動きが激しかったり、交叉して判りにくいかもしれません。そっとしのびよる動きも加わっています。ひょっとすると、統一とか、連続とかの概念に欠けていると映るかもしれません。でも、利根川の複雑多岐な内容を紹介するためには、かえってその方が良いのではないかと判断した次第です。いろいろな方々が、とり組み易い内容をみつけて、利根川への一歩を踏みだすときの、あるいはのめり込んでもらう際の案内になれば幸いです。

所々に、コラムも導入してあります。このコラムは、もちろん本文を補う意味もありますが、利根川の紹介には、ぜひ加えておきたいことを選んであります。楽しんでいただけたらと思います。

平成十三年九月

監修　宮村　忠

目次

利根川の様々な姿 …… 宮村 忠（関東学院大学教授） 1
利根川東遷 …… 松浦茂樹（東洋大学教授） 31
近世利根川の水害と大名手伝普請 …… 大谷貞夫（国学院大学教授） 51
足尾鉱毒事件と渡良瀬遊水地 …… 松浦茂樹（東洋大学教授） 73
カスリーン台風 ― 利根川大決壊・関東水没 ―
◇敗戦後の東日本を襲った超大型台風◇ …… 高崎哲郎（帝京大学短期大学教授・作家） 97
母なる川、父なる川に想う
― 日光東照宮と稲荷川・大谷川 ― …… 稲葉久雄（日光東照宮宮司） 113
中川低地に人が住む！ …… 今井 宏（元草加市長） 127

◇コラム◇
回向院と大相撲 3
小貝川の水害と母子島遊水地 11
論所堤 13
霞ヶ浦の漁 16
行徳の塩と江戸の舟運 19
利根川の水位表示塔（栗橋と久喜） 26
利根川の水塚 69
渡良瀬遊水地のレクリエーション 93
戸ヶ崎神社の三匹の獅子舞 110
葛老山の大崩落と五十里ダム 125
草加せんべい 140

利根川舟運と川湊―その来し方、行く末―……三浦裕二（日本大学総合科学研究所教授） 143
都民が求める利根川の水……宇賀田浩（㈱平野都市開発研究所顧問・元東京都都市計画局参事） 161
利根川と葛西用水の歴史……三ツ林弥太郎（葛西用水路土地改良区理事長） 179
河川敷を滑走路に◇花盛りのスカイスポーツ◇……井出隆雄（ジャーナリスト・元朝日新聞記者） 199
伊能忠敬と佐原……小島一仁（日蓮宗浄国寺住職） 217
氾濫原の植生と植物……鷲谷いづみ（東京大学教授） 231
ハクレンのジャンプ……金澤　光（埼玉県農林総合研究センター　水産支所主任研究員） 243
利根川と霞ヶ浦……椎貝博美（山梨大学長） 261
利根川いろいろ情報……アーカイブス利根川編集委員会 277

醤油と利根川―むらさきの香りのする町 158
ビールと利根川 177
吉川のナマズ 194
江戸川の「大凧あげ祭り」 213
香取神宮の式年神幸祭 228
うどんと利根川 258
利根川の風景―田山花袋「田舎教師」 274

利根川の様々な姿

宮村　忠（関東学院大学教授）

利根川には、幾多の橋が架かっている。最下流の橋が、銚子大橋である。銚子大橋のところでは、川幅が一〇〇〇メートルほどもあるが、三〇分も川沿いを下流に歩けば川幅は五〇〇メートルにも狭まってしまう。まるで利根川は、延々と流れつづけてきた水をしぼりだすようにして、太平洋に注いでいる。しかも、狭い河口には岩礁が多く、有数の難航の場である。そのため、銚子港は利根川の河口港ではあるが、海との連なりに苦慮してきた。言ってみれば、利根川は海との結びつきが、存外不得手な河川である。

そんな利根川も、少し以前まで江戸湾・東京湾に流れていた。すっかり流れを変えて、利根川の洪水の大部分さえ太平洋に注ぐようになったのは、二〇世紀になってからである。

そんな故事を物語ってくれる石塔がある。大相撲の本拠地、両国の国技館近くの回向院境内奥に、あまり目立たないが、長身の石柱が建っている。天明三年（一七八三）浅間山大噴火による犠牲者の供養塔である。

浅間山は今日でも度々爆発するが、「鬼押し出し」を造った天明三年の大噴火が特に激しかった。この大噴火の降灰は関東はもとより、出羽、奥州にまでおよび、すでに始まっていた凶作を受けて近世史上もっとも深刻な天明大飢饉を決定づけたといわれている。噴火による直接的な被害も大きく、吾妻郡鎌原村でも総人口五九七人の中、四七七人が燃えたぎる熔岩にのまれた。鎌原観音の石段一五〇は、一五段を残すだけで、唯一埋没をまぬがれこの石段にかけあがった九三人だけが生きのこったという。

鎌原にあふれた熔岩は、吾妻川支川羽尾川を堰止め、深い湖を造った。やがて激震は満々と水を湛えた堰止め湖を決壊させ、大爆発に恐れおののく吾妻川沿岸の村々を襲った。沿岸の耕地、住居をまき込みながら利根川に注いだ激流は、前橋から伊勢崎付近まで荒廃させた。焼石砂を伴った激流は、家を流し、耕地を埋没・流失させ、人畜の足を焼きちぎった。おびただしい流木を伴ったこの洪水は利根川左右岸を破壊し、ついに隅田川を経て江戸湾に注いだ。隅田川での水位はそれほど高くなかったが、押し流されてきた流木群を撤去しきれず、ついに両国橋、新大橋が流失した（**図１**）。

この洪水による死者は二〇〇〇余人を記録した。かつての利根川の河道を辿って両国橋付近に流れついた死者の群れは、回向院に葬られ、供養石塔に伝承されている。昭和五四年（一九七九）から、「東洋のポンペイ」鎌原村の発掘が開始され、学術調査のスポットが当てられて、近代的な資料館も設置された（**図２・写真１・写真２**）。

利根川の支川吾妻川上流で発生した自然の猛威が、利根川の流れを顕すように、下流にとどいた。こうして回向院の片隅に建っている一つの石塔は、自然が自然の中に刻み込んだ記録と、人間が自然との中におりなすドラマをえがいている。また、たった一つの石塔に、時のつながりと利根川の広がりが語られている。

図１　天明３年の浅間山の大噴火の絵図（長野県小諸市三斉津洋夫家蔵）
〔出典〕「利根川洪水ものがたり」、（財）河川情報センター発行

回向院と大相撲

天明年間に起こった浅間山の噴火は、多くの犠牲者を出しました。その犠牲者の亡骸は、利根川の河道を下り、両国橋へと流れ着き、回向院に葬られ供養石塔が建てられました。

この回向院は、今からおよそ三四〇年前の明暦三年（一六五七）に開かれた寺院です。この年江戸では「振袖火事」と呼ばれる大火事があり、江戸市街の約六割が焼土と化し、一〇万人以上の人命がうばわれました。この大火での犠牲者のほとんどは、身元や身寄りがわからない人々で、回向院はそんな身元不明の無縁仏を葬るために開かれました。

江戸幕府は、このような無縁の犠牲者の亡骸を手厚く葬るようにと、回向院に「万人塚」を設けました。こうして、無縁仏の冥福に祈りをささげるための御堂が建てられたのが、回向院の歴史の始まりです。その後、火災・風水災・震災など身元不明の犠牲者を葬る習わしが、幕府や市民の間に生まれ、日本一の無縁寺となりました。

ちなみに、「江戸の義賊・鼠小僧次郎吉」の墓などもあり多彩です。

この回向院のもう一つの顔として、江戸時代より災害復興事業のための寄付を募る、いわゆる「勧進相撲」が行われていました。

写真１　鎌原観音堂

写真中央に見える15段の石段が浅間山大爆発の際埋没を免れた。

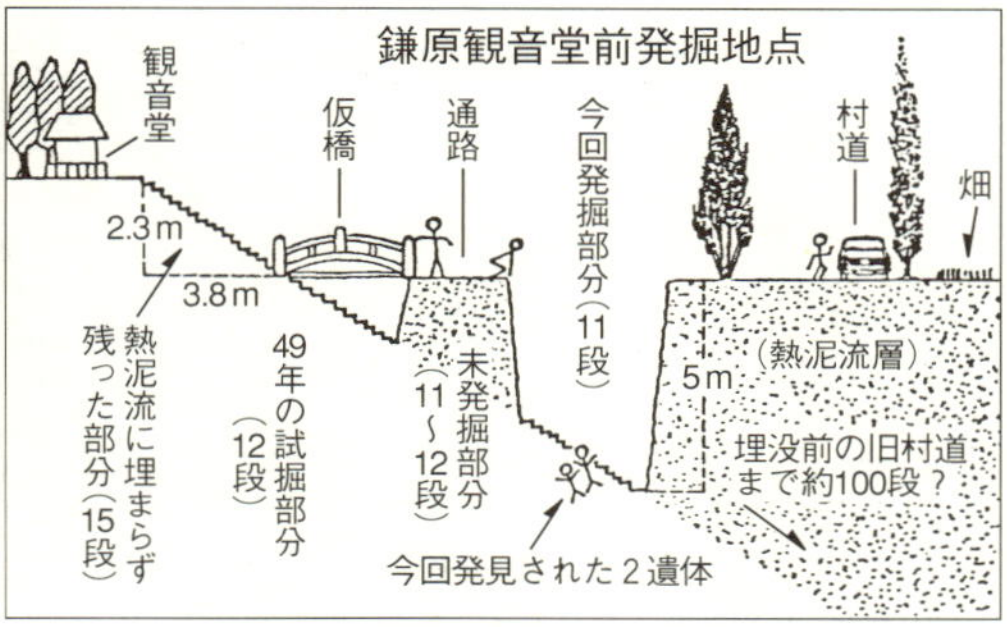

図２　鎌原観音堂前発掘地点

〔出典〕「嬬恋・日本のポンペイ」、東京新聞出版局発行

「勧進相撲」が回向院境内で初めて行われたのは、明和五年（一七六八）のことです。以来、「勧進相撲」興行は回向院を中心に行われていましたが、その他に地方巡業も行われていました。とりわけ、河川改修工事や水害復旧工事の竣工記念に盛大な相撲が行われてきました。

その後天保四年（一八三三）の一〇月から、春秋二回の興行となり、この年から明治四一年の旧両国国技館が完成するまでの七六年間、「回向院相撲の時代」が続くことになります。旧両国国技館に大相撲の舞台を移したことで「回向院相撲の時代」は終わりを告げましたが、相撲と回向院のつながりは断たれませんでした。それが境内に建つ「力塚」と刻まれた巨大な石碑です。

利根川では、古くから大仕掛けの相撲大会が催されてきました。近年では、昭和三年の利根川補修記念の完成にあたって、大相撲興業が挙行されました。こうした大仕掛けの興業とは別に、川にまつわる水神祭などでも相撲大会が行われ、今でも伝統行事となって残っています。

「勧進相撲」からはじまった両国の大相撲は、その舞台を回向院から両国国技館へと場所を移し、今なお人気は大変なものです。しかしその背景には、災害の犠牲となった多くの人々の鎮魂の意も含めていることを忘れずにはいられません。

写真２　両国回向院境内の天明３年浅間山大噴火殃死者石塔

利根川は、日本最大の流域面積を有している。しかも山地部の面積が平野部の面積と四対六の割合になっている。日本の河川は、山地部が流域の大部分を占め、平野部が著しく小さいことを特徴としている。そのことを、「日本の川は急流」と表現するのであるが利根川はそうした概念を大きくはずれ、むしろ平野部が流域を支配している形である（表1）。

このことが、人間生活にどのような影響をもつのだろうか。

かつて日本の川の経済力は、流域の水田面積で考えられた。したがって大規模な平野ほど価値の高い川ということになる。まさに利根川は、日本最大の経済力をもった川といって良いだろう。それだからこそ、利根川の下流に江戸幕府を開いたので、徳川家康の達見と評されるところである。

ちなみに、一〇万町歩以上の水田を擁する川は、淀川・信濃川・北上川、そして利根川だけである。しかも前者が一〇万町歩～一三万町歩であるのに対して、利根川は二〇数万町歩と、格段である。

利根川の平野部は、水田が展開されている沖積平野だけでなく、台地の面積も大きく、畑作と平地林が広く分布している。台地の畑で大豆が獲れ、松林と合わせて醤油産業が発達したり、五穀（麦・粟・豆・黍・稗）が栽培され、時には飢饉を凌ぐことができた。

水田が分布している沖積平野は、氾濫原でもある。したがって、利根川は洪水氾濫の規模がとりわけ大きいということになる。しかも、利根川中流右岸側の氾濫形態は、日本の川の中で変則である。沖積平野に氾濫した洪水は、時を経て再びその川に排水される。ところが、利根川右岸側の氾濫、例えば昭和二二年（一九四七）のカスリーン台風時の破堤では、氾濫

表1　日本の主要河川の山地と平野面積

	流域面積（km^2）	山地面積（km^2）	山地（%）	平野面積（km^2）	平地（%）
多摩川	1,240	825	66	419	32
荒川	2,940	1,475	50	1,465	50
利根川※	16,840	7,240	43	9,600	57
淀川	8,240	5,850	71	2,340	29
北上川	10,150	7,566	75	2,584	25
石狩川	14,330	10,268	71	4,062	29
信濃川※	11,900	99,996	84	1,904	16

※国土交通省提供資料より（利根川については、河川・湖沼を平野部に含める）。

〔参考資料〕河川便覧2000年版　各河川概要パンフ

流は利根川から離れて東京湾岸に向かった。もっとも、少し以前に遡れば、利根川が江戸湾・東京湾に流れ出ていたのであるから、他の川と同じように元の川に排水されていた。別の表現をすれば、近代的な利根川の特徴ということになる。

氾濫の方向だけでなく、利根川中流部から取水する農業用水も利根川にはもどらない。農業用水はかんがいした後、その川に還元する。ところが、利根川中流部右岸の農業用水は、中川に排水して東京湾に流出してしまう。この型も利根川の特徴であるが、氾濫と同様に近代的な特徴ということである。

流域面積の中で山地部の占める割合が小さいという地形特性は、水資源の面では不利となる。しかも、利根川流域の降水状況は、山地部で必ずしも有利とはいえない。冬季においては山岳部の降水量が平野部に卓越しているものの、夏季にはその差が著しく小さい。流域面積に比してダムの支配面積が小さい利根川では、積雪と梅雨期の降雨への期待が大きいが、それだけにこの時期に雪や雨が非常に少ないと、たちまち渇水に見舞われることになる。

利根川においては従来、平野部の農業水利は平野部の降雨に強く依存してきた。ところが、新規水需要の増大に対応するため水源施設の近代化を進めてきた。その一方で、水源山地への依存度が強まるにつれ、利根川流域の降水特性が水資源を不安定な方

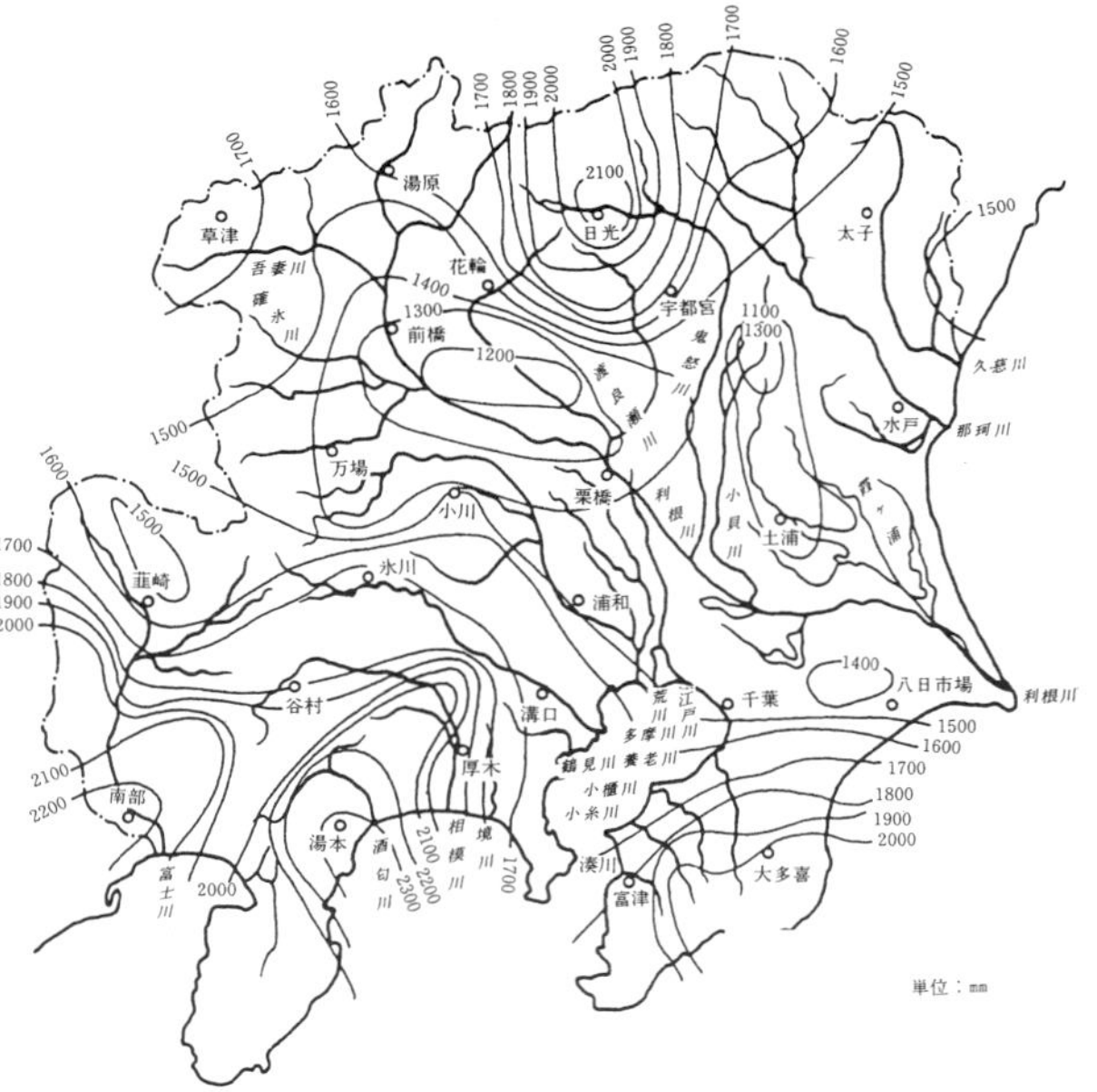

図3　利根川流域の年降水量

〔出典〕国土交通省資料より

向に誘導しつつあるともいえよう。渇水時にはこの特性が大きく現れ、「雨が降っても、ダムには降らない」というやっかいな話題が度々登場してしまう。

流域面積が大きいと、雨の降り方も一様ではない。むしろ流域面積が大きいと雨はその中で局部的となる。したがって、大きな流域を有する川の洪水は局部的な雨で決定され、小規模な流域の川ほど全体的な雨で洪水が発生する。明治以降の利根川大洪水をみると、明治四三年（一九一〇）は烏川・神流川に、昭和一〇年（一九三五）、一三年（一九三八）、一六年（一九四一）は榛名山の北麓を中心とした吾妻川下流部と小貝川・霞ヶ浦周辺に、昭和二二年（一九四七）には赤城山の山麓に集中した豪雨で発生している。近年では、昭和五六年（一九八一）、利根川への合流点付近の小貝川左岸が破堤した洪水は、吾妻川の豪雨が際立っていた（図3）。

利根川には吾妻川、片品川、烏・神流川、渡良瀬川、鬼怒川、小貝川の支川群がある。合流する支川群だけでなく、江戸川を分派し、さらに下流河口近くに霞ヶ浦・北浦の大きな湖沼を配している。そしてこれらは、利根川流域の中で、独自の文化圏・社会圏を培ってきた。

烏川には、明治三年（一八七〇）・フランス人技師を招いて富岡製糸工場がつくられた（写真3）。明治政府の殖産興業政策による官営工場で、士族出身の女工二〇〇〇人を養成した。彼女達は、ここから全国に散って、機械生糸の普及に貢献した。先端技術を学ぶ街は、西洋館も多く建てられ、大いに賑わった。招聘されたフランス人技師達の避暑地軽井沢のために、碓氷峠越えがはじまり、やがて信越線まで開通することになった。

従来、烏川は、関東山地にとじこめられた形で、西方への交易がきわめて

写真3　富岡製糸工場

レンガ造りの建物が現在も残されている。

乏しかった。それだからこそ、かえって近代化への柵みのない流域で、いち早く先端技術、西洋化を受け入れた。

一方、柵みの強すぎる吾妻川は、利根川の中で、というよりも全国の中でも特異な存在である。そのことを象徴するような人物がいた。吾妻川上流出身で、幕末の横浜開港直後に横浜の生糸商人として活躍した中居屋重兵衛は、その印章に「鳥居川の住人中居屋重兵衛」と刻んだ。吾妻川上流を、鳥居川と称したのである。鳥居川は、鳥居峠を経て信州上田へ通ずる。つまり吾妻川上流は、下流への連らなりでなく、流域を越えて信州上田の文化圏に属している。吾妻川上流妻恋村の高原キャベツも、信州上田の篤農に拠っている。吾妻川は、名勝吾妻峡谷で流域面積も延長もほぼ二分される（写真4）。吾妻峡谷を挟んで、上流を鳥居川と称してきた。源義経を追ってきた頼朝軍は、「奥へ逃げた」と吾妻峡谷近くの川原湯へ向かったそうである。下流へ下りることを「奥へ逃げた」などとは、異なことである。吾妻川は、二つの川―鳥居川と吾妻川―が峡谷によって分断されてきたのである。老人の柵みというわけではなく、若い人たちの日常生活や就職・進学にもあらわれている。吾妻峡谷には、発表されてからもう半世紀にもなる八ツ場ダム計画があり、近々やっと工事に着手することになった。この八ツ場ダムは、ダム建設の評価だけでなく、史上初めて吾妻川の流域圏を生みだす方向へ大きく歩みだした（図4）。

写真4　吾妻渓谷（写真提供：国土交通省）

明治四〇・四三年（一九〇七・一〇）の群発した破砕帯地辷りと土石流によって、利根川水系治山・砂防の嚆矢となった神流川は、三波石の銘石で知られている。

二〇〇〇メートル級の高山にぐるりと囲まれた片品川は、広がりのない山岳文化の川である（**写真5**）。

足尾鉱山と鉱毒事件で公害の原点といわれる渡良瀬川は、かつて隆起扇状地の新田開発のために苦闘の歴史をのこしている（**写真6**）。

鬼怒川は日本の水力発電所発祥の地で、しかも水力発電を使って電車や集中暖房をくみ込んだ総合開発が構想された（**写真7**）。実現しなかったものの、近代文明をいち早く具現化しようとした。その下流平野では、近代的な頭首工が造られるまで、広い河原から農業用水を導水・取水するために苦闘してきた。

かつては鬼怒川に合流していた小貝川は、鬼怒・小貝の分離と呼ばれる改修工事で独立した川となった。小貝川には、福岡堰・岡堰・豊田堰があって、関東三大堰と称してきた用水型河川の代表である（**写真8**）。

利根川から分派している江戸川は、古くから今に至るまで、江戸へ向かう川である。舟の時代から、上水道に内容は変わったが、江戸・東京とのつながりから、利根川政策でかぎりなく重要視されてきた（**写真9・写真10**）。

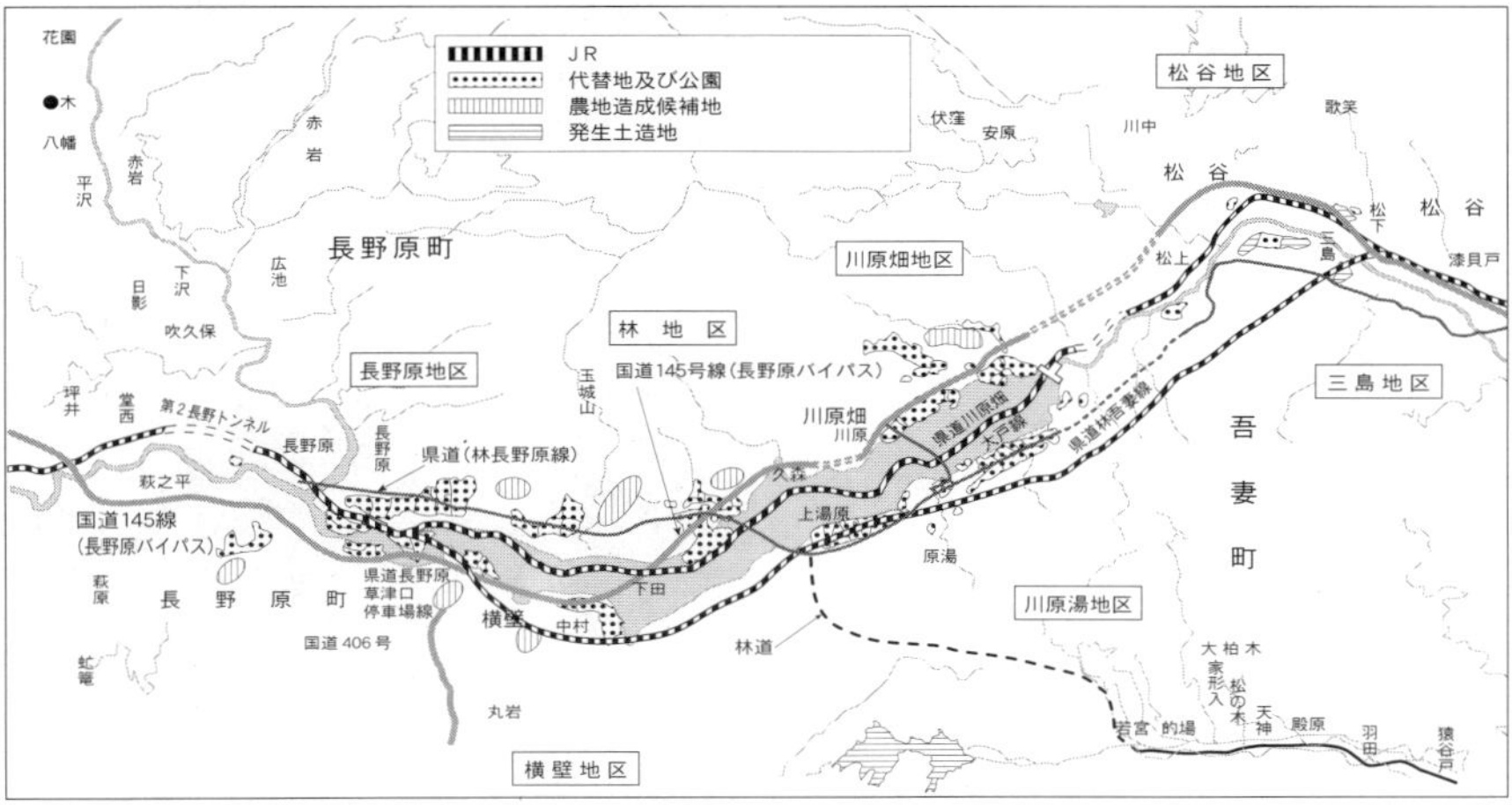

図4　ハツ場ダム計画図（周辺整備）

〔出典〕国土交通省パンフレット

写真５　片品川の吹割滝
（写真提供：国土交通省）

写真６　渡良瀬川の岡登神社と岡登用水絵図

写真８　関東三大堰の一つ：福岡堰
（写真提供：国土交通省）

写真７　鬼怒川・所野第１発電所
明治30年（1897）発電開始

小貝川の水害と母子島遊水地

小貝川が大谷川を合流する地点、茨城県下館市と明野町に、広大な「母子島《はこじま》遊水地」が平成三年度に完成しました。遊水地建設に伴い、五集落一〇九戸が国道二九四号バイパスが大谷川を渡る位置に造成した高台「旭ヶ丘」に集団移転しました。

母子島遊水地は、洪水によって小貝川が増水したとき越流堤から増水した水を遊水地に導き入れて溜め込み、洪水の危険が去った時点で小貝川に戻してやることにより、下流への水量を減じて小貝川全体の安全性を高めます。遊水地内は、洪水の時はこうして水を溜め込みますが、通常は今まで通り農地として利用できます。集団移転した方々など田畑の所有者に対しては「地役権補償」を行って、洪水時に水を溜めることを認めていただいてます。こうした集団移転を伴う遊水地建設は関東において初の事例です。

小貝川では、昭和六一年（一九七六）八月台風一〇号により上流域で三一八・一ミリの降雨にみまわれ小貝川観測史上最大の出水（概ね一五〇年に一度程度の大洪水）となりました。この洪水により、小貝川沿川では二ヶ所で破堤したほか各所で浸水被害を出し、約四三〇〇ヘクタール、浸水家屋四四七九戸に及びました。中でも、下館市は、市の面積の四分の一が浸水し、特に小貝川と五行川、小貝川と大谷川とが合流する地域で大きな被害を受けました。こうした被害が再び起こらないようにするための特別な事業として「直轄河川激甚災害対策特別緊急事業（通称：激特事業）」が行われることになり、母子島遊水地建設事業が始め

写真10　江戸川：金町浄水場の取水塔

写真９　江戸川：関宿水閘門

（写真提供：国土交通省）

られ、昭和六三年度に完成した次第です。

この事業では、遊水地面積一六〇ヘクタール、治水容量（洪水調節）約五〇〇万立方メートルで、堤防延長一万四六〇〇メートルであり、囲繞堤、周囲堤、小貝川左岸・右岸および大谷川右岸堤が築造されました。越流堤は、小貝川沿いに延長三七〇メートル建設されております。

集団移転地は、盛土高約五メートルで、総面積一四・四ヘクタールです。盛土は、沈下を起こさないように礫質土で行い、表面には砂質土を入れ、植物が植えられるようにしております。街は「環境協定」をつくり自主的に「新しい街づくり」を行っており、静かで美しい整然とした住宅地が出来上がりました。

集団移転地（旭ヶ丘）

小貝川：母子島遊水地

越流堤

利根川には、二つの狭窄部がある。利根大堰の位置から上流側に酒巻・瀬戸井（コラム・論所堤参照）小貝川合流点より下流側に布川・布佐の狭窄部である（図５）。

この狭窄部が自然的条件なのか、人為的につくりだされたものなのか定かではない。しかし、利根川政策にとってきわめて重要なポイントで、この狭窄部を夫々の時代でどのように考えてきたのか、その追究は興味深い。

日本の河川では、度々こうした狭窄部を介在させてきた。人為的に狭窄部におし込んだり、築堤で補強して狭窄部を確固たるものにしたりもしてきた。とくに大平野を流れる川を管理するためには、狭窄部をどう配置するか、狭窄部をどのように利用するかが重要な課題となる。洪水に対しても、渇水に対しても、舟運にとっても、生物環境にとっても、さらに景観の視点からも、話題になるところである。

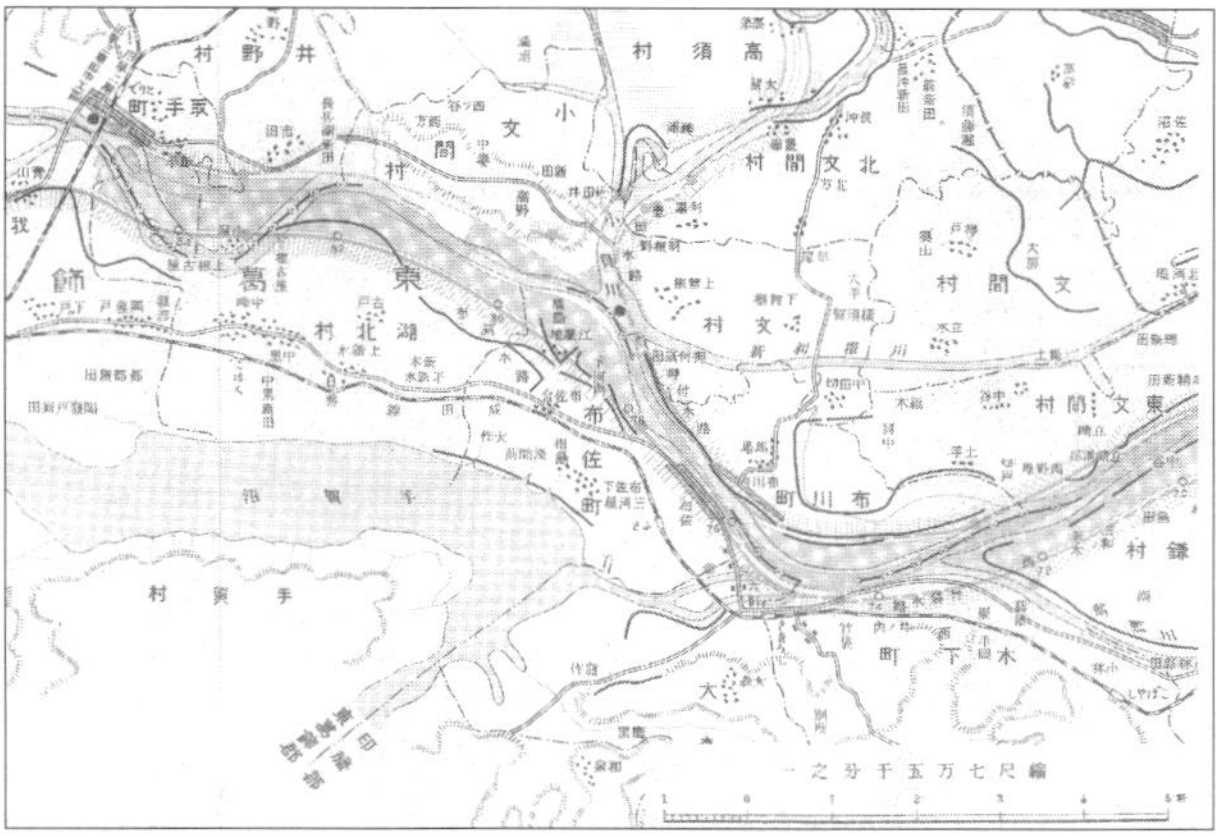

図５　布川・布佐の狭窄部

〔出典〕利根川第二期改修工事平面図（縮尺：7,5000分の1）
内務省土木局「昭和５年度直轄工事年報附図」

論所堤

論所堤《ろんじょてい》、聞き慣れない言葉ですが、我が国の治水史においては大変重要なものです。河川の堤内、堤外に限らず、その堤防による利害が対立する場合に、あらかじめ堤防の維持、管理、補修、水防活動等について関係者が取り決めをしておく堤防のことをいいます。近世初期から全国に分布しており、特に利根川の中条堤はその代表格として知られています。

埼玉平野の北西部、妻沼・南河原の町村境で利根川に合流する福川の右岸が中条堤と呼ばれています。この中条堤は、上流で氾濫した利根川本川の氾濫水と、小山川、福川からの氾濫水を集めて排水し、また福川に利根川の洪水を逆流させて福川沿川に遊水させて、利根川の洪水負担を軽減させ、忍領はじめ下流側を水害から守るためにつくられたといわれています。この中条堤より上流の上郷《かみごう》、下流の下郷《しもごう》は、治水・利水両面において利害が相反するところになります。つまり、中条堤によって守られる下郷は中条堤を堅牢にし防御するのに対して、中条堤によって被害を受ける上郷がこれを撤去せんとするために、論争・紛争が起こるのです。

中条堤は、熊谷扇状地の扇端部下流にあって、中世より溜井としてつかわれていたようです。よって、上郷も下郷にとっても中条堤は水源として重要なものでした。そして、近世江戸時代となり、忍城の重要性が増大し、次第に修築が繰り返され、治水機構が高められてきたのです。中条堤は、慶長年間（一五九六〜一六一四）、貞享年間（一六八四〜一六八七）に水除堤として強化され、享保年間（一七一六〜一七三六）に四方寺堤により益々堅固な治水施設となり、文禄年間（一五九二〜一五九六）に改修された利根川左岸の文禄堤の機能と合わせて、利根川河道に著しい狭窄部（酒巻〜瀬戸井間）を形成し、上流側に大規模な遊水地を生み出し、利根川治水の要の役割をはたすことになりました。

この間、上郷・下郷の対立が激しくなったため、幕府老中をつとめた忍城主の

強権を背景に、堤内外の四三ヶ村で構成される「中条堤組合」がつくられ、詳細かつ厳重な取り決めのもとに堤防の管理・運営が行われていました。

明治になり、徳川幕府が崩壊して、「中条堤組合」による制御機能が弱まると、上郷・下郷の対立は一挙に表面化し、連年のように激しい実力闘争がくりひろげられました。明治二九年大洪水のときは、中条堤の破損カ所の補修をめぐって実力対立し、上郷を支持した県当局に対して下郷が大挙しておしかけ、官憲と衝突するにいたりました。明治四三年の大洪水による中条堤欠壊は、その事後処理をめぐって知事不信任決議が採択されるなど埼玉県政を大混乱におとしいれました。地元民は大挙県庁に押し寄せ、警官隊と激しく衝突しました。そして、各種の調停工作が続けられ、明治四四年に覚書が作成されようやく解決されました。この調停案の骨格は、県が内務省に迫って利根川改修の速成（利根川堤防の築造）を期すること、中条堤の高さは従来通り、ただし堤防を堅牢化するというものでした。

こうして、利根川改修工事が進められ酒巻・瀬戸井の狭窄部の解消など新しい治水機構を形づくりながら、中条堤をめぐる激しい争いは、ようやく姿を消すことになりました。

〔出典〕宮村　忠「利根川治水の成立過程とその特徴」（アーバンクボタ一九、一九八一）

中条堤の機構と地域概要

〔出典〕宮村　忠：「水害」治水と水防の智恵、
中公新書（1985）、中央公論社

利根川の平野部は、近世初期まで湖沼地帯を形成してきた。この湖沼地帯が、近世中期から干拓の対象となってきた。この名残が、たくさんの地名にあらわれている。こうした利根川中・下流域の湖沼干拓は、北上川、信濃川、最上川、岩木川などとともに、西南日本の海面干拓と大別されるところである。しかも利根川では、湖沼干拓によって水田面積が倍増している（**写真11**）。この湖沼干拓は、近世中期にほぼ形をととのえ、近代にまでもちこしたのは印旛沼・手賀沼と霞ヶ浦である。いずれも湧水が多いことと、決め手となる排水が困難なためである。それでも印旛沼と手賀沼は、近世後期から度々干拓の構想が俎上に上がってきたが、霞ヶ浦は昭和二〇年代の緊急食糧対策でも、日本の低地湖沼では唯一干拓の対象として検討されなかった。おそらく、霞ヶ浦の流域面積が大きすぎることと、洪積台地からの湧水が干拓を不可とし、部分干拓にとどめてきたのだろう。

霞ヶ浦の漁

茨城県には日本で二番目に大きい湖「霞ヶ浦」があります。

霞ヶ浦は、豊かな漁場でもあり、古くから漁業が行われていました。太古の時代は、海だったこともあり、周辺の古墳群の貝塚から、魚の骨、貝殻、釣り針などが出土することから、人々と霞ヶ浦の漁の関わりには古い歴史があることがわかります。

写真11　印旛沼干拓
（写真提供：国土交通省）

霞ヶ浦の魚種は豊富で、有名なワカサギをはじめ、コイ、フナ、エビ、ハゼ、タナゴ、ウナギ、ナマズ、シラウオ、ドジョウ、ソウギョ、レンギョ、ボラなど。シジミなどの貝類なども沢山生息しています。これらの豊富な魚介類は、人々にとっての貴重なタンパク源でもあります。コイは旨煮や洗い、コイコク等として調理され、ハゼや川エビ、ワカサギ、小フナ、シジミなどの貝類は佃煮として食されています。この貴重なタンパク源を獲得するために、様々な漁法が生み出されました。

霞ヶ浦は漁法の宝庫でもあります。その種類はざっと二〇種類以上もあります。網を固定する「定置式漁法」。張網、網代、笹浸し、簀立て、長袋網、鰻竹筒などがあります。これに対して、船に乗り、移動しながらの漁もあります。帆引き網、投げ網、大徳網、掛網、川地引網、掛網などがそれです。これ以外には、柳などの木を束ね、沈めておく粗朶漁法やシジミなどの貝類の漁獲用に熊手に網の付いたまんぐわ漁法があります。現在では、漁以外にも、網生簀によるコイの養殖も行われています。

こうした種々の漁法の中で有名な漁法といえば、「大徳網」と「帆引き漁」があります。

「大徳網」は、大きな袋状の網の両端を同時に引きながら、魚を漁獲する漁法です。網の引き方は2種類あり、岸から網を引き上げる、地引き網を「岸大徳」、船で引くものを「沖大徳」と呼びます。「大徳網」は、歴史的にも古く、一度で多量の漁獲が望めることから「大徳」と名付けられました。

漁の季節と漁獲種は、七〜一二月がワカサギ・シラウオ、一〜三月がコイ・フ

霞ヶ浦で漁をする帆引き船（写真提供：水資源開発公団）

ナなどを漁獲しています。「大徳網」は人数を多数必要とする漁でした。これに対して、明治一三（一八八〇）年、霞ケ浦町に住む折本良平が考案した「帆引き船」によるワカサギ漁は、風力を利用して船と網を引く漁法です。この漁法の最大の特徴は、船を横に走らせることで、帆に受ける風圧と引いている網の水圧のバランスをにより袋網を引く漁法です。また、何といっても少ない人数で漁をすることが出来ました。

真っ白な帆が美しいラインを描く帆引き船は、かつては霞ヶ浦・北浦に多数浮かび、風物詩の一つとなってました。

しかし、現在では専らエンジンの付いた漁船によるトロール漁法が行われるようになったことや、特殊な技術を要する帆引き網漁船を操船できる漁師さんも年々減少していることなどから、今では帆引き網漁船の操業はほとんどみることができなくなりました。

現在は観光操業として湖面に帆を広げています。

〔参考〕水資源開発公団＝「霞ヶ浦開発事業誌」平成八年三月

平野部が広大であることは、海の魚への期待が小さく、淡水魚への依存が大きくなる。そこで、利根川中・下流域では、川や沼沢地はもとより縦横にはりめぐらされた農業用水路を中心に、養魚が盛んであった。とくに氾濫に備えた水屋では、氾濫流のエネルギーを減殺したり、田舟をこぎだす水路も兼ねて周囲に堀をめぐらせ、その中が養魚の場となってきた。淡水魚の養殖は、食べ物だけでなく、近世後期から、とりわけ近代初期に大生長したのが観賞魚―金魚―である。金魚の養殖は、清涼すぎる水ではだめで、さりとて水質が悪すぎてももちろん無理である。ほど良い水質で、しかも養殖用の囲み池が容易にできるところが適している。そんな要素をかなえるところが、大規模な農業用水の末端付近となる。江戸川の下流右岸地帯が、この条件に適うところであった。東京と埼玉県の境界にある水元公園には、こうした地場産業を育成するために東京都の水産試験分所がある。もっとも、この金魚の品種改良を目途とした水産試験場も、第二次大戦の食糧難時代には、金魚から鯉の養殖に切りかえられ、産婦と結核患者の栄養補給を受けもった。

行徳の塩と江戸の舟運

生活を維持していくためには、さまざまな物資が必要です。日本の政治の中心地として多くの消費人口を抱えることになった江戸には、全国から多種多量の物資を移送する必要がありました。それらの物資は、移送元によって「下りもの」と「地廻りもの」とに区分されていました。「下りもの（例えば『下り酒』）」とは、上方（京・大坂など）から送られてくるものです。歴史的に、上方の方が先進地域でしたので、「下りもの」は上級品として位置づけられていました。これに対して、「地廻りもの」すなわち江戸やその周辺地域の産品は、相対的に価値の低い「下らぬもの」ということになります。

物資輸送の手段としては、舟運が大きな役割を果たしていました。徳川幕府にとって、安全で効率的な舟運体系の確立は、国家経営のための最も基盤的な政策でした。江戸湾（東京湾）に注いでいた利根川の主流路を太平洋側に移した「東遷事業」も、洪水対策などいろいろな目的が上げられていますが、舟運路の確立としての意義も大きかったと考えられています。江戸市中では、既存の水路を整えるだけでなく、新たに運河を開削することなどによって舟運網の整備が図られましたが、その土を湿地の埋め立てに使うことによって、土地利用の高度化に資することにもなりました。

生活物資の中でも、「塩」は生命の維持に必須の物質であり、塩の安定的な確保は常に戦略的な重要課題でした。上杉謙信がライバルの武田信玄に塩を送ったという逸話が、義談として伝えられているのも、塩が文字通り生活必需品であったからに他なりません。江戸に入城した徳川家康にとって、塩の確保はプライオリティの高いテーマであったはずです。江戸の近郊では、江戸川河口近くの行徳が、古来から塩田による塩の産地でした。家康は、行徳の塩田を手厚く保護すると共に、行徳から塩を江戸に運ぶための舟運路として、小名木四郎兵衛に命じて隅田川と中川を結ぶ小名木川を開削させました。行徳の船着場を出た船は江戸川を下り、新川を経由して（旧）中川に達し、小名木川から隅田川に入りました。

行徳は、江戸から成田山など房総方面へ出かける際の陸路の出発点としても賑わいました。江戸から行徳への舟の発着場である行徳河岸は、今の地下鉄茅場町駅に近い場所にありました。松尾芭蕉が、貞亭四（一七四七）年に門弟の曾良、宗波を伴い月見を兼ねて鹿島神宮に参詣に出かけた時も、『鹿島詣』に「（庵の）門より舟に乗りて行徳といふところに至る」とあり、深川にあった芭蕉庵の門前から行徳まで舟に乗って行ったことが分かります。現在の江戸川の姿から往時における舟運ターミナルとしての行徳のにぎわいぶりを偲ぶことは難しいですが、江戸川堤防の脇に立っている石灯籠の常夜燈が僅かにその面影を留めています。

ところで、江戸時代も中期以降になると、「地廻りもの」の中で「下りもの」を駆逐してブランド化する商品が出てきます。その代表例が野田の醤油です。野田の醤油醸造業が発展した背景として、利根川舟運の利便性によって筑波山麓の大豆、両毛地域の小麦など原料が容易に入手できたことが上げられます。そして、行徳の塩も野田の醤油醸造業を支えた重要な原料の一つでした。

鉄道と道路が普及するまでは、舟運が輸送交通手段の主役であった。そのため明治政府の河川処理の方向も、運河の開削や低水路の開発と維持にあった。舟運路の確保を主目的としながら、そこに治水対策を加味した河川改修は低水工事と呼ばれている。この低水工事が、明治初期河川改修の代表であった。ところが明治二九年（一八九六）、河川法の制定を転機に、従来の低水工事に代わって、今日行なわれているような大規模な洪水を対象とする高水工事が採用されるようになった。

舟運を中心とした低水工事から、大規模な洪水対応を中心とした高水工事への移行は、日本近代土木史上の重要なできごととして評価されている。しかし、河川の処理をめぐる流域の人々の動きと行政の対応を整理してみると、必ずしも技術の発達によって高水工事が生み出されてきたのではないようである。少なくとも利根川においては、むしろ計画が流域の要請に抗しきれずに、暗中模索を繰り返しているうちに、いわゆる高水工事の方向へ無理矢理に押し進められてきたといえよう。

高水工事の代表的な河川改修が実施された淀川、木曽川、信濃川などでは、それぞれ高水工事に移る時点で、治水上の課題とされる地点が明瞭になっていた。淀川では、琵琶湖の出口にあたる南郷洗堰、巨椋池、放水路など、木曽川では長良川、揖斐川との三川分離、信濃川では大河津分水の開削などである。

これらは、明治中期からの高水工事によってはじめて登場したものではなく、江戸時代から治水上の構想として、幾度となく検討・思案されてきたものである。明治中期以降、近代国家のもとで、それらの構想が次々と成就したものと理解することができる。いわば長年の宿願がやっと完成したのであって、治水の方向という観点からは、工法の変化を越えて連続性をもっていた。

したがってまた、淀川、木曽川、信濃川では、高水工事と呼ばれる改修工事が開始される当初から明確な改修計画があり、それぞれ治水の抜本的方向が打ち出されていたのである。

ところが利根川では、高水工事に移る時期が明瞭でないばかりか、改修計画そのものにも確固とした治水の方向が打ち出されていたとはいいがたい。

利根川における高水工事と呼ばれる改修計画において、その計画が対象とした洪水流量についてみても、利根川の異常な状況を読みとれる。

図6および**表2**の高水流量の変遷にみるように、明治三三年（一九〇〇）から開始された高水工事の計画対象洪水流量は、埼玉県栗橋より上流で毎秒三七五〇立方メートルとされ、明治四三年（一九一〇）洪水を経て毎秒五五七〇立方メートルに改訂された。その後、昭和一四年（一九三九）からの増補計画では、八斗島地点で毎秒一万立方メートル、さらに二二年（一九四七）洪水の後に毎秒一万七〇〇〇立方メートル（このうち上流ダム群により毎秒三〇〇〇立方メートルを調整）に拡大された。

この場合、初期の計画における対象洪水流量規模の小さいことが、他の河川と

表2　明治年間着工の河川別計画高水流量とその変化

（m^3/秒＝1秒間に通過する洪水の量）

河川名	地点および着工年度	集水面積 (km²)	計画高水流量 A (m^3/秒)	現計画（昭和51年現在） 計画高水流量 B (m^3/秒)	A／B (%)	計画基本高水流量 C (m^3/秒)	A／C (%)
淀　川	枚　方　29年	7,281	5,560	(昭.46)　12,000	46	17,000	33
越後川	瀬ノ下　29年	2,312	4,450	(昭.24)　5,500	81	7,000	64
木曽川	笠　松　29年	4,688	7,350	(昭.43*1)　12,500	59	16,000	46
長良川	忠　節　29年	1,607	4,166	(昭.36)　7,500	56	8,000	52
揖斐川	万　石　29年	1,196	4,170	(昭.44)　3,900	107	6,300	66
利根川	栗　橋　33年	8,588	3,750	(昭.24)　14,000	27	17,000	22
利根川*2	栗　橋　44年	8,588	5,500	(昭.24)　14,000	39	17,000	32
庄　川	小　牧　33年	1,072	3,340	(昭.9*3)　4,500	74	4,500	74
吉野川	岩　津　40年	2,810	13,900	(昭.37)　15,000	93	17,500	79
遠賀川	日の出橋　40年	695	4,174	(昭.49)　4,800	87	4,800	87
高梁川	酒　津　40年	2,606	6,960	(明.40)　6,900	101	6,960	100
信濃川	立　花　40年	12,260	5,570	(昭.49)　9,000	62	11,500	48
荒　川	岩　淵　44年	2,135	5,570	(昭.48)　7,000	80	14,800	38
北上川	登　米　44年	10,720	5,570	(昭.48)　8,700	64	13,000	43

*1：大山地点、*2：改修計画の改定後、*3：庄地点

〔出典〕宮村　忠：「水害」治水と水防の智恵、中公新書（1985）、中央公論社

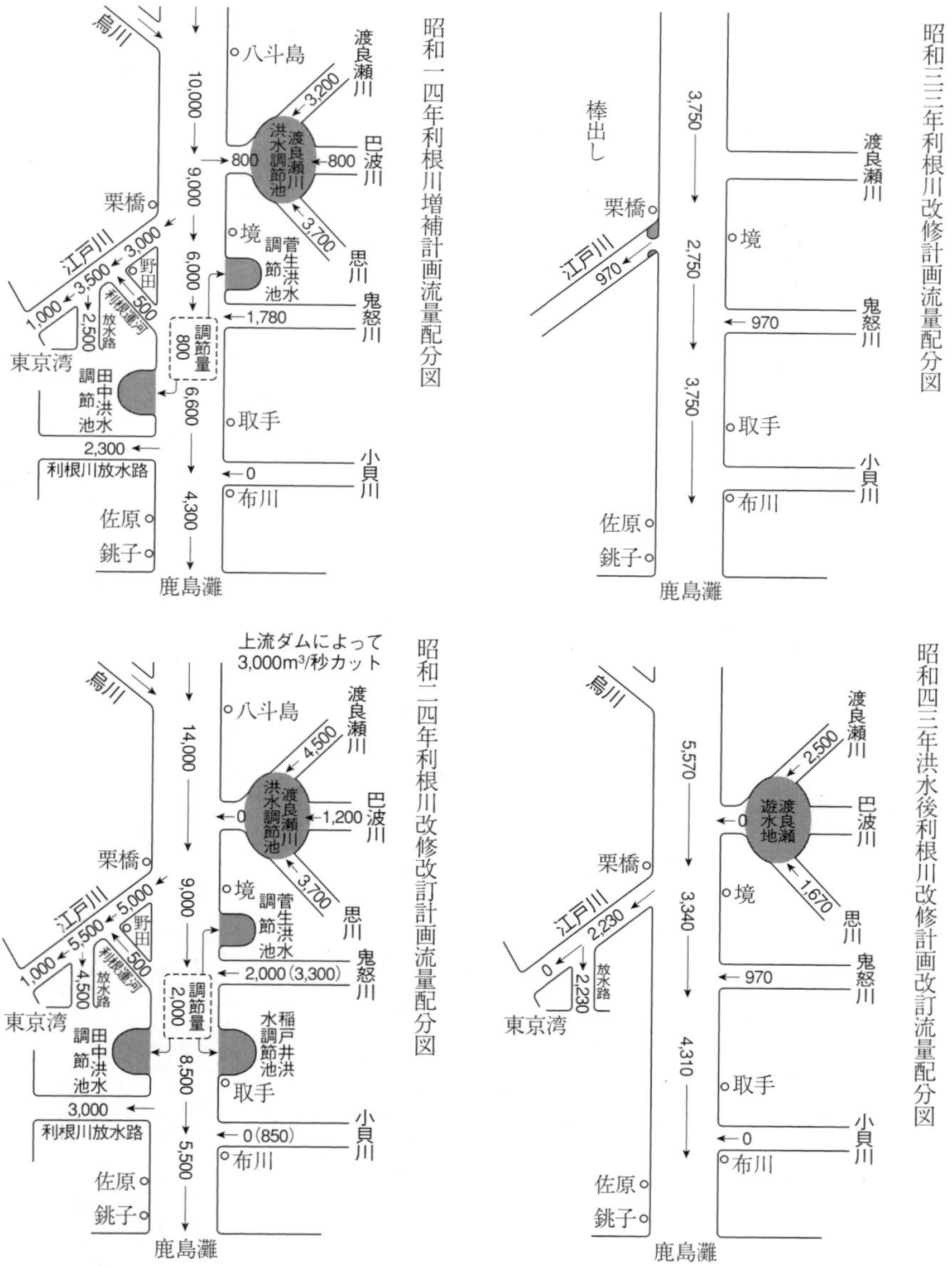

図6　利根川計画高水流量の変遷　（注）（　）内の数字は合流最大流量（単位：m^2/秒）
〔出典〕宮村　忠：「水害」治水と水防の智恵、中公新書（1985）、中央公論社

比べてみても際立っている。河川別計画高水流量の変化を表2に示してあるように、集水面積からいえば利根川の二分の一から五分の一にすぎない淀川、筑後川、木曽川、吉野川、高梁川などでは、当初から利根川をはるかに凌ぐ対象洪水流量が設定されている。

しかもほかの河川の対象洪水流量は、現在の計画でも極端に拡大されていないのに、利根川では、高水工事の当初の計画に比べて現在の計画は約五倍にも増大している。では、なぜ利根川では、ほかに類をみない計画対象洪水流量の増大であったのか、さらにどの時代の計画から高水工事と呼ぶべき治水工事が始められたのか、利根川近代治水史の課題の一つである。

平成一〇年（一九九八）九月、台風五号に伴って激しい豪雨に見舞われた。この時、利根川は急激に増水して、ピークの流量は取手地点では第二次大戦後の最大、栗橋地点では昭和二二年（一九四七）のカスリーン台風時の水位に匹敵する状況となった（**写真12**）。もちろん利根川の水位は現在の堤防を越えることもなく、この洪水は新聞にも

写真12　平成10年の利根川洪水（利根川橋付近）（写真提供：国土交通省）

テレビにも報道されなかった。しかしこの時、約三〇〇〇〇人の消防団・水防団の人達が出動して、七六カ所におよぶ堤防漏水カ所などに緊急の水防活動を施して、破堤に至るのを防いだ（写真13）。

堤防は、越水しなくても破堤に至ることが多い。堤防から吹き出した漏水カ所に、月の輪や釜段と呼ばれる水防工法を施すのは、そのためである。

大平野を利根川が流れているということは、巨大で、長大な堤防で人間生活が守られているということである（図7）。

写真13　平成10年利根川洪水での水防活動
（夜間作業の様子）
（写真提供：国土交通省）

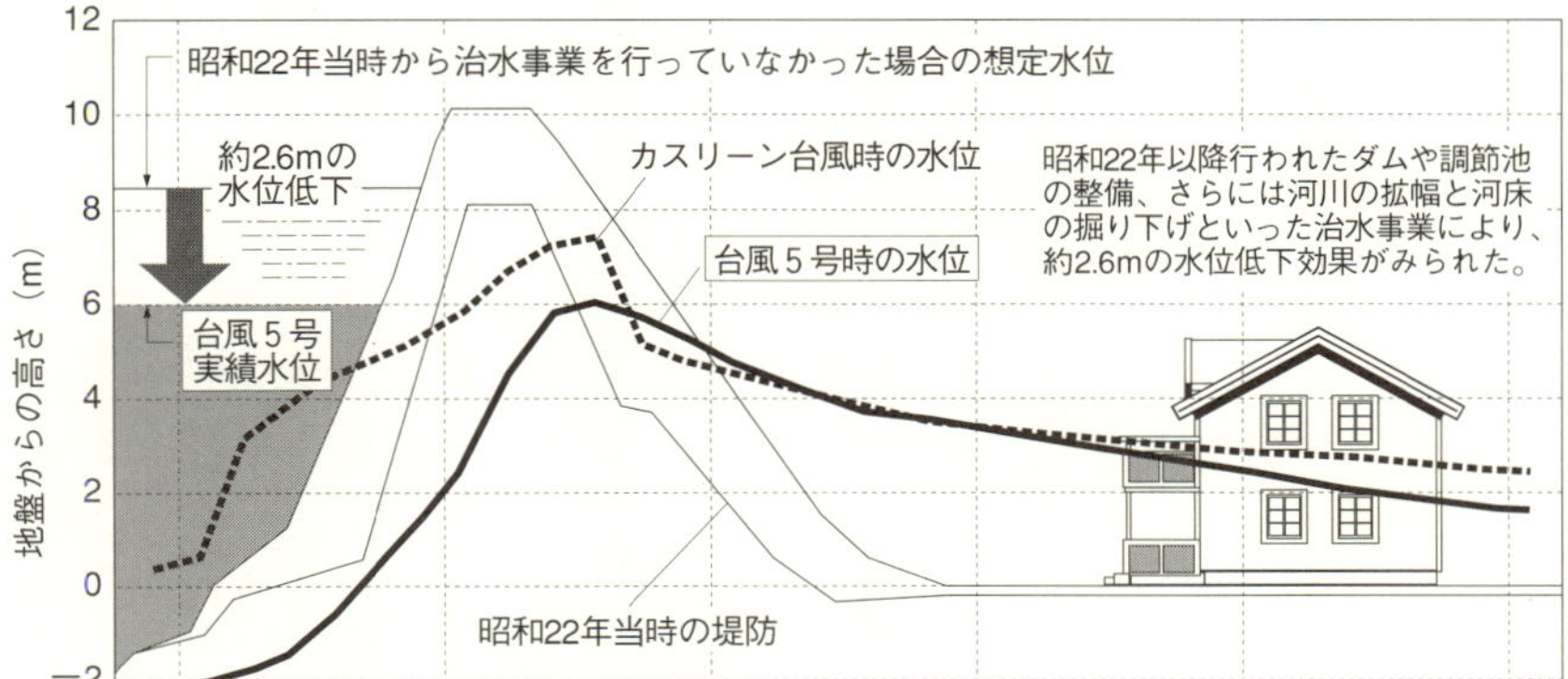

図７　台風５号による栗橋地点の水位状況と治水事業の効果（写真提供：国土交通省）

日本の河川は、洪水氾濫と密接にかかわって沖積平野をつくってきた。その沖積平野に生活舞台を構築してきたのであるから、洪水への対応が前提条件となる。洪水とは関係しない構造平野に主な生活舞台を構築している欧米主要国と、沖積平野を中心としている日本との基本的な相違点である。それだけ日本は、川とのつきあい方に高度な知恵をもっていると言って良いだろう。

とはいえ、堤防が洪水に対応するためには、洪水時に堤防の役割を十分果たすように見守っていなくてはならない。もし不都合が顕れたら、手当をしなければならない。したがって、洪水があれば必ず堤防を巡視し、監視を怠らないようにしなければならないのである。破堤しなかった場合は、破堤しないような水防活動が続けられていたと理解しなければならないだろう。一般に、被害が出るとニュースになるが、守ったことはニュースにならないので、水防活動が毎年何回も行われていることを知らない人が多い。川への関心がこれだけ高まっていると言われていても、守ったことへの関心は高まらないようだ。

水防活動に従事している人達は、郷土を守る気概で行動している。それだけに、「守った」ことを声高に広報することもしない。時代離れしているとの声も聞こえそうだが、シャイな人達の活動なのである。利根川では、そうした人達が多数いて、一見平穏な「人と川」の関係を築きあげつづけている。

著者プロフィール

宮村　忠（みやむら　ただし）
昭和一四年（一九三九）、東京生まれ。関東学院大学工学部土木工学科教授。専門・河川工学

利根川の水位表示塔（栗橋と久喜）

街の真ん中に、利根川の水位（水面の高さ）を示す水位表示塔が平成八年一一月にできました。この塔は、JR久喜駅前と栗橋町役場の二ヶ所に設置され、利根川の栗橋水位観測所（利根川基準点）の水位がそのまま表示されています。

塔の高さは約一三メートルで、塔の先端は丁度利根川の堤防の高さです。この塔には横に線が引かれています。

堤防高＝利根川堤防の一番上の高さ（T.P.・二二・二八m）

計画高水位＝堤防をつくるなど、河川の計画の基本となる水位（二〇・一三八m）

警戒水位＝洪水の時、水防の準備をするなど警戒が必要な水位（一五・一三三m）

指定水位＝河川として、洪水の注意が必要となる水位（一二・九三m）

洪水の時は、中央の縦の帯に赤く利根川の実際の水位が示されることになります（写真、久喜）。これらは全て原寸（実際の標高であり高さ）で表示されるため、大変リアルに体感できます。水害を最小限に防ぐためには、普段から利根川の水位をもっと身近に感じてもらい、また洪水の時には、利根川に行かなくても水位の状況を知り、万一に備えるため、この「水位表示塔」が街中に設置されたとのことです。

この塔は、国土交通省利根川上流工事事務所が、洪水時リアルタイムで水位情報を表示できるようにしており「利根川で増水中です。水位上昇に注意して下さい。」（写真、栗橋）といった文字情報も表示できます。普段は、天気や街の情報などを提供しています。

堤防と川の流れをイメージしたこの塔の愛称を募集したところ、たくさんのステキな愛称が応募され、栗橋『川楽版』、久喜『ときの塔』と名付けられました。

栗橋「川楽版」

久喜「ときの塔」

利根川の水位表示塔（写真提供：国土交通省利根川上流工事事務所）

Scenes of the floods in Tokyo.
〔東京大洪水〕　吾妻橋附近の浸水　〔明治四十三年八月〕

Scenes of the floods in Tokyo
［東京大洪水］水害で遍照寺に避難した罹災者（現館林市緑町）［明治四十三年八月］

明治43年大洪水の絵はがき(1)

上・中段は東京市街地での被災状況の写真。下段は絵馬である。

当時、こうした絵はがきを発行して罹災者の救済に役立てられた。このはがきは、第49回利根川水系連合水防演習の際に復刻され配布されたものである。

(提供：宮村忠)

明治時代、利根川堤防工事が無事完成したときに納めた絵馬（三嶋神社に奉納）

明治43年大洪水の絵はがき（2）

土浦での大洪水の様子の写真。上段は水防工法である五徳ぬいである。（提供：宮村忠）

利根川東遷

松浦茂樹（東洋大学教授）

はじめに

利根川は本来、渡良瀬川と別流となって埼玉平野を南下し東京湾に流出していた。その河道を人為的に東に東にと追いやって渡良瀬川を合わせ、ローム台地を掘割り、新たに赤堀川を開削して常陸川につなぎ、遂には銚子から太平洋へと流出する現況となった。これを利根川東遷というが、この事業は江戸時代初めから昭和初期にわたり、四〇〇年以上かけて行われた大プロジェクトである。

筆者は、この事業について当初から一貫した目的・計画のもとに行われたのではなく、その時代の社会状況また技術水準に従い、試行錯誤しながら進められたものと考えている。ここでは時代を三期に分けて東遷事業を考えていく。

近世初期

○利根川筋の変遷

利根川は太田道灌の時代には、葛和田から綾瀬川に入る流路が幹線だったといわれる。その後、会の川筋・古利根川筋が幹線となったが、近世初頭にはさらに東に移り、浅間川・庄内古川筋が幹線となったといわれる。次第に東へという利根川河道の変遷は、利根川による土砂の運搬・堆積という自然の営力を基にしたもので、埼玉平野が利根川の土砂の運搬・堆積

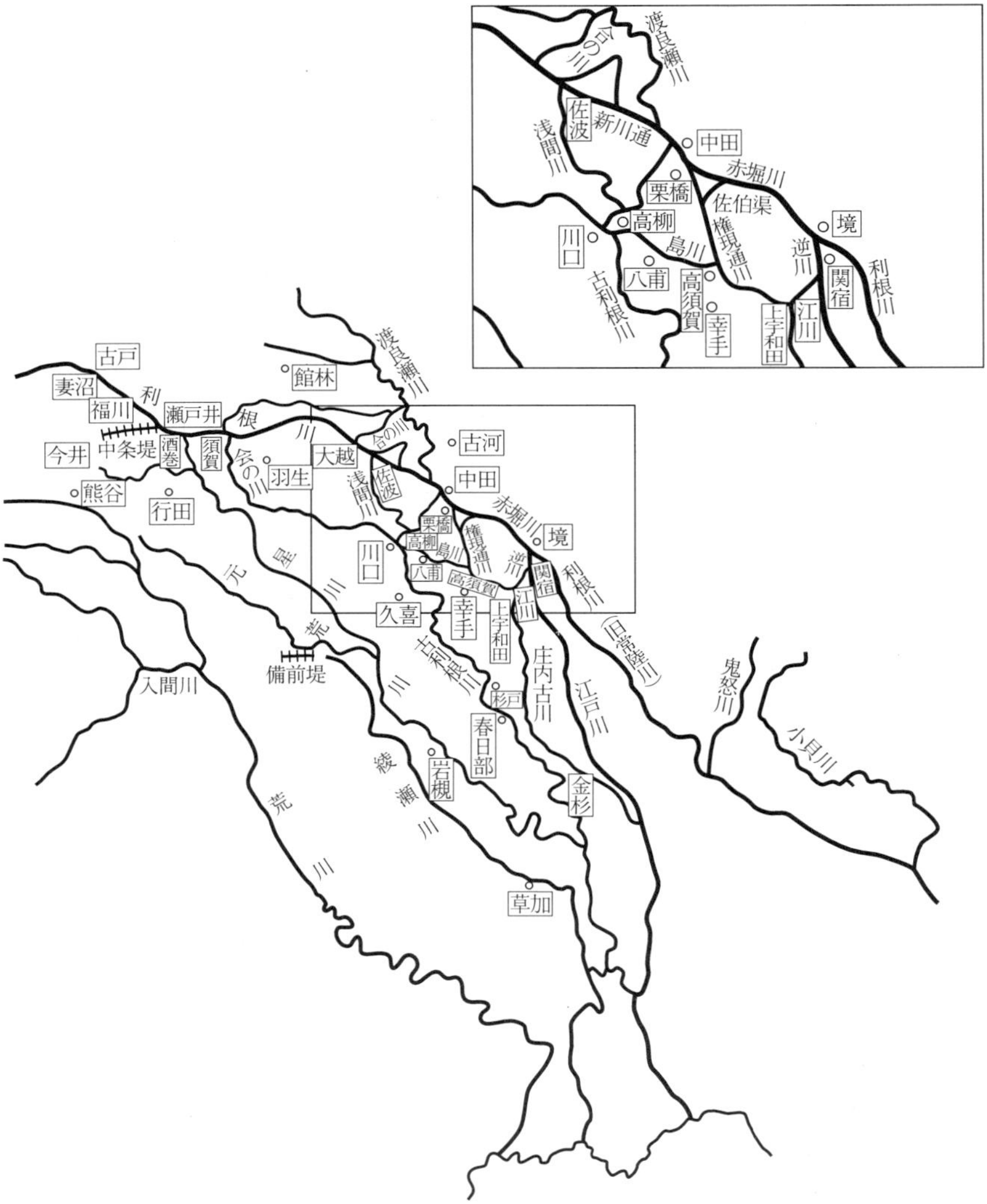

図１　利根川河川地理概略図

により形成されていったのである。この自然の営みにもとづく利根川河道の変遷を背景に、東遷事業は行われていく（図1）。

文禄三年（一五九四）、羽生領上川俣で会の川が締め切られた。当時の利根川は、この地点で二派川ないし数派川に分かれていた。会の川は西南に流れ、川口地点で古利根川に合流していた。この会の川・古利根川筋は、河畔砂丘や大規模な自然堤防の発達からみて、中世に利根川の幹線の時代もあったであろう。締め切られた文禄三年当時、会の川が幹線であったか、支派川であったか定かではないが、締切によって他の有力な派川であった現在の利根川筋が幹線となった。そして、佐波地点から西南に浅間川筋を流れて古利根川筋へ、やがて島川、権現堂川、庄内古川筋を主流として流れることになった。

元和七年（一六二一）、伊奈忠治は、佐波地先から栗橋に至る延長約八キロメートル、幅七間（一三メートル）の新川を開削して渡良瀬川に合流させた。新川通《しんかわどおり》と呼ばれる直線河道がこれである。当時、佐波より直上流の大越地先で渡良瀬川に合流する合の川が分派していた。また佐波地点では、幹線である浅間川が南西に流下していた。これに新たな河道が付け加わったのである。この新河道区域には、大きく蛇行している旧河道のあることが自然堤防の発達から考えられる。つまり、新川通は忠治が築いた当時、水が流れていたかいなかったにせよ、旧河道をショートカットしたものである。

浅間川は、高柳地点で寛永年間（一六二四〜一六四三）に締め切られた。この後、浅間川はここより北東に向かい、栗橋直上流で渡良瀬川（旧名、太日河）に合流した。この浅間川合流点直上流で、新川通は渡良瀬川に合流している。

ところで、佐波地先から栗橋に至る新川開削の目的は、利根川と常陸川（現栗橋より下流の中・下利根川、元来は利根川水系と別個の水系であった）を結ぶ赤堀川開削、および江戸川の開削と密接に結びついている。ただ、この新川通が利根川の幹線となったのは、いつごろかはっきりしない。合の川、浅間川の締め切りが行われたのは、遙か後の天保年間（一八三〇〜一八四三）である。その新川通は、開削四年後の寛永二年（一六二五）、忠治により三間（五・五メートル）ほど増幅された。さらに、宝永元年（一七〇三）の出水を受けた後の宝永二年（一七〇四）、増幅された。なお、承応三年（一六五四）にも川幅を拡幅したとする資料もある。

同じ元和七年、赤堀川は川幅七間で開削されたらしい。〝されたらしい〟というのは、正保年間（一六四〇～四七）に描かれた正保国図に記載されていなかったので、それを否定する意見もあるからである。しかし、下総国葛飾郡川妻村の名主から元禄一一年（一六八九）九月に提出された『赤堀川開削由緒書上』によると、次の内容が記されている（根岸、一九〇八、なお『書上』で述べている伊奈備前守（忠次）は伊奈半十郎忠治であり、寛永一二年は寛永二年（一六二五）の間違いと判断されている（大谷貞夫、一九九六））。

「元和七年に伊奈備前守により七間、寛永一二年（一六三五年）年忠治により三間の増幅がされた。さらに、承応三年（一六五四年）に伊奈半左衛門によってこれまでの一〇間幅の中で幅三間ほどが掘られた。その後段々大河となって、元禄一一年（一六九八年）には通常の水で川幅二七間、深さ二丈九尺となっていた。」

この文章が正しいとすれば、正保国図に記載されていなかったのは、開削されたけれども水が流れていなかったのか、流れていたとしてもその量はわずかであったからであろう。承応三年の開削後、それまでの赤堀が赤堀川と呼ばれるようになり、漁獲が行われたとの記録がある（埼玉県、一九八三a）。またこの川妻村文書によると、赤堀川は元和七年から承応三年にかけ、三三年の間に三回に分けて少しずつ拡幅・水深の増大が行われたことになる。

赤堀川は、関東ローム台地を開削したものである。関東ローム台地の開削は、寛永六年（一六二九）の小貝川分離と一体となった鬼怒川の開削、寛永一二年（一六三五）に起工し寛永一八年（一六四一）に通水した江戸川の開削がある。これらはいずれも忠治によって行われたが、これらの工事の規模、特に延長一八キロメートルのうち約一二キロメートルを台地開削した江戸川上流部を見れば、赤堀川の開削が近世初頭、技術的に困難であったとは考えられない。つまり、利根川と常陸川を結ぶ赤堀川は、開削をめぐる社会状況に従って慎重に開削されたのである。

江戸川は、実に大規模な開削工事によって寛永一八年に通水をみたが、これに伴い上宇和田から江戸川の流頭に位置する江川までの権現堂川が、江戸川通水のため新たに開削された。また、権現堂川から庄内古川への流入口は閉じられ、渡良瀬川（太日河）に合流した利根川は庄内古川筋を離れて江戸川を流れるようになった。利根川本川は権現堂川筋を流れ、関宿から江戸川へ入ったのである。なお、沖積低地上を流れる金杉より下流の江戸川は、庄内古川の河道である。

権現堂川は、島川が合流する高須賀から下流の庄内古川流頭部（上宇和田）までは、文禄三年（一五九四）の会の川締切当時、利根川の幹線となっていた。そして、高須賀から庄内古川流頭部までの堤防は、天正四年（一五七六）に築造されていた。その上流の小右衛門から高須賀間は、旧来から渡良瀬川が流れていたとみられる。

江戸川の通水をみた寛永一八年、さらに逆川、佐伯渠が開削ないし整備された。江戸川流頭部から北に向かい、境町で常陸川に合流するのが逆川である。逆川は文字どおり、複雑な水理条件をもっており「平水の時は、赤堀川（旧常陸川）の水が流れて江戸川に入り、権現堂川の水位がある高さ以上になると江戸川はそれを呑むことができず、逆川を流れて赤堀川に流入」（小出、一九七二）していたという。ただし、近世初頭にもこの状況であったのかは定かでない。

佐伯渠は、権現堂川筋の小手指から常陸川筋の釈迦新田に通じる人工開削された水路である。目的は、利根川、渡良瀬川の水の一部を常陸川に放流することであったといわれる。だが、十分放流できず自然に廃川となったが、弘化年代（一八四四～一八四七）にもまだ舟運があったといわれる。

このように権現堂川、逆川、佐伯渠そして赤堀川は複雑に絡んでいた。川妻村名主の元禄一一年の『赤堀川開削由緒書上』によると、赤堀川は忠治の死んだ翌年の承応三年（一六五四）、伊奈忠勝によって水深が三間増大された。これにより、利根川の水が本格的に流入するようになっただろう。ただし、その幅からみて利根川洪水に占める割合は、あまり大きくはなかったと思われる。また平常時、赤堀川を下った水のかなりが逆川を通って江戸川に流入し、中・下利根川に流入した水は、近世後半の状況からみて多くなかったと考えられる。

なお注意すべきことは、承応三年に行われた三回目の開削がそれまでと異なり、川幅一〇間（一八メートル）の中で三間

（五・五メートル）ほど、縦に掘られたことである。つまり二回目までは拡幅されたのだが、三回目の開削は、その内容を異とする。しかし、これを否定し三間ほど拡幅し、あわせて一三間に拡幅したとの記録も残っている。たとえば寛政五年（一七九三）、島上和平によって書かれた『治河言上之書』には二回目、三回目とも拡幅であったことが記述されている（島上、一九八三）。縦に掘られたのか、横に拡げたのか、赤堀川開削の目的を考える場合、特に重要である。

さて、赤堀川はその後、元禄一一年には二七間（四九メートル）に拡がっており、文化六年（一八〇九）に四〇間（五七メートル）に拡幅された。下流常陸川筋に影響を与えるような洪水が流入するようになったのは、水害記録からみて四〇間に拡大された以降と考えられている。

○東遷の目的

近世初期、このような経緯をもつ新川通から赤堀川、江戸川の開削等はどのような目的で行われたのであろうか。二つの観点から検討する。この二つが複雑に絡み合い、試行錯誤しながら前記の河川処理が行われたと考えている（図2）。

■舟運からの検討

一つは、この地域の舟運の問題である。中世から近世初頭にかけて、会の川と浅間川が合流し島川が分かれる川口そして島川沿いの八甫は、舟運にとって重要な地域であった。戦国の後北条家の時代の舟運について、北条氏花押の二つの文書がある（埼玉県、一九三四）。一つの文書では、八甫を中心に北条氏所属と思われる三〇艘の商船について述べている。もう一つの文書では、北条氏所属の船が佐倉から関宿まで、また現東京都葛飾区葛西から栗橋まで往復していたことが述べられている。

この八甫付近には、中世から常に権力者にあつく信仰された鷲宮神社がある。徳川家康が関東入国したとき四〇〇石の寄進が行われたが、平安時代末期に開発に着手された太田荘の総鎮守といわれている。太田荘は現在の羽生、加須から春日部、岩槻にまたがる古利根川流域に比定されているが、この太田荘の中心地が鷲宮神社周辺であり、その表玄関として八甫があった。そして、この八甫と埼玉平野整備の中心地・忍、戦国時代から重要な拠点であった古河、南上野の中心地・館林が舟運によりつながっていたのである。上利根川・渡良瀬川と結ぶこの八甫周辺の舟運の維持ないし安定は、幕府の関東経営にとって大事であったと判断している。舟運の中心地は、寛永年間に浅間川が高柳地点で締め切られたため八甫から権現堂へ移っていったが、権現堂河岸は元禄三年（一六九〇）の「河岸　運賃諸改帳」にも記載されている重要な河岸である。

　ところで利根川舟運にとって、特に近世前期において最も優先的に取り扱

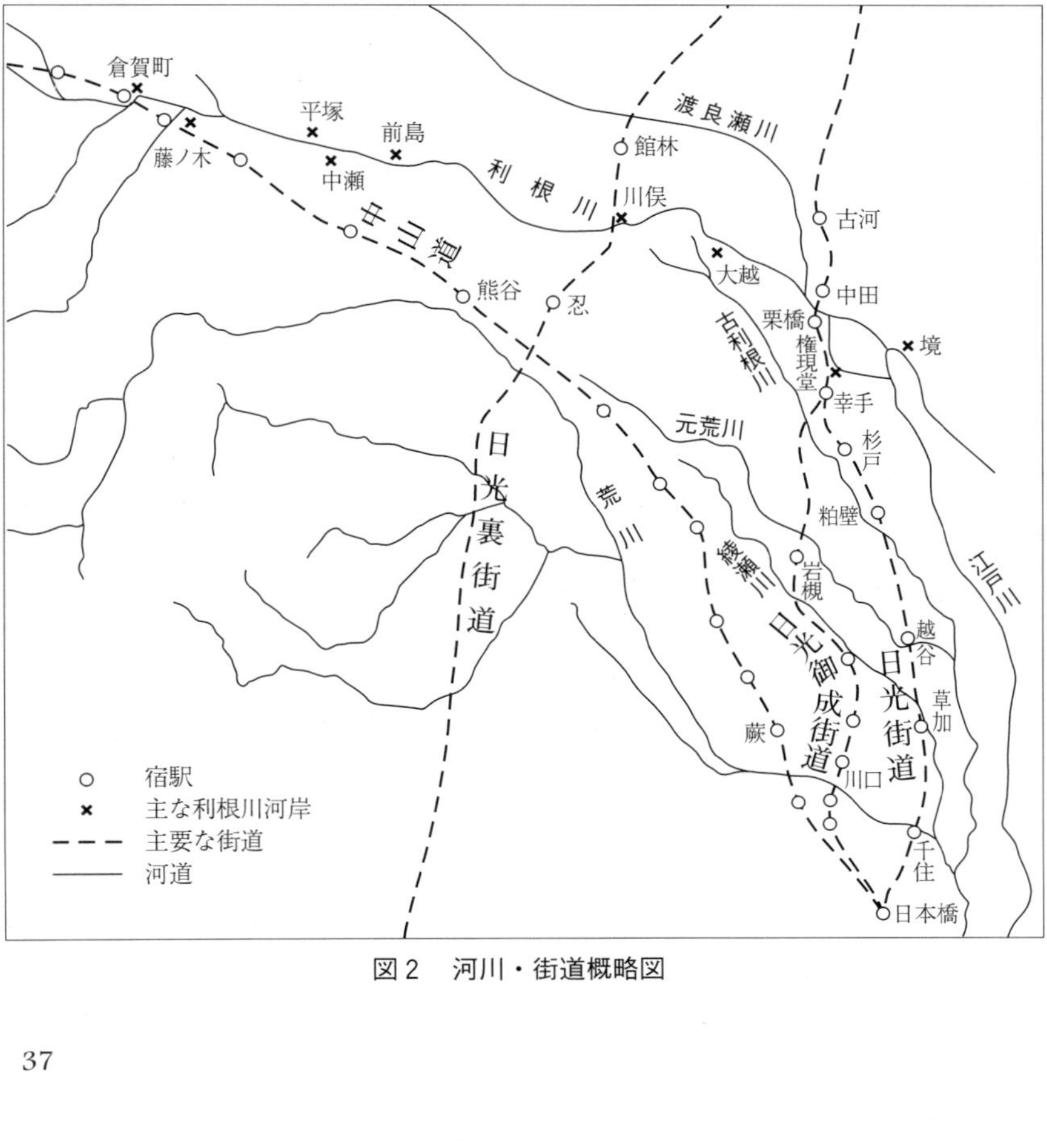

図２　河川・街道概略図

われていたのは上利根川（渡良瀬川合流点から上流の利根川）、渡良瀬川水系と江戸を結ぶ水路と考えている。中山道の交差点に位置する上利根川の倉賀野河岸は、慶長期（一五九六～一六一一）の創設といわれているが、信濃・越後の物資も中山道を通って運び込まれ、ここから江戸へ移出された。また逆に、江戸の物資はここから信濃・越後方面にも運ばれていた。倉賀野河岸には、元禄四年（一六九一）、計七〇余艘の舟があったといわれている。

また、上利根川は足尾御用銅の輸送ルートであった。当初は平塚河岸、元禄期からは前島河岸から利根川舟運によって江戸に運ばれ、江戸で精錬されたのである。足尾銅山は慶長一五年（一六一〇）年に発見され、芝・上野の徳川家の廟の築造また江戸城の増築の時にその屋根瓦に使用された。近世におけるその盛況のピークは貞享年間（一六八四～八七）であったが、オランダに輸出した国産銅のうち、その五分の一は足尾銅山のものであったという（大島・楫西、一九五九）。

一方、利根川舟運は下利根川（布佐・布川の狭窄部から下流部）、中利根川（渡良瀬川合流点から布佐・布川の狭窄部間）を遡って関宿から江戸川に入るルートでもあり、東北地方の廻米ルートとして知られている。しかし、東北地方からの物資輸送の主ルートとしては、寛文一一年（一六七一）、河村瑞賢によって整備された海路である東廻り航路があった。これに対し、上利根川、渡良瀬川流域では、利根川・江戸川のルートしかなかったのである。

また、中利根川で合流する鬼怒川の舟運をみると、阿久津、板戸などで積荷された後、「境通り」として久保田河岸他の三河岸で陸上げされ、大木より境へ直線にして約一五キロメートルの距離を陸送され、境から江戸川を下っていた。このルートが先ず確立され、この後、米や穀物などに関して野木崎で中利根川に出、ここを遡って関宿に出る「大廻し」が整備された（図3）。しかし、ヒンターランドの大きさからいって、上利根川、渡良瀬川流域がはるかに重要であることは論をまたないだろう。江戸幕府にとって上利根川、渡良瀬川との航路確保が最重要課題であったと考えている。

因みに、赤堀川が四〇間に開削された以降の一九世紀だが、利根川の水は通常時において赤堀川へ七割、権現堂川へ三割流れ込んだ後、赤堀川の水は逆川へ七割流れ、中利根川へは三割しか流れなかった。結局、中利根川へは上流の水の二割しか流れなかったのである（原、一九九九a）。河口の銚子から遡ってくるのには、この状況は不都合である。利根川は、境と木野崎の間が流量が少なく、渇水時大きな支障が生じていた。

　この状況は、幕府の基本的な意図のもとにつくられたと思われる。幕府にとって上流の水を中利根川にではなく、江戸川に流そうとする基本政策が背後にあった。それは、上利根川、渡良瀬川水系と江戸とを結ぶ航路確保と判断している。

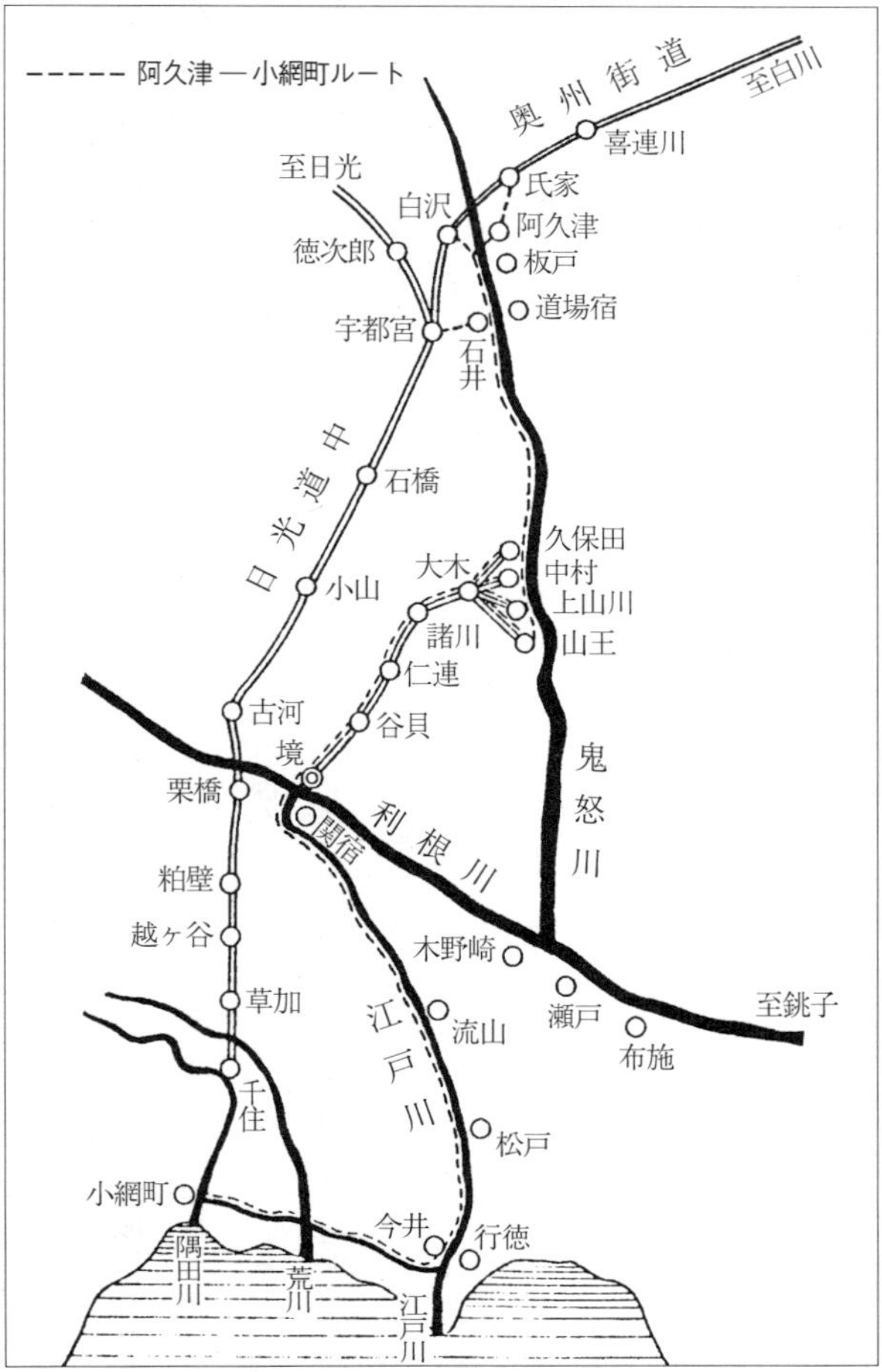

図3　境河岸交通路線図〔出典〕川名　登「近世日本水運史の研究」

■治水からの検討

　他の一つが水害の防禦、すなわち治水である。利根川・渡良瀬川が複雑に合流かつ分派するこの地域は、関東造盆地運動の中心地であり、水はけが非常に悪い。現在も利根川、渡良瀬川の治水にとって重要な渡良瀬遊水地がこの地域に造られている。この地域の農地整備のためには、排水の処理が不可欠の課題である。これに加えて、交通路の防備がある。

この地域は、徳川幕府にとって重要な交通路であった日光街道が走っている。五街道の一つである日光街道は、越谷、春日部、杉戸、幸手を通って権現堂川右岸を進み、栗橋で赤堀川を渡る。本街道が本格的に整備されたのは、日光東照宮が造営された元和三年（一六一七）から参勤交代が制度化された寛永年間（一六二四〜四三）にかけてである。そのルートをみると、可能な限り自然堤防上の微高地を通っているが、春日部を過ぎたあたりから北は氾濫原を通る。このため、この地域での安定した街道整備には治水が必要不可欠な条件であり、幕府にとって重大な関心事であったのである。当地域の治水の重要性は、高須賀から上宇和田に至る権現堂堤が天正四年に築かれたことからも窺われる。

一方羽生領、島中川辺領の重要な排水河川として島川があるが、その排水先は権現堂川である。この地域の農業整備にとって、悪水排水が重要な課題であった。ただ、農業排水の課題が本格的に前面に出してくるのは、その開発過程からみて近世中期からであろう。それよりも幸手領、庄内領等を通る日光街道の安全確保が、より重要な課題であったと考えている。

このように、治水の課題は羽生領、島中川辺領、幸手領、庄内領を中心とした当地域の治水であり、特に近世初期は街道防備が主要な課題であったと考えている。なお通説として言われている江戸の防御は対象に入れない。それは、近世の江戸水害の検討によって、江戸を襲う利根川の水は、当地域よりさらに上流部で氾濫しているからである（松浦、一九八九）。権現堂川の決壊による氾濫水が利根川氾濫水の中心となって江戸を襲ったのは、天明六年（一七八六）の出水が初めてである。近世前期では、江戸の水害に対し、この地域での氾濫は考えなくてもよい。

羽生領等の農業整備と赤堀川開削が密接に絡んでいることは、宝暦年代（一七五一〜一七六三）の地元からの文書によってもわかる（埼玉県、一九八三b）。この文書は、権現堂川から島川への逆流（本川から支川へ流出すること）防止、それと一体となった赤堀川切広げ、または中田から常陸川筋への新河道の開削の要求が羽生領あるいは島中川辺領よりあったことを述べている。つまり、権現堂川から島川への逆流防止によって増大する洪水を、赤堀川または新河道から常陸川筋へ流すことを主張するのである。

■まとめ

舟運と羽生領、島中川辺領、幸手領等の治水という二つの目的は、河川処理に対して相反するとまでは断言しなくても、相違した内容をもつ。つまり、舟運は平常時水位を保っておかなくてはならないが、治水は出水時、堤内に氾濫させることなく他の領域に排水したい。この二つの相違した目的を果たすために、長い年月をかけて「そろりそろり」と成果を吟味しながら、当地域の河川処理が行われたのである。

特に、舟運の整備は慎重を期したのであろう。失敗すると流速が早くなり、ひどい時には水位が保てなくなる。中でも赤堀川の開削とそれによる常陸川筋への付替は、慎重を要したであろう。赤堀川は、権現堂川と逆川の延長に比べて約半分で、勾配は倍ときつくなる。このため下手をすると赤堀川での流速が早くなり、その上流も含めて安定した水位が保てない可能性がある。そうなれば、幕府経済にとって重要な上利根川、渡良瀬川の舟運機能に重大な支障を生じさせる恐れがある。慎重を期したとしても当然であろう。

さて、先にみた元和七年の新川通の開削は上流の忍領、羽生領の出水時の排水を目的として行われたのであろう。河道の蛇行は洪水が湛水しやすく、排水が不良となって農業整備にとって不利である。しかし、直線化するとその下流に水が集中してくる。この集中してくる水の排除のため、新川通の延長として同年、赤堀川開削が試みられたのであろう。先述したように、承応三年までは平常時、赤堀川に水はほとんど流れていない。つまり、出水時にのみ洪水を流す放水路として赤堀川は開削されたのである。

一方、直線化すると水の流れは早くなり、水深保持は難しくなって舟運にとり危険である。浅間川等の派川はそのまま残されたが、平常時のかなりの水はこちらに流れて舟運の便に利用されたものと考えられる。

寛永一八年、江戸川の通水をみた。それまで沖積低地上の庄内古川筋にあった利根川は、関東ローム台地の中を流れることになったのである。幸手領、庄内領等の整備が本格的に進行するのは、これ以降である。ただ、この通水の目的であるが、会の川が文禄三年締め切られ、直線状である新川通も開削され、洪水が権現堂川そして庄内古川に集中してくる。この結果、枢要な街道である日光街道の安全が緊要な課題となったと思われる。この課題に対処するために、江戸川開削の大工事が行われたと判断する。

一方、集中してくる洪水の処理を目的として、寛永年間に権現堂川から佐伯渠の開削が図られた。常陸川筋への放水を目的とするものである。幅三〇間ほどに開削された佐伯渠は、地形の制約もあってその機能を発揮することができなかった。そして、これと時期を同じくする寛永年間に赤堀川が三間ほど拡幅され、さらに承応三年に三間の水深増大ないし拡幅が行われた。これらは島中川辺領、幸手領等の排水のために行われたと考えている。その重要な目的として日光街道の安全確保があった。因みに、三回目の開削から一四年目の寛文八年（一六八八）に、下総国葛飾郡釈迦村から奉行所あてに出された訴訟には「備前堀赤堀と申ハ幸手・栗橋之水除に伊奈備前様お人ほらせ被成候」と述べられている（埼玉県、一九八三a）。赤堀川の開削が、日光街道の宿場町であった幸手・栗橋の治水目的であったことが主張されているのである。

ここで、赤堀川開削によりつながった常陸川筋（利根川下流部）の舟運との関係について、再度整理してみよう。東北の諸藩の蔵屋敷は、当初、潮来に設置された。その年代は、仙台藩が慶安二年（一六四九）、津軽藩、南部藩が正保年中（一六四四〜四七）といわれている。この当時は、那珂湊・北浦経由の舟運が主流だったが、大型船の整備と相まって、次第に銚子河口より利根川に入るようになった。承応年中には、銚子荒野村に仙台藩の陣屋が置かれたことが記録されている。銚子入内川江戸廻り、つまり海に出た後、鹿島灘沖から銚子に入り、利根川を遡るコースが承応年中（一六五二〜一六五四）に本格化し、次第に重要性を増していった。

承応年間における銚子入内川廻りの本格化には、承応三年（一六五四）に行われた赤堀川の新たな開削が一つの契機となったと考えられる。赤堀川の新開削によって、上利根の水が中利根・下利根に流れ、銚子入港の際に最も難所であった河口部の水深が増大し、船の出入りに少なからず貢献したのだろう。常陸川筋を遡った船が関宿経由で逆川、江戸川を本格的に下るようになったのは、承応三年以降であろう。赤堀川の新開削は、河口部の水深増大等により、利根川舟運にとって重要なインパクトであったことは間違いない。その結果を奥羽の諸藩が利用したのである。

承応年代以降、銚子入内川江戸廻りが次第に本格化しはじめるが、しかし寛文期に、阿武隈川の背後圏、さらにその北方の奥州と江戸を結ぶ舟運体系の新たな整備が幕府により進められた。河村瑞賢による房総半島を迂回する東廻り航路の整備である。寛文四年（一六六四）、上杉家の領地伊達・信夫両郡が削封されて天領となったが、幕府はこの地の米の江戸への廻船を瑞賢に命じた。瑞賢は、陸奥の平潟、常陸の那珂湊、下総の銚子、安房の小湊等に立務所を置いて難破等の取扱い方を定めた。

新たな天領の設置と廻米の背景には、明暦の大火を契機として始まった万治年間（一六五八〜六〇）の本所開拓など、江戸の大いなる発展がある。江戸の食糧の安定的確保のために、新たに海上を経由する廻米ルートが求められたのである。

近世後半

天明三年（一七八三）七月の浅間山噴火により大量の火山灰が利根川流域に降下し、これを契機に利根川河道は一変した。降灰が洪水によって河道に集中することにより、それまでの掘込河道から土砂の移動の激しい天井川へと変貌していったのである。

河道の天井川化は、農業排水にとって大きな障害をもたらし、またそれまでの堤防が相対的に低くなり、洪水防御にとって大きな脅威となる。さらに、土砂の移動により寄州が到るところで生じて澪筋が不安定となり、舟運機能に重大な支障を生じさす。この自然条件をもとに、「享保年中とハ川瀬も違う」（原、一九九九b）として、東遷事業は新たな一歩を踏み出したのである。

なお、河道が一挙に変化した直接的な引き金は、天明六年（一七八六）の大洪水であった。この出水で権現堂堤も決壊し、氾濫水は江戸の下町を襲った。その水位は、大出水として有名な寛保二年の洪水と比べ、本所・深川において二尺（〇・六メートル）ないし四尺（一・二メートル）も深く、江戸下町にとって最も深い湛水であった。しかも、浅草等の江戸下町右岸にとって、防備第一線の堤防である日本堤をも乗り越えようとするほどの大出水であった。ここに、権現堂堤が江戸の水害と初めてつながることとなったのである。なお、当然のことながら日光街道も大きな被害を受けた。

文化六年（一八〇九）、赤堀川が開削されて四〇間となった。それ以前の川幅として知られているのは元禄一一年（一六九八）の二七間であり、一〇間前後開削されたのである。だがこれより以前、重要な工事が行われていた。権現堂川の流入口に寛政四年（一七九二）、杭出が行われ、利根川の流入を抑えようとしたのである。この杭出は文化六年、天保一〇年（一八三九）にも行われている。

また寛政年間（一七八九〜一八〇〇）、権現堂川の堤防補強が行われた。天明六年の大出水を契機として、勾配が緩やかな権現堂川の河床が急激に上昇したことは間違いない。権現堂堤の決壊は、直接的には日光街道に重大な脅威をもたらす。寛政八年（一七九六）、幸手宿肝煎役を権現堂川の水防見廻役に任命したが、権現堂堤と日光街道の関係をよく物語っているだろう。また、天明六年に続いて享和二年（一八〇二）にも権現堂堤が決壊し、江戸深川にまで洪水が押し寄せた。

権現堂川舟運にも、大きな影響を与えたことが推測される。権現堂川は元禄末年から河床が埋まりはじめ、冬期には通航に支障が生じたというが、天明元年（一七八一）六月の文書によると、関宿前の逆川が浅瀬となったため下流からの舟は栗橋まで遡り、権現堂川から江戸川へ入っていったと記されている（原、一九九九c）。天明年間の当初までは、この航路は健在だったのである。

しかし、天明六年の大出水を契機に、権現堂川にはそれ以前と質の異なった重大な障害が生じた。勾配が緩やかという自然条件に起因する大量の土砂の堆積、それにより河道が非常に不安定となったのである。これにより、舟運路としての維持がもはや不可能と幕府は判断したと思われる。航路としての権現堂川は、放棄してもかまわない状況となったのである。

土砂の堆積は、権現堂堤さらに上流の利根川堤を危険にする。幕府にとって重要な街道である日光街道が危険となる。さらに、江戸の水害が意識されていたかもしれない。加えて河床上昇により羽生領、島中川辺領等の埼玉平野、渡良瀬川下流部の広範囲の地域の排水悪化が顕在化する。これへの対応が、権現堂川に比べて勾配がきつく土砂が流れやすい赤堀川の文化六年の拡幅であったと考えている。それまでの主流が権現堂川であったのを、赤堀川に変更しようとしたのである。

これ以降、上利根川、渡良瀬川舟運は、赤堀川から逆川、江戸川経由が主流になったと考えている。因みに、利根川の流れであるが、天保年間（一八三〇～四三）には、平水の場合、赤堀川に七割、権現堂川へ三割、洪水の際には赤堀川、権現堂川へは五割づつであった。さらに先述したように、赤堀川の平水は逆川に七割、中利根川に三割分流していた（原、一九九九d）。

なお、幕末の天保一四年（一八四三）頃にも赤堀川切り拡げの工事が行われたといわれる（利根川百年史編集委員会、一九八七）。その呑み口部分の拡幅が中心と考えられるが、天保九年に行われた合の川、浅間川の締切と関係があるのかもしれない。

近　代

明治新政府は、政権樹立後の明治四年（一八七一）、赤堀川呑口の切り拡げ工事を行った。工事予算のうち約三分の二は地元負担であったが、負担した地域は羽生領、向川辺領、島中川辺領、幸手領、庄内領の埼玉平野、および館林領、古河藩などである。この負担状況から判断して、赤堀川直上流地域の治水であることが分かる。排水のために疎通能力を高めたのである。

また明治八年、権現堂川と島川が合流する区域で約一三〇〇メートルの堤防が築かれ、権現堂川と島川は切り離された。

この堤防はその後、御幸堤と呼ばれたが、その目的は権現堂川からの逆流による島川筋の氾濫防止であり、日光街道は御幸堤の上を通ることとなった。因みに、島川への逆流防止は、宝暦年間、羽生領から強い要求があったが、ここに締め切られたのである。工事のかなりの部分は民費として地元負担となり、島中川辺・幸手・羽生領の一三七カ村で負担した。

さて、利根川で一定の計画の下で工事が進められたのは明治二〇年（一八八七）からで、オランダ人お雇い技師ムルデルにより、前年に策定された計画にもとづいて行われた。ムルデルは、①通船、②破堤、越水の危険の防止、③下流低地の一部の開墾、を主な目的としていた。

赤堀川を中心としたムルデルの計画をみると、赤堀川、権現堂川、逆川をそれぞれ拡幅するが、その分流比は従前と同じにすることを述べる。さらに、権現堂川を閉じて赤堀川に利根川全川の水を流し、江戸川へは逆川を通じて流そうという願望があることに対し、その利益を次のように四つあげている。

（一）低水すべてを一本の水路に流すことにより舟運の便となる。

（二）江戸川河口の航路の障害が減少する。

（三）逆川の流れも常に一定の方向に流れ、水路の閉塞が減少する。

（四）権現堂川敷を耕地として利用できる。

このムルデルの策定計画に先んじる明治一八年（一八八五）七月、かなりの大きさの洪水に対する近代的な流量観測に成功した。それによると、渡良瀬川合流点直後の中田地点で毎秒一三万三〇〇〇立方尺（一立方尺＝〇・〇二七八立方メートル）、これが赤堀川に毎秒六万六〇〇〇立方尺、権現堂川に毎秒六万七〇〇〇立方尺とほぼ半分づつに分流したことを観測。これは、近世後半の評価と同じである。この後、権現堂川洪水は逆川に毎秒三万五〇〇〇立方尺、江戸川に毎秒三万立方尺の分派状況であった。

この明治一八年出水とほとんど同じ流量規模を対象とした改修計画が、明治三一年（一八九八）に策定された。江戸川の分派量は旧来と変更しないとの考えであったが、分派率は二六パーセントとなった（図4）。権現堂川は締め切られて河道は赤堀川一本となったが、この利点として権現堂堤等の難所をもつ権現堂川を廃止できること、さらに渡良瀬川への逆流の減少が主張されている（近藤、一八九八）。

この改修計画は、佐原から銚子河口までの約四二キロメートルが第一期改修区間と位置付けられ、明治三三年度から二〇カ年にわたる継続事業として着工された。この後、取手から佐原までの約五二キロメートルが第二期、取手から群馬県芝根村沼の上までが第三期として着手される計画であった。だが明治四三年八月、利根川は未曾有の大洪水に襲われ大水害となった。このため改修計画は全面的に見直され、中田地点は毎秒二〇万立方尺の計画対象流量となった。江戸川分派量は毎秒八万立方尺に引き上げられ、その分派率も

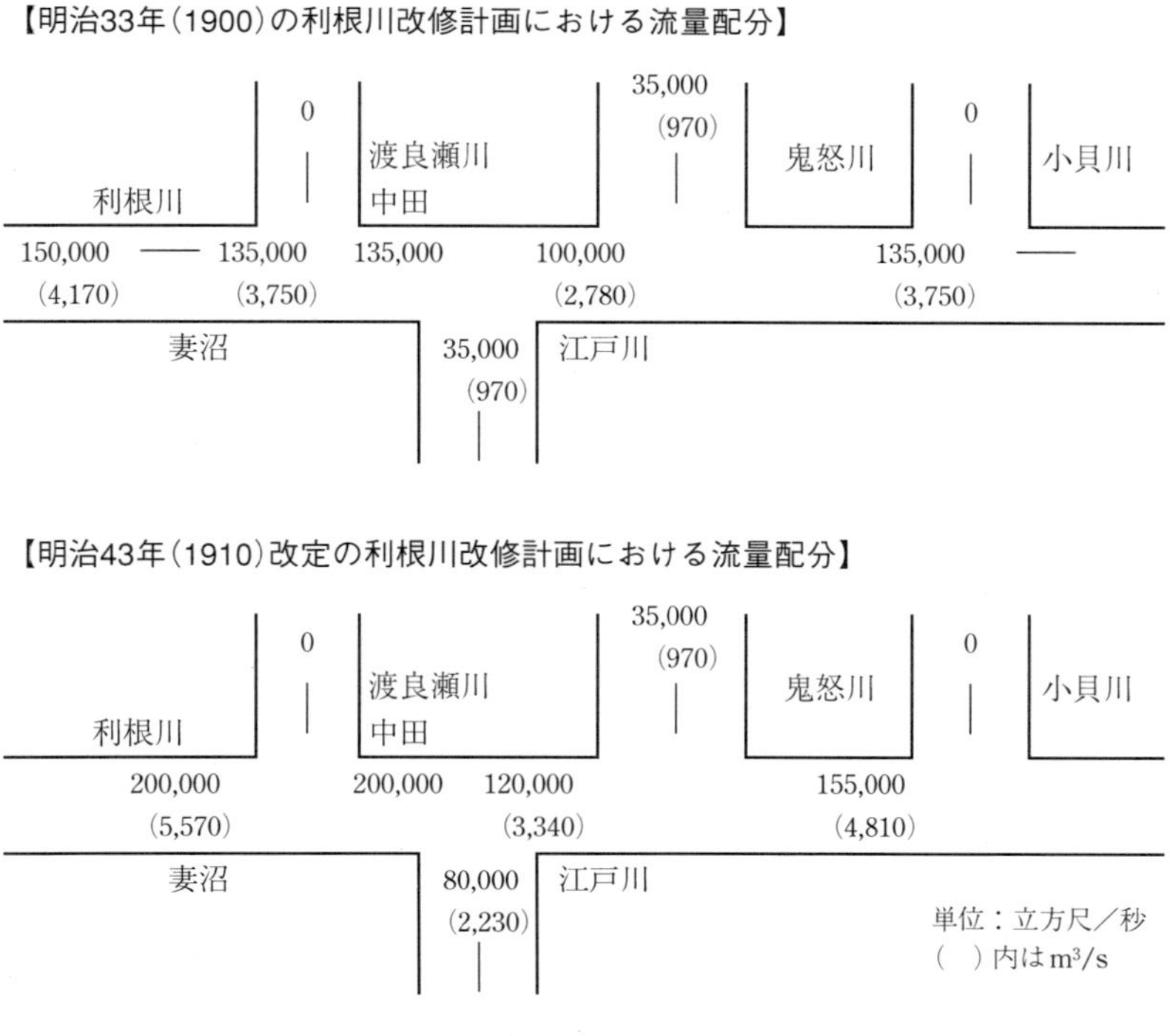

図4　近代利根川流量配分図（明治年間）

四〇パーセントとなった。また、その流頭部にあった棒出しは撤去され、新たな分派地点に水門と閘門の設置とともに、高水路床固めが設置されることとなった。

この改修計画が完成したのは昭和五年（一九三〇）であった。この竣功から間もない一〇年、利根川は大出水となったが、上利根川で氾濫することなく、旧常陸川筋に流れていった。すなわち、上利根川の大出水が上利根川で破堤することなく赤堀川筋を流れ、旧常陸川に流下していった有史以来、初めての大洪水であった。ここに、近世初期から行われた利根川東遷が完成したのである。

おわりに

利根川東遷について、その端緒となった近世初期に重点を置きながら述べてきた。その目的は、洪水を流す放水路であったと結論付けた。元和七年と寛永二年に行われた一回目、二回目の開削はこの判断で間違いないと確信しているが、承応三年の三回目はいささか躊躇した。それまでと異なり横に拡幅したのではなく、縦に深く掘ったという川妻村の証文『赤堀川開削由諸書上』の内容からである。下利根川から江戸川に入る舟運のルートが承応年代から本格化し始めており、このルートの舟運機能の確保のために三回目の開削が行われたとの判断も十分にあり得る。しかし、やはり洪水の処理のための放水路として位置付けた。それは根岸門蔵「利根川治水考」（明治四一年）にもとづく『赤堀川改削由緒書』に疑問を提示し、さらに栗橋周辺の治水が目的であったと主張する大谷貞夫氏の研究に負うところが大きい。

なお、日光街道の関係等、本論の基本的な考え方は拙著「国土の開発と河川」（鹿島出版会、一九八九年）で述べてきた。本論はその後の研究、特に大谷貞夫「江戸幕府治水政策史の研究」（雄山閣出版、一九九六年）、原淳二『中利根川の改修―赤堀川の拡幅と通船問題―』（「町史研究・下総さかい第五号」茨城県猿島郡境町、一九九九年）を重要資料として、再整理したものである。

引用文献

根岸門蔵（一九〇八）＝利根川治水考、一一〇‐一一四頁（崙書房復刻、一九七七）
埼玉県（一九八三ａ）＝寛文八年五月　赤堀川地境等出入訴状、新編・埼玉県史資料編一三、二八八‐二八九頁
小出　博（一九七二）＝日本の河川研究、東大出版会、五一‐五二頁
島上和平（一九八三）＝治河言上之案文与、新編・埼玉県史　資料編一三、二九三‐二九五頁
埼玉県（一九三四）＝埼玉県史第四巻
大島延次郎・楫西光速（一九五九）＝足尾銅山、日本産業史体系四　関東地方篇、地方史研究協議会、東大出版会
原　淳二（一九九九ａ）＝中利根川の改修―赤堀川の拡幅と通船問題―、町史研究・下総さかい第五号、境町史編纂委員会、三一‐三三頁
松浦茂樹（一九八九）＝国土の開発と河川、鹿島出版会、三九‐五四頁
埼玉県（一九八三ｂ）＝宝暦四年五月　赤堀川切広并出羽堀築留停止願、新編・埼玉県史資料編一三、二九一‐二九二頁
原　淳二（一九九九ｂ）＝中利根川の改修、町史研究・下総さかい第五号、五八頁
原　淳二（一九九九ｃ）＝中利根川の改修、町史研究・下総さかい第五号、四二頁
原　淳二（一九九九ｄ）＝中利根川の改修、町史研究・下総さかい第五号、三一‐三三頁
利根川百年史編集委員会（一九八七）＝利根川百年史、三五六‐三五七頁
近藤仙太郎（一八九八）＝利根川高水工事計画意見書

主要参考文献

小出　博（一九七二）＝日本の河川研究、東京大学出版会
大谷貞夫（一九九六）＝江戸幕府治水政策史の研究、二七四‐二七五頁、雄山閣出版
原　淳二（一九九九）＝中利根川の改修―赤堀川の拡幅と通船問題―、町史研究・下総さかい第五号、茨城県猿島郡境町
利根川百年史編集委員会（一九八七）＝利根川百年史

著者プロフィール

松浦　茂樹（まつうら　しげき）

昭和二三年（一九四八）、埼玉県生まれ。昭和四八年東京大学工系大学院修士課程修了。建設省、国土庁、奈良県等の勤務を経て、平成一一年東洋大学国際地域学部国際地域学科教授。

河川と地域社会との関係に強い関心をもち、歴史的・学際的視野で研究する「社会基盤整備史」をライフワークとしている。

主な著書

『水辺空間の魅力と創造』鹿島出版会、一九八七年（共著）、『国土の開発と河川 ― 条里制からダム開発まで』鹿島出版会、一九八九年、『湖辺の風土と人間 ― 霞ヶ浦』そしえて、一九九二年（共著）、『明治の国土開発史 ― 近代土木技術の礎』鹿島出版会、一九九二年、『国土づくりの礎 ― 川が語る日本の歴史』鹿島出版会、一九九七年、『戦国の国土整備政策』日本経済評論社、二〇〇〇年

近世利根川の水害と大名手伝普請

大谷貞夫（国学院大学教授）

近世利根川の水害

○年貢割付状

近世の水害は何度あり、その規模はどの程度であったのかを調べてみる必要があるが、そう簡単ではない。たしかに『徳川実紀』や『武江年表』（黒板編、一九六四～六七・斎藤、一九六八）などには、「洪水」・「大洪水」の記事が散見されるが、被害の実態を詳しく調べてみる必要がある。今日では、家屋の損害・人命の如何・道路や鉄道の被害などを参考にして比較してみることで、その水害の程度を計測することができるだろう。しかし、江戸時代となると人畜の被害・家屋の損壊などの状況は史料が残りにくいのである。そこで、比較的残存量の多い「年貢割付状」を利用して、田畑家屋の被害状況を基準にして、水害の大小を見ることが有効となる。「年貢割付状」とは、支配者であった幕府・藩・旗本が毎年知行地の村々に年貢の徴収額を通知したものである。災害を受けた田畑があれば、その程度に応じて年貢が免除されるので、その程度を比較することが可能である。

江戸時代の村は検地によって村全体の田畑屋敷の価値が玄米の量で表示されていた。村高と呼ばれ、石斗升合勺などと表示され、年貢はその年の生産額によって多くの場合玄米で徴収された。具体的な事例を表示してみよう。図1では、Aが武蔵国足立郡下戸田村（現埼玉県戸田市）、Bが同国埼玉郡中池守村（現同県行田市）、Cが下総国相馬郡立木村（現茨城県利根町）、Dが同国同郡羽根野村（現同）、Eが同国埴生郡磯部村（現千葉県成田市）である（大谷、一九八六ａ）。下戸田村は荒川左岸に隣接した村で、江戸時代を通して幕府領であった。村高は正保期（一六四四〜四七）で六四五石八斗二升六合（『武蔵田園簿』）、元禄八年（一六九五）の検地で八〇四石三斗一升三合、天保五年（一八三四）で八五七石九斗五合（「武蔵国郷帳」）であった。中池守村は上利根川右岸のやや奥地に立地し、慶長五年（一六〇〇）から寛永一〇年（一六三三）までが幕府領、寛永一〇年の途中から武蔵忍藩領となり幕末に至った。正保期は上・中・下に分村する以前で、高一六三〇石三斗四升（『武蔵田園簿』）で、元禄一五年（一七〇二）では中池守村と表示され高二九二石四斗七升（「武蔵国郷帳」）で、天保五年（一八三四）で三〇〇石一斗八升五合（「同前」）であった。立木村は新利根川左岸に立地し、寛永一三年（一六三六）から同一八年までは幕府領、同一九年から寛文二年（一六六二）までは下総佐倉藩領、同三年から正徳五年（一七一五）まで幕府領、享保元年（一七一六）に一部分が旗本中島領となり、残りはそのまま幕府領として残った。翌二年には、残りの幕府領が旗本加納領となった。加納はのち加増され大名となり、上総一宮藩と称した。寛永二〇年（一六四三）では六二七石四斗二升三合（「年貢割付状」）で、元禄一五年（一七〇二）では五九三石二斗一升三合（「下総国郷帳」）で、天保五年（一八三四）では五九四石二斗四升二合（「同前」）。羽根野村は小貝川左岸で新利根川の流頭左岸に立地している。支配の変遷は、寛永一〇年から宝永二年（一七〇五）まで立木村と同じであった。寛永二〇年（一六四三）の高は二〇〇石三斗八升六合（「年貢割付状」）で、元禄一五年（一七〇二）では二〇二石六斗三升八合（「下総国郷帳」）であった。磯部村は下利根川右岸に存在した長沼畔に立地している。支配の変遷は、延宝八年（一六八〇）から享保七年（一七二二）まで下総佐倉藩領、享保八年から慶応三年（一八六七）まで山城淀藩領であった。元禄一五年（一七〇二）では高三八二石三斗九升（「下総国郷帳」）で、天保五年（一八三四）も全く同じであった。

○災害の検証

図1では①から78までの災害が確認できる。グラフを見ると、享保期（一七一六〜三五）を境に変化が見られる。享保期以前では、年貢額は毎年変わっている。これは「検見」と称し、毎年の収穫高が検査され課税されたからである。それ以降は、特に幕府領では「定免制」が採用されたことで、何年か同一の数値が続いている。「定免制」は過去一〇年間の年貢額を平均して、多少増額して向こう五年とか一〇年とか、同一の額を徴収する方法であった。「検見」となると役人が現地に派遣され、実際に「坪苅」と称し一坪（三・三平方メートル）の稲を苅取り、籾を計って一反歩当たりの税額が算定され村全体に課税された。派遣された役人は村々に宿泊し作業を続けたので、村人と接触する機会も多く、時には賄賂を受け取って年貢を安くする行為もあった。「定免制」が採用されると、村人と役人が接する機会がなくなり、定免の期間中は一定の年貢が納入される仕組みとなった。しかし、「定免制」にも問題がないわけではない。災害があった時の処置をめぐって、幕府側にも悩みがあったのである。「定免」期間中、三割以上の災害を受けた時には「検見」に切り替えて税額を決定するということで、幕府は決着した。従って、「定免制」が採用され、一定額で年貢が徴収されていても、三割以上の災害が生じた時には、必ず「検見」に切り替えられ、納税額が減少しているわけである。楔を打ったように落ち込んでいて明瞭となっている。

七八回の災害のうち、注目すべき災害が何度かある。⑫は寛文六年（一六六六）で、利根川下流域が洪水による災害を受けた（荒川ほか編、一九六四）。新利根川の開削・印旛手賀両沼の干拓など、利根川下流域の開発が進行していた時の水害で、政策上にも大きな障害となった（大谷、一九八五）。㉗は宝永元年（一七〇四）で、『徳川実紀』にも、七月三日の条に霖雨により利根川が増水し、猿股の堤防が決壊し葛西・亀戸・本所・深川の辺で床上六、七尺（一・九八〜二・三一メートル）に及んだということである。利根川筋でも大きな災害となり、関東で最初の大名手伝普請が行われた。㉚は正徳二年（一七一二）で、㉛は正徳四年で、さほどの災害とは考えられないが、特に正徳四年に大名手伝普請が実施されて

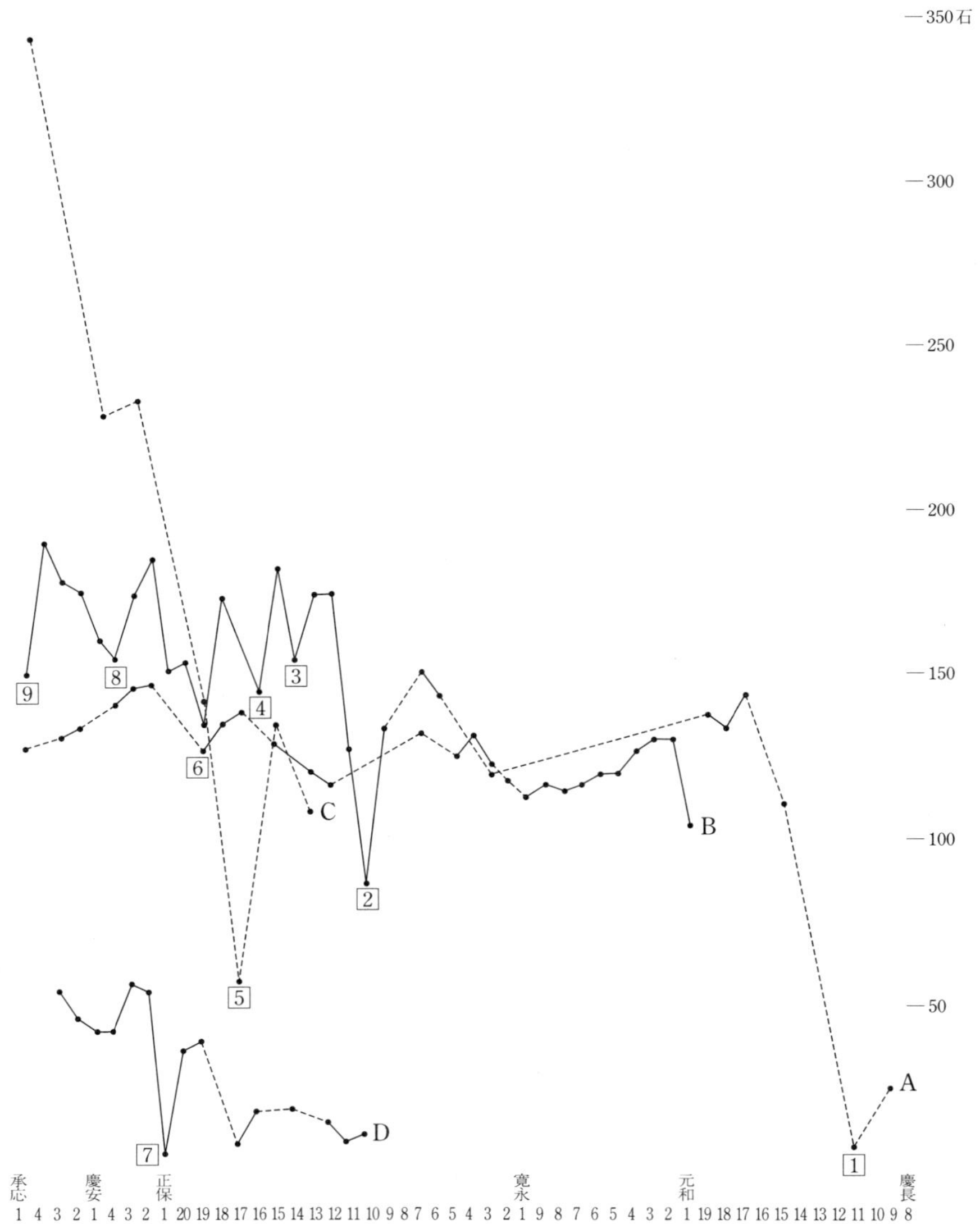

図１　慶長～慶応期の米納年貢の変遷（1）

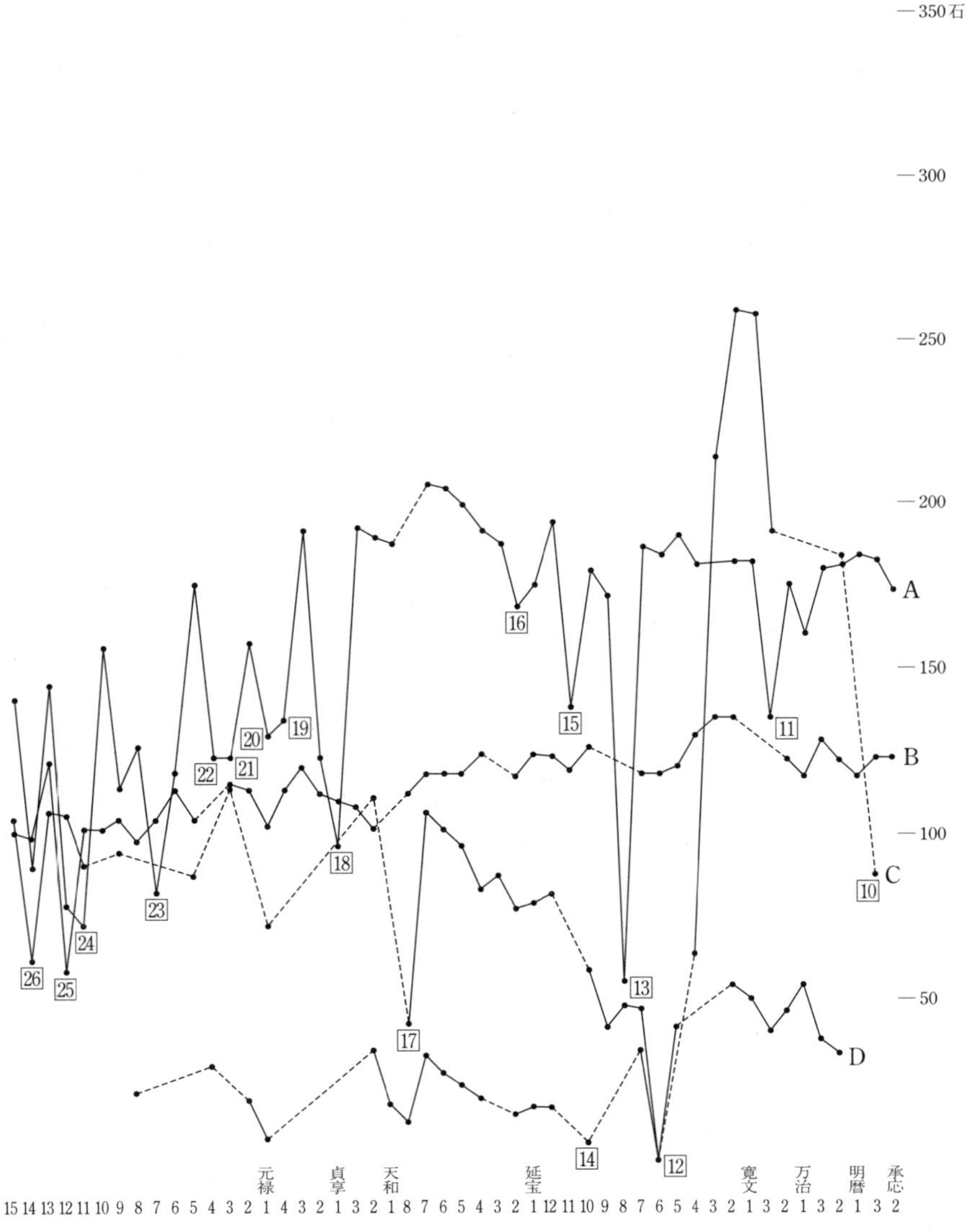
350石
300
250
200
150
100
50
A
B
C
D
10
11
12
13
14
15
16
17
18
19
20
21
22
23
24
25
26
元禄
貞享
天和
延宝
寛文
万治
明暦
承応
15 14 13 12 11 10 9 8 7 6 5 4 3 2 1 4 3 2 1 3 2 1 8 7 6 5 4 3 2 1 12 11 10 9 8 7 6 5 4 3 2 1 3 2 1 3 2 1 3 2

図1―(2)

いる。

享保期以降では、32が享保二年（一七一七）で、34が同一三年で、39が寛保二年（一七四二）である。特に、寛保二年の水害は江戸幕府始まって以来の最大の水害といわれ、やはり大名手伝普請が実施されている。43は宝暦七年（一七五七）で、幕府は中断していた国役普請制度を復旧し（高柳ほか編、一九五八b、一〇四七号・原、一九七〇・大谷、一九七一・笠谷、一九七六a・b・木龍、一九八三）、公儀普請を実施した（高柳ほか編、一九五八b、一〇四六号・大谷、一九九六、三章一節）。45は明和三年（一七六六）で、翌四年に大名手伝普請が実施された。48は明和七年（一七七〇）、49は同八年で、共に旱魃による被害があった。50は安永三年（一七七四）で51は翌四年であるが、さほどの被害ではないようだ。しかし、安永四年には大名手伝普請が行われている。52は安永九年で、「徳川実紀」には武蔵・上総・下総・上

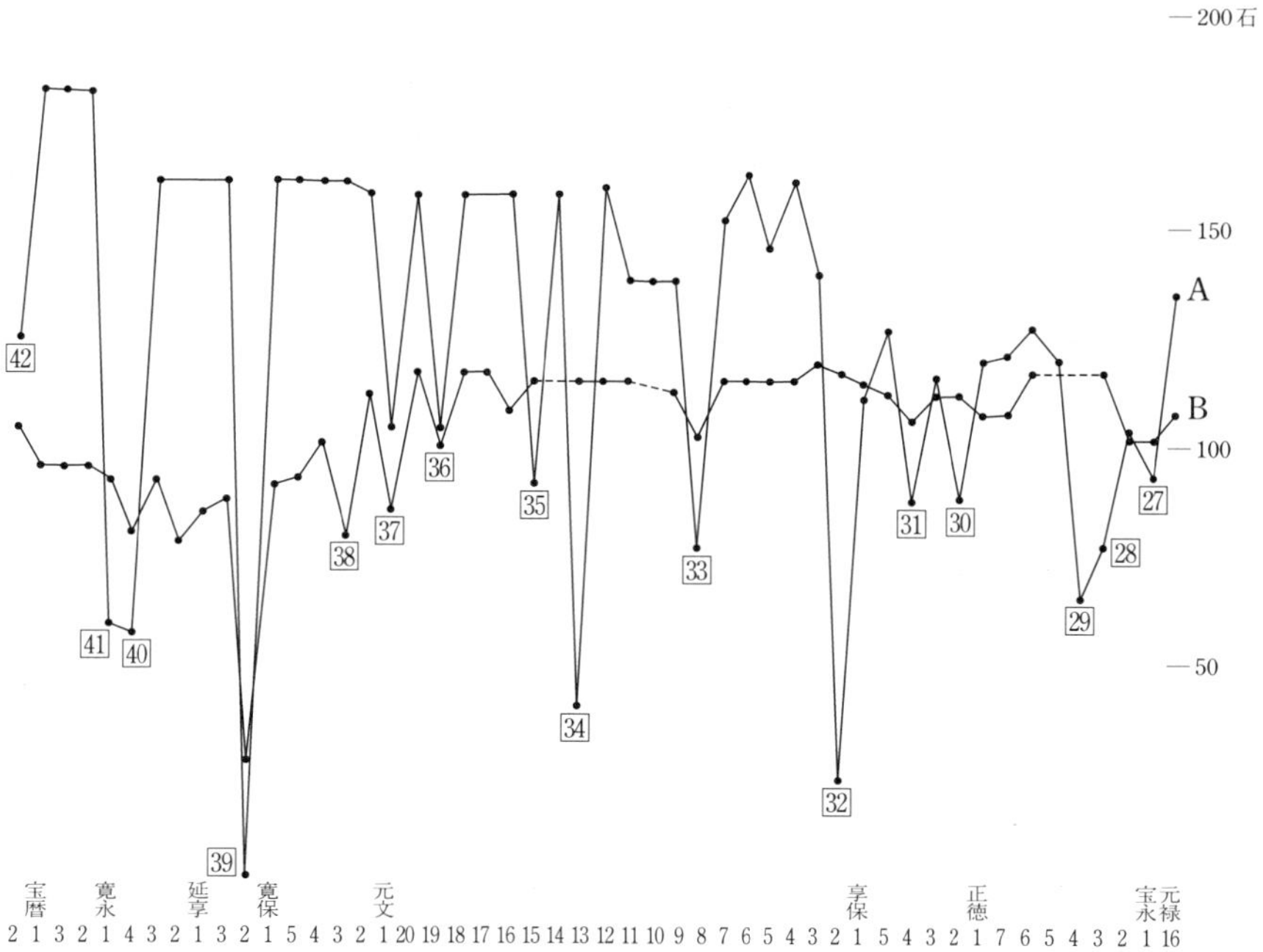

図1—(3)

野・下野・常陸の国々で洪水があり、漂溺の民家が多数あったと記されている。翌天明元年（一七八一）に大名手伝普請が行われた。53は天明元年で、55は同三年であり、ともに洪水の被害を受けた。55は水害のほか、浅間山の大噴火の被害も加味されている。57は天明六年で大洪水の年である。39の寛保二年の大洪水より大きな被害を受けている。やはり浅間山から噴出された火山灰などが利根川筋に流入し、河床を浅くしたことも影響していた。天明六年暮れには大名手伝普請が始められている。60は寛政三年（一七九一）で水害を受けている。幕府は同年一二月、公儀普請を行うこととし、法令が発せられた（高柳ほか編、一九五八c、六二二七号）。寛政五年は災害の確認ができないが、何故か翌六年に大名手伝普請が実施されている。64は文化五年（一八〇八）で、『続徳川実紀』によれば、江戸やその周辺国々が洪水し、米穀が騰貴したと記されている。翌六年大名手伝普請が

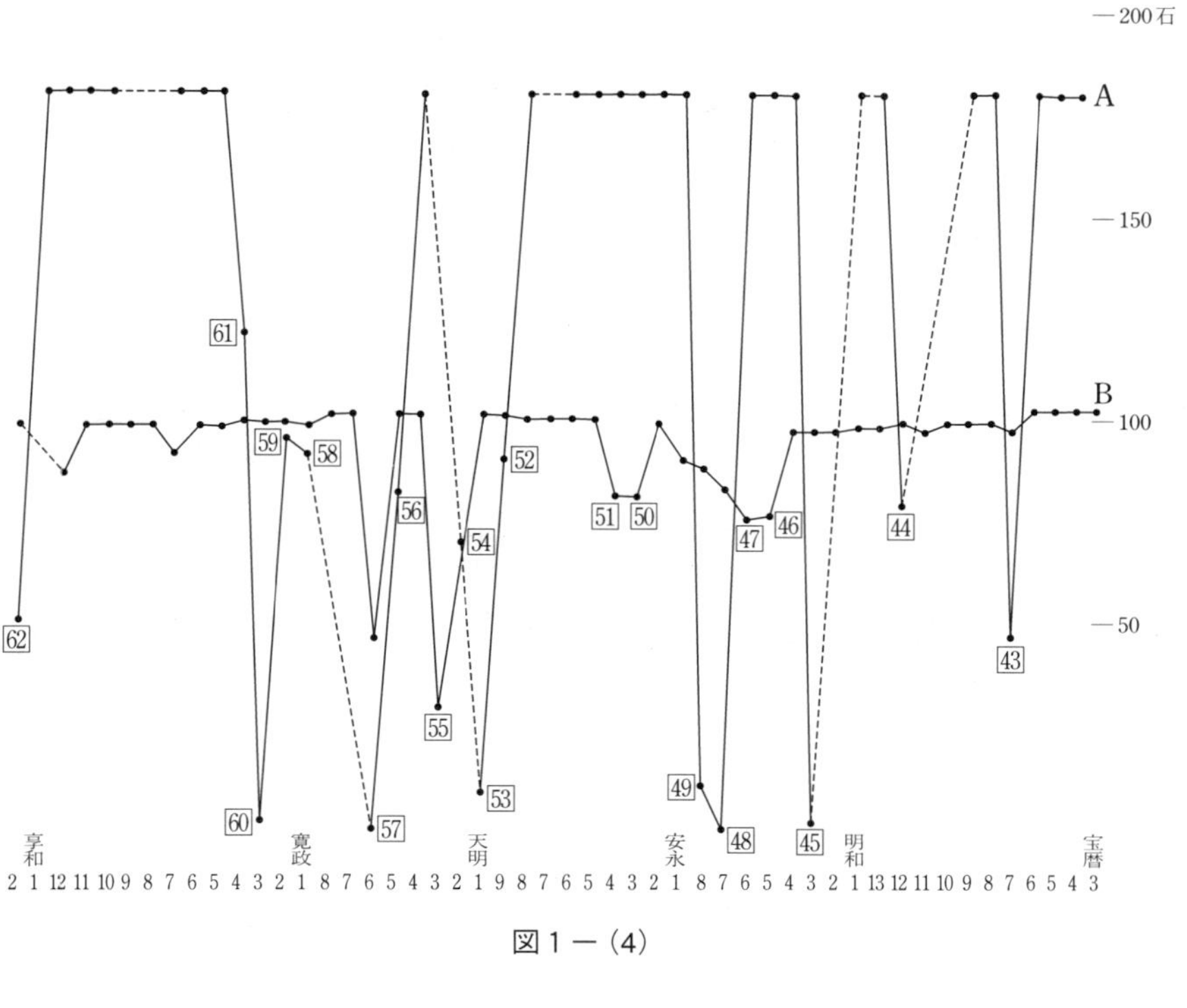

図１－(4)

実施された。65は文化九年で、やはり水害を受けた。翌一〇年に大名手伝普請が実施されている。68は文政三年（一八二〇）で、やはり水害の年であり、翌四年には大名手伝普請が行われた。69は文政四年であるが、珍しく大旱魃の年であった。70は文政六年で水害を受けている。この年にも大名手伝普請が行われた。72は文政一二年で、やはり水害を受け、大名手伝普請が行われている。74は天保七年（一八三六）で水害の年であり、幕府は翌八年正月に公儀普請を発令した（新井編、一九六九、八〇九頁）。75は天保一一年で水害を受け、幕府は翌一二年八月公儀普請を発令している（新井編、一九六九、八一二頁）。弘化四年（一八四七）は水害を受けたかどうか図1では確認できないが、大名手伝普請が行われている。関東の川々を対象とした最後の大名手伝普請となった。

　以上のように、七八回の災害が確認できたが、関東地方は結構広いわけで、五カ村の「年貢割

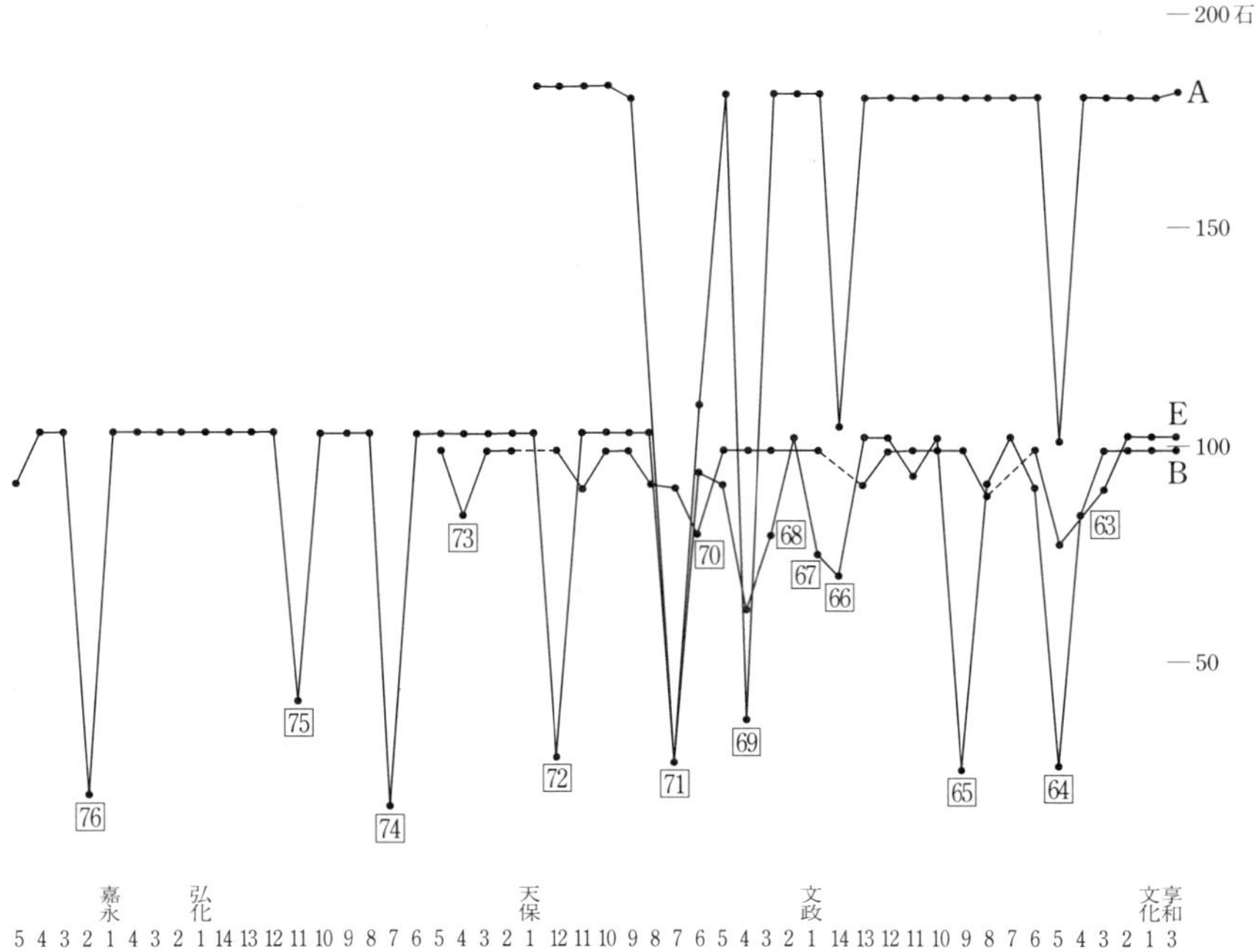

図1－(5)

付状」だけでは多少無理があるといえよう。

ともあれ、幕府は災害の復旧のため、公儀普請を四回発令し、大名手伝普請を一三回行っている。

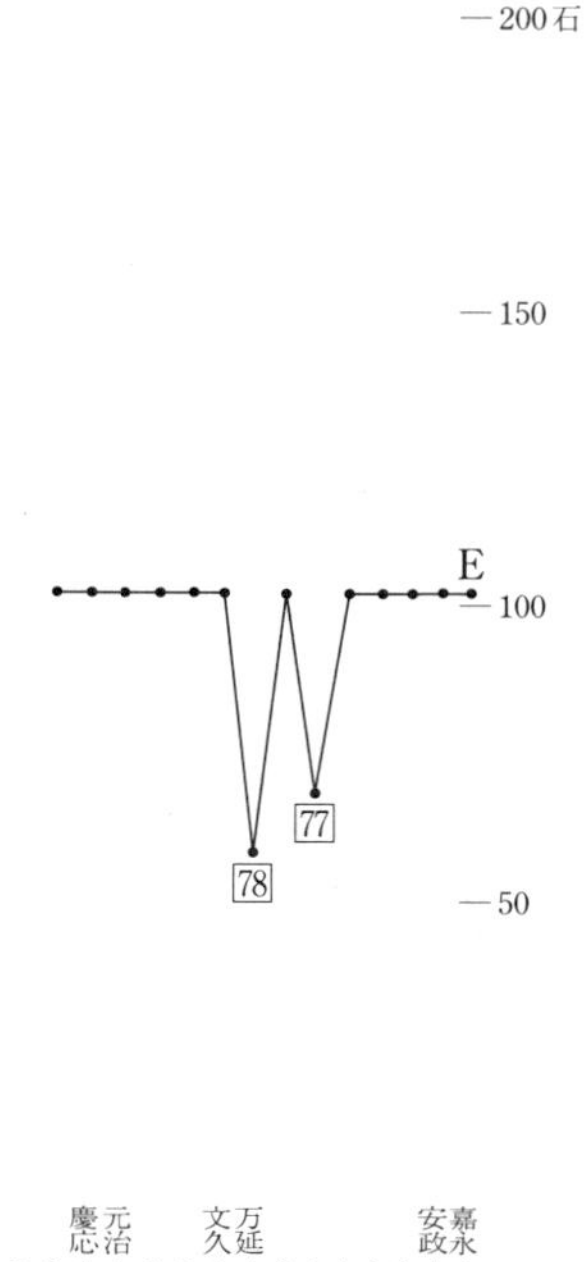

図１－(6)

大名手伝普請

○普請仕法

江戸時代の普請の仕方については、四つの「御普請」と「自普請」に区分することができる。「御普請」は、幕府や藩や旗本など支配者側が普請金や材料の全部または一部を負担するもので、「公儀御普請」・「大名手伝御普請」・「国役御普請」・「領主御普請（定式御普請）」に分けられる。これに対し「自普請」は村民が全額を負担するもので、小規模なものといえよう。

次に四つの「御普請」の特徴を示す。

「公儀普請」は、幕府が法令を発し「皆御入用」または「御入用」で普請を実施するところに特色がある。確かに幕府の代官が用悪水施設を伏込む時にも全額代官所が負担し、皆御入用で行われたという事例はたくさんある（織田、一八九三、「下利根川通仕来帳」など）が、この場合、幕府は法令を発することはしなかった。ここに大きな相違がある。また、幕府の代官は自らが支配している村々を対象としているが、「公儀御普請」では幕府領だけでなく、必要とあらば藩領や旗本領などをも対象としていることがある。「大名手伝御普請」は、幕府が普請に必要な材料を提供し、ほかの費用は指名された大名が負担する。幕府はあちこちに「御林」と称する直轄林を所持していた。「御林」の立木を提供することは一般的であった。しかし、指名された大名は伐木の上杭や板材に挽き普請現場に運ばなければならず、この伐採・挽き立て・運搬も大名の負担であった。また「大名手伝御普請」には時代による差違が見られる。利根川流域の事例では、A宝永正徳期（一七〇四〜一四）、B寛保明和期（一七四二〜七五）、C安永弘化期（一七七五〜一八四七）の三つに区分することができる。A期は幕府の勘定所やその配下の郡代・代官が立案し、「普請目論見帳」を提示して広く町民や有力農民に呼びかけ、「入札」で担当者を決めている。町人や有力農民が請負って実際の普請を行っている。指名された大名は請負金の惣額を拝領高で割り、各自幕府に上納していた。B期は正徳三年（一七一三）四月に町人や有力農民の請負で行われる普請は、手抜き工事が多いとして禁止されるに至り（高柳ほか編、一九五八a、一三二四号）、指名された藩の直営に近い方式で実施されることになった。もちろん幕府勘定所や代官が立案し、その仕様帳に従って藩役人の監視のもと、現地の農民を雇って行われている。寛保二年（一七四二）の事例では、藩は元小屋（陣屋）を構え、あちこちに出張所を設け、藩の家老が総奉行となり、多数の藩役人やそのまた家来が現地に滞在している。現地では朝集まってきた村人に「木札」を渡し、夕方帰宅する時に引き替えに一日の賃銭を渡していた。河川はかなり長い範囲に亘って一大名に割渡されるので、それだけ現地に張り付く家臣も多くなってくる。元小屋などの建設費のほか、家臣の出張・滞在費が多くかかってしまった。C期は「お金手伝」と呼ばれ、B期の方法はなくなった。その後、普請は特殊な土木工法を除いて、多くが村請負で行われるようになった。幕府側の負担分を除いた金額が大名の拝領高に応じて割合う方式となり、大名の負担はAの時期と同様に公平になっている。

「国役御普請」は享保五年（一七二〇）に制度として成立し、同一七年に一旦中止された（大蔵省、一九二二、八二七頁以下・大谷、一九七一）。はじめに日光の稲荷川や竹鼻川の普請が契機となって制定された。普請費は、幕府が五分の一を負担し、残りの五分の四は下野国（現栃木県）内の村々から取り立てられた（大谷、一九九六、三章三節）。同七年に至りこの制度は見直され、関東・東海・近畿・越後国の川々と普請費を負担しなければならない国々が決められた。この時幕府の負担は一〇分の一となり、残りが指定された国々の村々から取り立てられた。その後、宝暦八年（一七五八）に再興され（高柳ほか編、一九五八b、一〇四七号）、幕末維新期まで実施された。「領主御普請」は本来幕府が幕府領に、藩が藩領に、旗本が旗本領に対して実施したものである。支配者が費用の全額を負担する場合もないわけではないが、一定の補助、例えば村方で調達できない板材・鉄物などの支給や、人足に対し扶持米を支給するなどで済ましている場合が多かったといえる。「定式御普請」にその典型を見ることができる。関東地方では年末から翌春までに、定例の堤川除や用悪水施設の手入れが行われた。幕府は享保一七年（一七三二）に規定を設け（法制史学会編、一九五九、四〇〇八号）、支配者と村方の負担を区分した。地元の村々で負担できない大きな杭・板材・鉄物は支配者側で、地元村々で提供できる小さい杭・麁朶・竹・空俵・縄などは村側でそれぞれ負担すること、人足は高一〇〇石に五〇人までが村役（無償）で、同五一人から一〇〇人までは一日玄米七合五勺の支給、同一〇一人以上にはすべて玄米一升七合分の賃銭を与えるとの規定であった。この規定は幕府領が含んでいさえすれば、一村でも大きな普請組合でも当てはめられた。例えば、下利根川・利根付小貝川・新利根川通の川除普請組合は、高四万七〇〇〇石余であった（織田、一八九三、「下利根川通仕来帳」）。従って、村役は二万三五〇〇人となる。幕府はこの人数分を無賃で動員できたわけである。また、支配者はその組合の支配高に応じて支配者の負担すべき費用を割合っていたのである。

○宝永元年の大名手伝普請

宝永元年（一七〇四）七月の水害による破損箇所は、大名手伝普請で復旧工事が行われることとなった。幕府は同年一〇月に土佐高知藩主山内豊房《とよふさ》（高二〇・二六万石）、出羽秋田藩主佐竹義格《よしただ》（高二〇・五八一万石）、出雲広瀬藩主松平近朝《ちかとも》（高三万石）、肥後人吉藩主相良頼富《よりとみ》（高二・二一万石）に手伝を命じた。各普請場は郡代・代官らによって目論見帳が作成され、江戸の町人や地方の有力農民はその帳簿を披見し、思い思いに請負金額を示し、勘定奉行のもとに設置された箱に札を入れたのであった。下利根川右岸に接する下総国香取郡佐原村の三郎左衛門（伊能忠敬の祖父）は、幕府の代官平岡三郎右衛門尚宣の勧めもあり、一〇冊のうちの一番帳に札を入れた（大谷、一九九〇）。三郎左衛門は金五七五両と永一一〇文

表1　平岡尚宣担当普請場請負人・請負金一覧

帳簿（番帳）	落札人	落札金	同上人足代（手伝大名負担）	同上諸色代（幕府負担）	担当藩	担当代官
一	下総佐原村三郎左衛門	五七五両 永一一〇文	五六二両二分	一二両二分 永一一〇文	広瀬藩	平岡尚宣
二	武蔵中川崎村政右衛門	六四六両 永一四三文五	六〇五両二分 永二二五文	四〇両二分 永一一八文五	同右	同右
三	江戸馬喰町三河屋善兵衛	六九五両三分 永二三一文	六一六両一分 永一六八文	七九両二分 永六四文	同右	同右
四	武蔵本郷村儀兵衛	七四七両 永七五文	七三四両二分 永二二五文	一二両二分 永五〇文	同右	同右
五	同右	四〇二両 永三文	三八〇両 永七五文	二一両三分 永一七八文	人吉藩	同右
六	同右	一、一四九両一分 永一四文四	一、一一五両 永九一文	三四両 永一七三文四	同右	同右
七	同右	二一四両一分	二一四両一分	―	同右	同右
八	武蔵石納村平左衛門	四二一両二分 永三三三文	四一二両 永二二五文	九両二分 永八文	同右	同右
九	武蔵本郷村儀兵衛	四二七両 永一四二文	三九七両一分	二九両三分 永一四二文	同右	同右
一〇	江戸馬喰町三河屋善兵衛	五八五両三分 永二三〇文	五八四両二分 永一九三文	一両一分 永三七文	広瀬藩	同右
合計		五、八六三両二分 永九八二文九（五、八六四両一分 永二三三一文九）	五、六二一両三分 永六〇二文（五、六二二両一分 永一〇二文）	二四一両一分 永八八〇文九（二四二両 永一三〇文九）		

で落札した。一〇冊のうち、江戸馬喰町三河屋善兵衛が三番帳・一〇番帳を落札し、一番帳は武蔵国幸手領中川崎村の政右衛門が、四〜七番・九番帳は武蔵国幸手領本郷村の儀兵衛が請負うことになり、儀兵衛の金額は二九三九両二分余であった。このほか、武蔵国百間領国納村平左衛門が九番帳の普請を落札している。落札金・担当藩・担当代官を一覧にすると、**表1**のようになる。

請負人は、幕府が示した「御普請仕様」に従って工事を行うことが義務付けられた。二三カ条からなるもので、いくつかのカ条を示してみる。

第一条では堤・腹付け・上げ置の普請ともに、前もって縄張りをし杭を打ち、仕様帳に相違がないように築立てだんだんに踏み堅め、仕上げは棒で打ち堅め、土取場は指定された場所で採取すること、第七条では落札した者は自分勝手に外の者へ請け負わせてはならないこと、第九条では普請が完了する前に風雨その他により破損した場合であっても、請負金高の内で何度でも仕直し、「注文」の通り完成したならば、見分した上で代金を支払うこと、第一三条では萱・竹・杭ともに「注文」通りでない場合は、何度でも仕直すこと、第一五条では普請が終了した時、どんなに損金が出たとしても、増金願いは一切受け付けないこと、第一八条では落札金額の一割を敷金として納めること、第二二条では落札した者は、確かな家持の証人を立てて請負証文を作成すること、等の記事が見られる。

三郎左衛門は、一族の応援を得て順調に工事を完了させたので、ほかの請負人より早かった。このことで幕府の目付衆に認められ、宝永二年閏四月に勘定奉行荻原重秀の自宅に召出され、内玄関から畳の上に通され対面を許されたのであった。なお、三郎左衛門は「部冊帳」の一部にその記録をまとめ、「以来このような入札請負事は子孫の者は堅く無用である」と締めくくっている。結局のところ、赤字決算であったものと推察される。

○寛保の大名手伝普請

寛保二年（一七四二）の大洪水の被害は大きく、堤防の決壊箇所、用悪水施設や橋の破損箇所の復旧に取りかからなければならなかった。幕府は同年一〇月に、西日本の大名一〇名に対し手伝普請を命じることとなった。川普請手伝一覧を表2に示す（大谷、一九七七）。拝領高の合計は一九〇万石余で、普請場所は河川別に明確に示されている。上利根川南側の普請を担当した長門萩藩主毛利宗広《むねひろ》は、家臣である吉川経永《つねなが》（高六万石）にも一定の場所割をし担当させている。吉川家は周防の岩国に陣屋を構えており、この手伝普請に関する諸記録が作成され、今日まで残されている（岩国徴古館）。吉川経永の担当場所は武蔵国幡羅郡間々田村から俵瀬村（現埼玉県大里郡妻沼町）で、妻沼村に元小屋を構え、葛和田村と出来島村に出張小屋場を設けた。この時の絵図面・元小屋日記・出張小屋日記など詳細な記録が残されている（大谷、一九九四）。吉川経永はこの復旧工事で、①惣人足賃金五五〇〇両余、②竹木などの運送蔦人足賃金一九〇両余、③元小屋などの作事

表2　寛保2年関東川川普請手伝一覧

藩名	藩主名	領有高	普請場所	幕府側奉行
肥後・熊本	細川宗孝	五四万〇〇〇〇石	江戸川・庄内古川・古利根川・中川・横川・綾瀬川	嶋田和氏・酒井勝英
長門・萩	毛利宗広	三六万九四一〇石	上利根川南側	戸川安聡・筧　正信
伊勢・津	藤堂高豊	三二万三九〇〇石	権現堂川・思川・赤堀川・鬼怒川・栗橋関所前	松前順広・花房正敏
備前・岡山	池田継政	三一万五〇〇〇石	上利根川北側・烏川・神流川・渡良瀬川	加藤泰都・多賀常昭
備後・福山	阿部正福	一〇万〇〇〇〇石	下利根川	菅沼定秀・秋田季貞
但馬・出石	仙石政辰	五万八〇〇〇石	小貝川	
讃岐・丸亀	京極高矩	五万一五〇〇石	荒川・芝川・星川・元荒川	奥山良寿・久世広慶
日向・飫肥	伊東祐之	五万一〇〇〇石	荒川	
豊後・臼杵	稲葉泰通	五万〇〇六〇石	荒川	
越前・鯖江	間部詮方	五万〇〇〇〇石	新利根川	菅沼定秀・秋田季貞
計	一〇名	一九〇万八八七〇石		

および百姓家賃借金一一八〇両、④諸道具整など代金九六〇両、⑤岩国から呼び寄せた人々の道中・滞在費金五八九〇両余と合計一万三七二〇両余を費やした。この内の①と②が純粋の普請費で金五六九〇両（四一・五パーセント）、③～⑤が内入用で金八〇三〇両余（五八・五パーセント）となる。藩費を消費させるという大名課役の名目上では効力を発揮しているが、普請の能率は良くはなかった。B期の大名手伝普請の大きな矛盾でもあった。

寛保二、三年の手伝普請では、象徴的な二つの事件が起きている。一つは寛保二年一二月二日、武蔵国埼玉郡間口村（現埼玉県北埼玉郡大利根町）で起きた（担当萩藩）。指定された員数より多くの人々が集まり、仕事からはずされた人々が、現場にいた「普請役」青木銀蔵に対し乱暴を働いた事件である。獄門三人・遠島六人・追放一人・名主や組頭の役儀および田畑取り上げなど厳しい処罰が申し渡された。また、同年一一月晦日武蔵国大里郡小八林村で起こった事件もある（担当飫肥藩）。朝、現場に出向いて木札をもらい仕事に取りかかったが、同郡相上村・甲山村（現埼玉県大里郡大里村）の農民が不働きで、監督に当たっていた藩役人が賃銭を減額して渡そうとした時、一人前銭七〇文を受け取りたいと、礫を投げるなどして騒ぎ立て、賃銭渡場の箱挑灯を破ったのである。追放二人・名主や組頭の役儀・田畑取り上げの処分が申し渡された。この二つの事件は、朝現場に集まった人々が木札をもらい、一日働いて帰りに賃銭を受け取って帰るという仕組みから起こった事件であった。そこで、幕府は翌三年正月から特殊な工法を除いて、堤川除普請は村請負で行わせるという方針に切り換えた。内入用が多かったことも含め、この事件の影響もあり村請負の体制が整ったことで、C期の「お金手伝」へ移行していったものと考えられる。

○天明六年の手伝普請

天明六年の水害は、江戸幕府成立以来の大洪水といわれた寛保二年よりはるかに大きかった。同三年の浅間山の大噴火に伴う火山灰などの利根川への流入・堆積の影響があったからでもある。幕府は同年八月、勘定所の役人を関東および伊豆国各地に派遣し、同年一二月には関東郡代伊奈忠尊《ただたか》・目付山川貞幹《さだもと》・勘定吟味役村上常福《つねとみ》らを現地に派遣している（黒板編、一九六四～六七、「続徳川実紀」第一篇、一〇、一一、一八、二一頁）。「普請役」や「勘定吟味方改役下役」、「支配勘定」など、多数の幕府勘定所の下級役人も同行させていた。翌七年五月朔日にはこれらの役人は工事が完了し帰謁している。

さらに幕府は同年五月二日、表3に示すように、西国・北陸方面の一九名の大名に対し手伝を命じている（黒板編、一九六四～六七、「続徳川実紀」第一篇、三〇頁）。萩藩の場合、金五万五〇〇〇両余を上納しているので（毛利家文庫、一八一三）、三六万石で割ると高一万石につき一五二七両余となる。一九名の大名の拝領高は二八八万石余となり、右の数を乗ずると、金四三万九七七六両余となる。多額を出費したわけであるが、それだけ大規模な復旧工事が実施されたことを物語っているといえよう。

○残された問題点

大名手伝普請に関する史料は多くが藩政史料に含まれている。今後ともに、藩政史料の調査を続ける必要がある。一方、河川流域の村々に残されている史料の調査は、今日県史・市町村史の編纂に伴って進展していることは事実であるが、意外と「御普請目論見帳写」・「御普請仕様帳写」・「御普請出来形帳」の村方に伝存している治水三帳については粗末に扱われている。やはり、村方伝来の史料調査を深化させ

表3　天明6年大名手伝普請一覧

藩名	藩主名	領有高
安芸・広島	浅野重晟	四二万四五〇〇石
長門・萩	毛利治親	三六万九四一〇石
因幡・鳥取	池田治道	三二万〇〇〇〇石
備前・岡山	池田治政	三一万五〇〇〇石
阿波・徳島	蜂須賀治昭	二五万七〇〇〇石
筑後・久留米	有馬頼貴	二一万〇〇〇〇石
土佐・高知	山内豊雍	二〇万二六〇〇石
出雲・松江	松平治郷	一八万六〇〇〇石
豊前・中津	奥平昌高	一〇万〇〇〇〇石
肥前・島原	松平忠恕	六万五九〇〇石
伊予・大洲	加藤泰候	六万〇〇〇〇石
伊勢・久居	藤堂高矗	五万三〇〇〇石
讃岐・丸亀	京極高中	五万一五〇〇石
播磨・龍野	脇坂案董	五万一〇〇〇石
日向・飫肥	伊東祐鐘	五万一〇〇〇石
越後・新発田	溝口直侯	五万〇〇〇〇石
越後・村上	内藤信敦	五万〇〇〇〇石
摂津・三田	九鬼隆張	三万六〇〇〇石
伊予・吉田	伊達村賢	三万〇〇〇〇石
計	一九名	二八八万二九一〇石

る必要が大いにあるといえよう。

参考文献

新井顕道 編・滝川政次郎 校（一九六九）＝牧民金鑑上巻、刀江書院
荒川秀俊・大隈和雄・田村勝正 編（一九六四）＝日本旱魃霖雨史料、地人書館
大蔵省（一九二二）＝日本財政経済史料巻四、財政経済学会（一九七一、芸林社復刻）
大谷貞夫（一九七一）＝享保期関東における国役普請、国史学、八六号（のち、主要部分を大谷（一九九四）に収録）
大谷貞夫（一九七七）＝寛保の関東大水と大名手伝普請―岡山藩の場合、国史学、一〇一号、同前
大谷貞夫（一九八五）＝寛文延宝期の新田開発―新利根川の開鑿と湖沼干拓、国史学、一二六号（のち、主要部分を大谷（一九八六b）に収録）
大谷貞夫（一九八六a）＝一七～一八世紀における災害と幕府の対応、林陸朗先生還暦記念会編、近世国家の支配構造、雄山閣出版（大谷（一九八六b）に再録するに際して、享和三年以降を追加）
大谷貞夫（一九八六b）＝近世日本治水史の研究、雄山閣出版
大谷貞夫（一九九〇）＝宝永期の大名手伝普請と請負人、栃木史学、四号（のち、主要部分を大谷（一九九六）に収録）
大谷貞夫（一九九四）＝寛保洪水と大名手伝普請について―萩藩家臣吉川家の場合、栃木史学、八号、同前
大谷貞夫（一九九六）＝江戸幕府治水政策史の研究、雄山閣出版
織田完之（一八九三）＝印旛沼経緯記外編、金原明善刊（一九七二、崙書房復刻）
笠谷和比古（一九七六a）＝近世国役普請の政治史的位置、史林、五九巻、四号
笠谷和比古（一九七六b）＝国役普請の実働過程について、論集近世史研究
木龍克己（一九八三）＝近世国役普請体制の成立と展開、法政大学大学院紀要、一〇号
黒板勝美 編（一九六四～六七）＝新訂増補国史大系　徳川実紀・続徳川実紀、吉川弘文館
斎藤月岑・金子光晴 校（一九六八）＝増訂武江年表一・二、平凡社、東洋文庫
高柳真三・石井良助 編（一九五八a）＝御触書寛保集成、岩波書店
高柳真三・石井良助 編（一九五八b）＝御触書宝暦集成、岩波書店
高柳真三・石井良助 編（一九五八c）＝御触書天保集成　上・下、岩波書店

原　昭午（一九七〇）＝幕府法における国役普請制について、岐阜史学、五七号
法制史学会 編・石井良助 校（一九五九）＝徳川禁令考　前集第六、創文社
毛利家文庫（一八一三）＝関東筋川々御普請御用金御手伝一事　二、山口県文書館収蔵

著者プロフィール

大谷　貞夫（おおたに　さだお）

昭和一三年（一九三八）、千葉県生まれ。昭和三六年三月国学院大学文学部史学科卒業。千葉県私立成田高等学校教諭を経て、昭和四六年四月国学院大学文学部専任講師。同助教授を経て昭和六一年四月同教授、今日に至る。博士（歴史学、国学院大学）

著書・共著・共編著

『近世日本治水史の研究』雄山閣出版（昭和六一年）、『利根川治水ものがたり』河川情報センター（平成七年）、『江戸幕府治水政策史の研究』雄山閣出版（平成八年）。『印旛沼・手賀沼　水環境への提言』古今書院（平成五年）、『東京湾の歴史』築地書館（平成五年）、『馬の文化叢書4近世　馬と日本史3』馬事文化財団（平成五年）。『成田市史　近世編史料集一～五』千葉県成田市（昭和四八～同六一年）、『成田市史　中世・近世編』同（昭和六一年）、『町田市史　上巻』東京都町田市（昭和四九年）、『本埜村史史料集近世編一～四』千葉県本埜村（昭和五二～同五八年）、『印旛村史　近世編史料集一～三』千葉県印旛村（昭和五三～五七年）、『戸田市史　資料編二・三』埼玉県戸田市（昭和五八～同六〇年）、『利根町史　第二巻史料集』茨城県利根町（昭和五八年）、『利根町史　第六巻通史近世編』同（平成一一年）、『鎌ヶ谷市史資料Ⅲ上・下』千葉県鎌ヶ谷市（平成三・四年）、『鎌ヶ谷市史　中巻』同（平成九年）、『習志野市史第一・三巻』千葉県習志野市（平成五・七年）、『東村（町）史史料編近世・近現代』茨城県東村（町）（平成七・一一年）、『板橋区史　通史編上巻』東京都板橋区（平成一〇年）、『栄町史　史料編一』千葉県栄町（平成一一年）、『千葉県の歴史　資料編近世2・3』千葉県（平成一一・一三年）。その他論文多数。

利根川の水塚

水塚《みづか》とは、昔から洪水の多い地方独特の建築物で、そこに建てる建物も各地域で異なっています。水塚の母屋の裏手に高さ二～三メートル程度の盛土を配置し、盛土だけのものもありますが、多くは盛土上に土蔵又は納屋を建設し、味噌、醤油、米などの穀類、水瓶を常備しておきます。井戸を掘って、洪水時の長期避難生活に備えるものもあります。

水塚のような避難用の構造物は、日本全国に見られ、地域によって、形状、呼び名などが違います。多摩川下流域では「倉屋」、木曽川では「輪中」大井川では「三角屋敷」「舟型屋敷」などと呼ばれています。

関東地方では、利根川沿川に多数見ることが出来ます。この辺は、利根川と支川渡良瀬川・鬼怒川・小貝川などが乱流していた地域であったため、大雨が降ると堤防が決壊し、すぐに大水が引かず、塚の上で長期の避難生活を強いられることがありました。

利根川中流部をはじめ、小貝川、鬼怒川流域などに多数あった水塚は、地域によってその形状や向き、造りなどが異なります。小貝川の流域、取手市藤代には、立派な水塚があります。塚の高さは二メートル程度、その上には椿の生け垣が周囲を取り囲んで、その中には二階建ての蔵が建っています。

椿は耐火性が非常に強い樹木で、水害以外にも火事などから蔵を守る役目を持っています。防風林として強風から蔵を守ったり、水害寺には流れてくるゴミや土砂の流入を防ぎます。法面に、植物を植え、椿と同じような働きを持たせた塚

法面が傾斜している水塚
下部には留石が盛土流出を防止している。

椿に囲まれた水塚
盛土の周囲は御影石で覆われている。

もあります。

平常時では花が咲き、ちょとした庭園のようでもありますが、一度水害が起きれば、人命や家財を守る心強い味方となります。

盛土の周囲は、御影石の石板で覆われています。この石板は、氾濫した水がなかなか引かず、湛水時間が長くなると、水が引きはじめたとき、塚の土の部分が流れ出してしまい、崩れてしまうことが多いので、それを防ぐためです。

取手より上流側の埼玉県北川辺町の水塚には、また違う工夫があります。この地域では、屋敷全体を高上げし、更に屋敷内に水塚を造っています。家の正面から見ると、屋敷が緩やかなスロープとなり高くなっていることが判ります。また、裏にまわると、屋敷自体が嵩上げしている様子も良く判ります。

ここは利根川本川に面しているため、洪水が起きると水が一気に民家を襲うため、激しい流水にも耐えられる構造になっています。

塚と共に水害時に利用される物が「舟」です。舟は「揚げ舟」「田舟」などと地域により呼び名が変わります。

藤代町では、田舟として平常時は使われているものが水害時に避難用として活躍します。この「舟」はほとんどが、塚の上に設置されています。各家で置き方は様々ありますが、船底を下にして置いてあります。これは水塚同様に、水害の発生の仕方に関係しています。

小貝川が破堤した時、藤代町は徐々に浸水します。船底を下向きにしておけば、水が襲ってくる前に、収穫した穀類などを船に積み込むことが出来ます。

しかし、北川辺町ではこうした避難方法はできません。それは、洪水が一気に民家を襲うため、船を準備する間もなく浸水してしまうからです。そこで、「舟」

かつては軒先に吊り下げられていたが、現在では倉庫に保管されている舟（北川辺）

田舟として使われていた舟（藤代）

を軒先に吊り下げ（または軒先の梁に置く）、浸水の際は、吊してある綱を切り舟を浮かべます。

このように「蔵の軒先に吊り下げる方法」と「塚の上に置いておく方法」があり、この違いは、洪水が襲ってくるときの水の早さによります。

洪水から守るために造られた「水塚」や「田舟」は、洪水時だけではなく、日頃からの防災意識を高めるために大いに役立っていたものと思われます。

小林家の水塚

「水塚」のなかでも、マンモス級の「水塚」が埼玉県大利根町の小林家の屋敷にあります。

この塚の特徴は、通常の土蔵蔵以外に味噌専用倉、文書専用倉があり、さらに他と違うところは、屋敷神が塚の上に祀られているところです。

屋敷神は比較的大きな屋敷にはありますが、小林家では水塚の上に八幡様を祀っていて、洪水から守られています。

屋敷自体は、北川辺町の水塚と同様に全体を嵩上げした形です。

水塚は、敷地内よりさらに高くしてあり、母屋より二メートル高くなっています。塚の上に立つ構造物は土蔵で、その広さは二七坪の二階建て、味噌蔵、文書蔵はそれぞれ約二〇坪、合計六七坪の広さを持っています。これ以外にも屋敷神もあるので、塚の部分だけでちょっとした屋敷程度になります。

また、屋敷の周囲には多種目の屋敷林で囲まれており、冬から春にかけて北西の風が強く吹くため、屋敷の西面や北面に、森のように杉、樫、欅等を植え、防

小林家の全景を囲むようにある屋敷林

風林にしています。また、隣家との境界には、柘植や椿、ヒイラギなどの生垣も植えてあります。

こうした屋敷林には、ヒイラギ（悪魔除け、客を招く福）、エンジの木（鬼門除け）、クチナシ（盗難除け）などを植えると良いとされています。個々の謂われについては諸説諸々あるようです。

さらに、屋敷全体を堀が囲んでいて、平常時にはコイやナマズなどを食用のため飼っていました。ちなみにこの堀を掘った土で、塚を造ったそうです。

この水塚が活躍したのは、昭和二二年九月のカスリーン台風による利根川の洪水時です。この時は、一ヶ月以上、塚の上での避難生活が続いたそうです。その時に塚に避難した人数は、一〇〇人もいたそうです。

一〇〇人が一ヶ月以上も避難生活が送れたのには理由があります。まず、水塚には井戸があったこと。米、味噌、醤油、漬け物などの保存食が備蓄されていて、布団、衣類までも準備されていそうです。さらに、釜やかまどもあり、煮炊きにも不自由しませんでした。また、避難生活中は、屋敷林に逃げ込んでいたコイやナマズなどの魚を捕まえ、焼き魚を食べたこともあったそうです。

こうした避難生活は、この土地に代々伝承されてきた水害への対策や知恵、またそれを工夫してきたことにあり、地域の川との付き合い方を熟知しているからこそできたものなのでしょう。

（撮影＝日本河川開発調査会）

〔参考〕（社）日本土木工業協会＝「建設業界」九七年九号

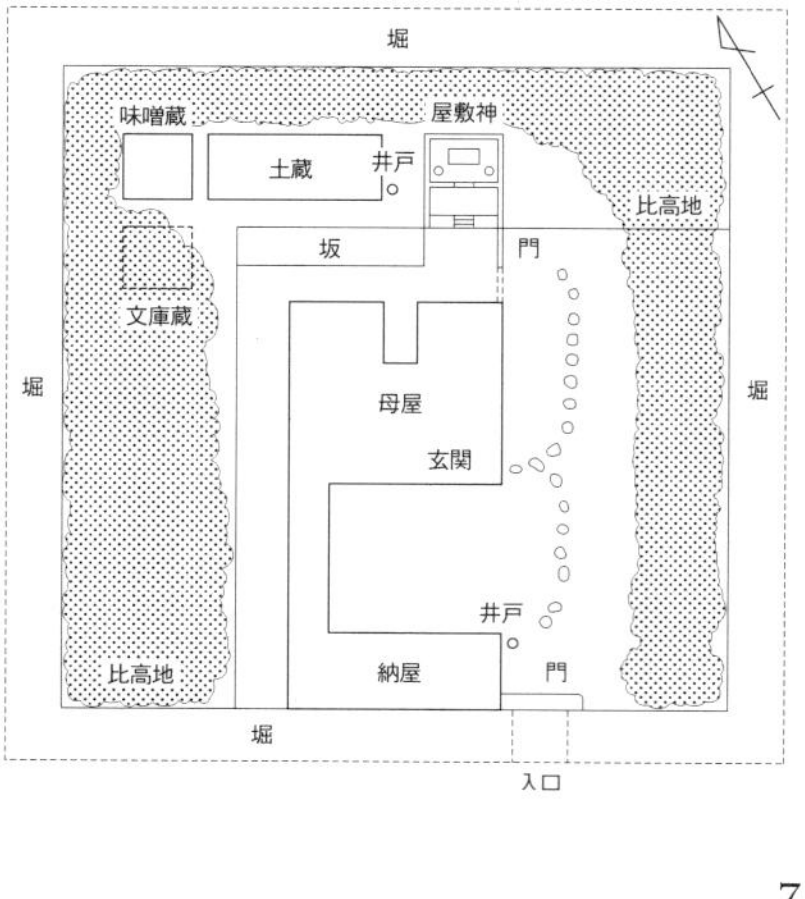

小林家の水塚模式図

足尾鉱毒事件と渡良瀬遊水地

松浦茂樹（東洋大学教授）

はじめに

戸数約三八〇戸、人口約二五〇〇人からなる谷中村を廃村にしてまで、渡良瀬遊水地は築造された。この遊水地築造について、田中正造が指導した足尾鉱毒反対運動の延長として語られることが多い。つまり明治二〇年代に本格化した足尾鉱毒問題は、明治三三年（一九〇〇）、地域住民と警官隊が衝突した川俣事件が重大なピークであり、この後、田中正造の活動は、谷中村廃村を伴う遊水地計画反対に集中するようになった。田中の論理は、足尾鉱毒問題を治水問題にすりかえ、その矛盾を谷中村一村に押し付けて鉱毒問題の隠蔽を図ったということである。

足尾鉱毒問題が、渡良瀬遊水地築造を伴う渡良瀬川改修に大きく影響したことは間違いない。中央政府がこの改修に着手したのは明治四三年（一九一〇）四月のことであるが、同年八月、全国的な大水害があり、これを契機に第一次治水長期計画が樹立された。そして翌年度から全国の大河川で治水事業が進められたが、利根川の一支川である渡良瀬川改修はそれに先立って着工されたのである。このときまでに政府が治水事業に着手していたのは、木曽川、淀川、利根川などの一〇大河川であり、首都東京を流下していた荒川は未だ着工されていなかった。

しかし、足尾鉱毒問題の延長としてのみで渡良瀬遊水地を語ることは、重大な錯誤に陥ると考えている。渡良瀬川下流部は、関東造盆地運動の中心地であり、思川、谷田川が合流するとともに赤麻沼、板倉沼などの湖沼があり、全くの低湿地域

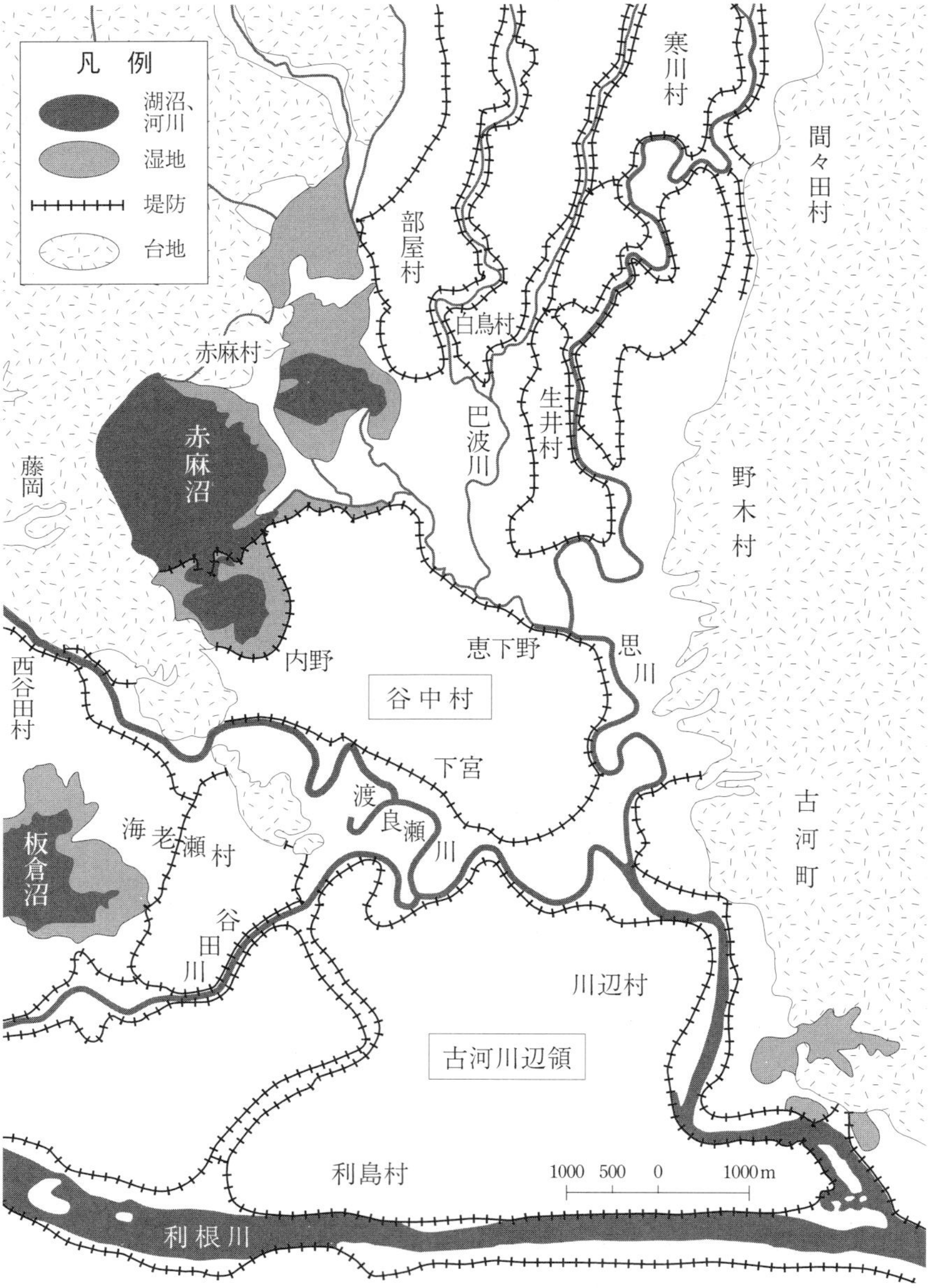

図１　渡良瀬川下流部概略図（迅速図を基に作製）

であった（図１）。この地域の開発には、築堤を中心とした治水が必要不可欠である。しかし低湿地域であることは、日本における他の地域が示しているように、深刻な地域対立の発生が考えられる。すなわち、一地域の堤防強化は対岸の脅威となるのである。この地で左・右岸、上・下流の地域対立が生じていないというのが不思議である。

また、渡良瀬川が合流した直後の利根川は、その直下流部で権現堂川、赤堀川に分流するなど、実に複雑な水理関係にあった。ここの治水は、歴史的に試行錯誤を繰り返したところである。

自然条件に制約されて、基本的に常習湛水地域であった渡良瀬川下流部には長い期間にわたる治水課題があり、それに足尾鉱毒問題が加わってこの地域の治水整備が喫緊の課題となった。そこで採択されたのが、谷中村廃村にもとづく遊水地の整備であったと考えている。ではなぜ、谷中村廃村なのか。自然条件、足尾鉱毒問題も含む歴史的な地域の成立過程の分析を通じて明らかにする必要がある。

日本の近代史に極めて重要なこの重い課題について、筆者は現在、まだ全貌を把握しているわけではないが、限られた紙面のなかで、その基本的枠組みについて述べてみたい。

近代改修における渡良瀬川遊水地の特徴

思川、渡良瀬川の最下流部に位置する谷中村は明治二二年（一八八九）、恵下野村・内野村・下宮村が合併して成立した。谷中村中心部は一部、台地と接しているところを除いて堤防で囲まれている。その堤防の大きさは、高さ二〇尺〜二二尺五寸（六〜六・八メートル）、天端幅は一〇尺八寸（三・三メートル）となっている。この堤内地が土地収用法も適用されて買収され、洪水を貯留する遊水地（堤外地）となったのである。

この状況は、近代河川改修史において極めて異例である。近代改修が行われる以前の河川秩序をみると、優先的に守る地域を定めておき、その他の地域に氾濫させるというのが基本的なシステムであった。特に、常習湛水地域は遊水地となっていた。江戸（東京）を貫流する荒川（その下流部が隅田川）をみるならば、日本堤上流の右岸側は、埼玉県下の入間川合流点に至るまで大遊水地帯となっていた。また淀川でも、宇治川、桂川、木津川三川の合流点に、巨椋池を中心とする大遊水地があった。利根川においても、埼玉平野西部に中条堤によって形成された大遊水地があった。これらの遊水地は近代河川改修によって、すべてではないが、かなりの区域が堤内地へと開放されたのである。荒川でみると、東京都下は全面的に、埼玉県下では、他の河川と比べると大きな堤外地が残されたとはいえ、約三五〇〇町歩が堤内地となったのである。

つまり、近代改修の重要な成果として、堤外地から安定した生産が営まれる堤内地への解放があった。渡良瀬川改修でも三二〇〇町歩が堤内地へと移行した。ところが谷中村はこの逆で、堤内地が堤外地となったのである。平地において、近代改修でこれ程の規模が堤外地へと移行したのは、ここのみであった。

渡良瀬川下流部の歴史的治水課題

○近代以前

明治一〇年代に測量された迅速図によると、渡良瀬川は広い堤外地を海老瀬七曲と呼ばれる激しい曲流をなして流下し、谷中村の南方、古河地先で思川と合流する。その合流点直上流の渡良瀬川左岸、思川右岸に谷中村は位置する。両川は、谷中村と接する区域で激しく蛇行している。激しい蛇行は洪水の疎通にとって大きな支障となり、洪水を滞留させる。渡良瀬川左岸の堤防のかなりの区間は、古河と藤岡を結ぶ県道を兼ねている。一方、思川は谷中村恵下野地先で巴波川を合流させるが、その合流点付近から巴波川下流部にかけて築堤はなく、赤麻沼に連なっている。ここの大堤外地は遊水地帯であり、状況がよくわかる明治時代の出水記録でみると、思川の洪水だけでなく、渡良瀬川、利根川の逆流も流れ込む遊水地帯でもあった。

近代以前はどのような状況であったのか。谷中村内の集落、下宮の成立は室町時代の文明年間（一四六九〜八六）と伝えられているが、その自然条件からして築堤は必要条件であったろう。しかし低平地であるので、堤防の強弱は他地域と厳しい競合関係とならざるを得ない。一方的に高く、また強くすれば、対岸あるいは上下流に大きな影響を及ぼすのである。

記録に残っているところによると（小山市史編纂委員会、一九八二・一九八六）、寛永四年（一六二七）、谷中の村々と思川流域の白鳥、部屋、赤間などの二三の村との間で論争があった。これ以降、谷中が堤防増強する際には上流の村々に知らせることとなったが、貞享元年（一六八四）と万治二年（一六五九）に論争があり、谷中の堤防強化は結局行われなかった。また、元禄九年（一六九六）の紛争では、正保四年（一六四七）から五〇年間、堤防の修復が行われなかったので、三尺（〇・九メートル）程の土盛りが認められた。さらに、元禄一二年には、堤防の腹付け堤防に竹木を植えたことをめぐって紛争が生じ、裁断の結果、竹木は抜かれることとなった。

このように、谷中村の周囲堤は、高さ、強さをめぐって上・下流、あるいは左・右岸の地域間で軋轢が生じている堤防、いわゆる論所堤であり、その強化は他地域から厳しく抑えられていたのである。ここでは、築堤をめぐる上・下流の対立の歴史を抱えていた。

では、その他の地域との対立はどうであったのか。想定されるのは、渡良瀬川対岸の群馬県邑楽郡（現板倉町）、埼玉県北埼玉郡（現北川辺町）、また下流の茨城県（現古河市）との対立である。しかし近世、激しい紛争があったこと示す資料は、今のところ入手していない。

板倉、北川辺とも利根川、渡良瀬川の洪水がしばしば襲ったところである。その堤防は、館林藩主の榊原康政によって文禄四年（一五九五）、利根川左岸堤は高さ一五〜二〇尺（四・五〜六メートル）、渡良瀬川右岸堤は高さ一五〜一八尺（四・五〜五・五メートル）に整備されたといわれている。その後の大規模な増築の記録はないが、渡良瀬川の最下流部に位置し、利根川に挟まれたこの地域の歴史は、水害との闘いであったといっても過言ではない。

さて近世、谷中村を含む思川下流地域（栃木県下都賀郡）が、利根川の河川施設をめぐって対立した記録が残っている。

一つは、江戸川流頭部の棒出しをめぐる争いである。近年の研究によって、棒出しの設置は寛政元年（一七八九）以前であることが指摘されているが（原、一九九九）、その川幅を一八間（三二・七メートル）より拵めない約束が天保年間（一八三〇〜一八四三）行われたという（根岸、一九〇八a）。拵めることによって江戸川への洪水の流下が阻害され、上流部に滞留して水害が生じるという下都賀郡からの主張に対してである。

また、権現堂川呑口にも寛政四年（一七九二）に杭出が設置された。その後、増築され、天保一〇年（一八三九）には千本杭といわれるほどになったが、下野、上野両国の渡良瀬川下流部からの訴えにより、天保一三年、撤去されたことが知られている（根岸、一九〇八）。渡良瀬川が合流した後、利根川は権現堂川と赤堀川に分かれ、さらに江戸川、逆川に分流するなど、複雑な水理機構となっていた。近世後半、渡良瀬川下流部では、ここでの洪水滞留が自らの地域の脅威と位置付け、その撤去を主張していたのである。この重要な背景として、天明三年（一七八三）の浅間山噴火に伴う大量の火山灰の降下、それによる利根川河床の著しい上昇がある。

さて、幕末になると、渡良瀬川治水にとって実に注目すべき改修計画案が、邑楽郡田谷村住民、大出地図弥から提出された。それは渡良瀬川を、藤岡の台地を開削して赤麻沼に落とすという近代渡良瀬川改修計画と同様のものである。館林藩に献策したところ認められたので、大出は多くの人々を指揮して測量を行い、詳細な実測図を作成して起工しようとした。しかし、その開削台地が館林藩領でなかったため挫折したことが伝えられている（群馬県邑楽郡教育会、一九一七）。「群馬県邑楽郡誌」（群馬県邑楽郡教育会、大正六年）は、「近年、渡良瀬川河川改修工事の開始せらるるやその計画、地図弥の設計と全然軌を一にす。世人深く地図弥の卓見に服す」と述べている。

○明治初期

記録としてかなり遺漏があると思われるが、明治三〇年（一八九七）までの水害記録として**表1**がある。それによると、

表１　明治30年代までの渡良瀬川下流部の水害

年　月	洪水の状況	渡良瀬川沿川の被害
慶応　四年　七月	利根川、渡良瀬川洪水	海老瀬村破堤
明治　二年　七月	渡良瀬川洪水	西谷田村、海老瀬村破堤
三年　七月	利根川、渡良瀬川洪水	川辺村、利島村破堤
四年	渡良瀬川洪水	
五年	渡良瀬川洪水	
八年	権現堂川、渡良瀬川洪水	西谷田村、海老瀬村破堤
一五年		古河川辺領（川辺村、利島村）破堤
一八年　七月	利根川本支川洪水	川辺村破堤
二一年　七月	渡良瀬川洪水	
二二年　九月	利根川本支川洪水	川辺村破堤
二三年　八月	利根川本支川洪水	川辺村、利島村、海老瀬村、谷中村破堤
二四年　九月	渡良瀬川洪水	海老瀬村破堤
二五年　六月	渡良瀬川洪水	谷中村破堤
二七年　八月	渡良瀬川洪水	海老瀬村、谷中村破堤
二九年　九月	利根川本支川洪水	川辺村、利島村、西矢田村、海老瀬村、谷中村破堤
三一年　九月	利根川、渡良瀬川洪水	利島村、川辺村、西矢田村、谷中村破堤
三四年　九月	渡良瀬川洪水	
三五年　九月	利根川本支川洪水	渡良瀬川流域に氾濫、谷中村家屋一一〇戸倒壊（この年八月九日にも洪水があり、この時には赤麻沼に面した堤防八五間が決壊）、古河川辺領（川辺村、利島村）破堤
三六年　九月	渡良瀬川洪水	谷中村破堤
三七年　七月	渡良瀬川洪水	谷中村の工事中の堤防流出
三八年　八月	渡良瀬川洪水	谷中村破堤
三九年　七月	利根川本支川洪水	海老瀬村、西矢田村、谷中村破堤
三九年一〇月	利根川、渡良瀬川洪水	邑楽郡浸水被害（海老瀬村、西矢田村破堤）

〔出典〕「利根川百年史」建設省関東地方建設局一九八七年をもとに付加。

（注）明治二〇年代以降、一〇年代までよりも水害の頻度は大きくなっている。その理由として記録として残された資料の問題もあるが、「利根川高水工事計画意見書」（明治三一年）では、中田地点において同じ洪水量に対し明治二〇年代は明治一八年に比べて三尺（〇・九メートル）高くなったことが主張されている。水位が高くなれば渡良瀬の洪水は排出しにくくなるとともに、利根川は逆流しやすくなる。

利根川、渡良瀬川の出水により頻繁に渡良瀬川下流部では破堤しているのが分かる。まさにここは、湛水常習地域であったのである。

さて明治四年（一八七一）、渡良瀬川中流部左岸に位置する栃木県下都賀郡と安蘇郡の村々から、渡良瀬川改修計画案が当時の行政区域である古河県、日光県に嘆願書として提出された（藤岡町、二〇〇〇）。渡良瀬川の秋山川合流点直上流から板倉沼に新河道を開削し、合の川との合流地点で渡良瀬川に再び落とそうとしたものである。嘆願した村々は、現在の佐野市が中心であるが、藤岡町も加わっている。先に幕末、藤岡の台地を開削して赤麻沼に落とす改修計画が右岸の館林領から提案されたことを述べたが、あるいはこれの対抗策であったかもしれない。

明治一〇年代終わりになって、利根川鉄道橋をめぐり大きな対立が生じた。日本鉄道会社により明治一八年（一八八五）、大宮・宇都宮間が利根川橋梁を除いて開通した。利根川橋梁は、渡良瀬川と利根川合流点からそう遠くないところに計画されたが、この利根川橋梁設置により洪水疎通に支障が生じるとして、渡良瀬川下流部が強く反対したのである。栃木県会は、「請利根川水理改良之建議」を行い強い反対姿勢を示したが、この建議で渡良瀬川合流部の利根川河道に対し二つの改良策を提案した（栃木県議会、一九八三）。

一つが、江戸川の流頭部、関宿付近の改良である。つまり「関宿ノ水流ヲシテ上流ト平均セシム」と述べているが、棒出しの撤去を伴う河道の整備だろう。もう一つが、赤堀川北側の古河・中田間に新たに水路を開削し、渡良瀬川の洪水を流そうという計画である。古河・中田間の水路の開削は、近世後期にも何度か主張されていた。赤堀川の流入口は狭かったのである。

建議では、この二案とも容易な事業ではないので、是非とも内務大臣の現地の視察と、事業の着手を要望したのである。この事業が完了した後、はじめて通常の堤防で渡良瀬川下流部は治水が行えると主張した。この建議で注目すべきこととして、利根川の本流を権現堂川筋と認識している。なお、利根川橋梁はオランダ人御雇い技師ムルデルの意見に従い、中央の低水路の橋梁間は一〇〇尺から二〇〇尺に変更して明治一九年（一八八六）七月に完成した。

思川下流地域でも平均三ヵ年に一回の割合で水害は打ち続いた。やがて、具体的な思川改修計画案が提示されていくことになるが、生井村、寒川村の住民により、近代測量にもとづく思川下流部の地形図が明治二四年（一八九一）に作成された。ここには当時の土地利用とともに、堤防の断面図までも記述されている。水害常習地帯からの脱却を目指し、この地域で思川下流の治水策が明治初期より検討されていたことを示すものであろう。

足尾鉱毒問題と谷中村廃村

渡良瀬川下流部低湿地域の常習湛水は、外からの強烈なインパクトにより新たな質の災害の出現、それをめぐる激しい反対運動へと予期せぬ方向へ転化していった。渡良瀬川氾濫域での足尾鉱毒問題の発生であり、ここに一地方の治水問題にとどまらず、中央政府をまきこんで広い社会問題となったのである。

しかし、近代公害史の原点とされる足尾鉱毒問題は、治水と密接に絡んだ問題であることは否定できない。下流での鉱毒被害は、足尾銅山から出た硫化銅を含む廃鉱が洪水によって下流に押し出され、それが田畑に氾濫して生じたのである。堤内地に渡良瀬川洪水が氾濫しなかったら、たとえ河道に廃鉱が堆積しても、堤内地の田畑は鉱毒被害にさらされることはない。このため、鉱毒反対運動は鉱山経営の廃止とともに渡良瀬川改修を求めており、渡良瀬川治水を包摂するものだった。さらに渡良瀬川治水にとっても、銅山採掘に伴う荒廃した上流山地からの多量の土砂流出は重大な支障となる。鉱毒被害と渡良瀬川治水は、密接、不可分な関係にあったのである。

○足尾鉱毒問題の発生と反対運動

不振をかこっていた足尾銅山の経営が、古河市兵衛の手にわたったのは明治九年（一八七六）である。この経営が軌道にのったのは同一四年、新たに豊富な鉱脈（直利）が発見されてからである。これ以降、産銅量は急速に増加し、一八年の産銅量は全国の三九パーセントを占めるに至った。そして精煉工場の新設（足尾）、鎔銅所の建設（東京：本所）が行われた。また、一九年には蒸気動力ポンプ、明治二三年（一八九〇）には間藤に水力発電所が設置された。運搬施設としては、二三年に細尾峠で鉄索の運転開始、二九年には日光駅と細尾の間で軽便馬車鉄道が開設された。また同年、東京の本所鎔銅所内に伸銅工場が建設された。

このように銅山経営が順調に発展していくなかで、鉱毒問題が発生したのである。鉱毒の影響が下流農民に現れ始めたのは明治一八年から二〇年といわれるが、二一、二二年の洪水によって一挙に被害が顕在化した。群馬県の待矢場両堰水利土功会では鉱毒調査委員により、また、栃木県では県独自による被害調査が進められた。

さらに、農商務省によっても調査が進められた。下流の農民からは鉱業停止が主張され、さらに第二回帝国議会では明治二四年一二月一八日、田中正造により取り上げられた。このときの被害では古河との示談が進められ、粉鉱採集器の設置と示談金により収まっていったが、二九年の安政以来という大洪水によって鉱毒問題は一挙に拡大していった。この後、被害地住民の鉱毒反対運動の組織化が進み、群馬県邑楽郡渡瀬村の雲龍寺に「栃木群馬鉱毒事務所」が設置されて、操業停止を求める活発な活動が行われたのである。

群馬県会では鉱山の停止建議、栃木県会では予防・除害建議が行われた。中央政府でも榎本武揚農商務相の鉱毒地視察、農商務省五名の「鉱毒特別調査委員」の任命が行われたが、明治三〇年三月、被害農民の二度にわたる東京押出し（大挙上京請願運動）もあり、内閣直属として足尾銅山鉱毒事件調査委員会（第一次鉱毒調査会）が設置されたのである。

第一次鉱毒調査会では操業を停止するかどうかの議論が行われたが、結局は停止は行わず、予防工事を行うことに決定した。予防工事命令は三七項目に及び、この命令書に違反する場合は直ちに操業停止というものであった。この工事には延人員六〇万人、費用一三〇万円を要したというが（根岸、一九〇八b）、明治三〇年、鉱山監督署の竣工認可を受けた。

だが翌年には、予防工事命令によってできた沈殿池が洪水により破壊し、被害農民による三回目の押出しとなった。さらに、明治三三年二月一三日には、警官隊と大規模に衝突したことで川俣事件として著名な第四回押出しがあり、その主導者は起訴された。また翌三四年一二月一〇日、田中正造の天皇直訴、学生達の被害地視察などの動きがあり、全国的な社会問題へと発展していったのである。この展開のなかで政府は第二次鉱毒調査会を設置し、その収拾を図った。

○第二次鉱毒調査会における治水の論議

明治三五年一月一七日の閣議決定にもとづき、内閣直属の鉱毒調査委員会（第二次鉱毒調査会）が設置された（栃木県史編纂委員会、一九八〇）。三月一八日に第一回目を開催し、翌年三月三日、内閣総理大臣に「足尾銅山ニ関スル調査報告書」を提出して実質的な役割を終えた。調査会は委員長と一五名の委員より構成され、その中には治水の専門家として東京帝国大学工科大学教授中山秀三郎、土木監督署技師（第一監督署署長）日下部弁二郎の二人が参画した。

この調査会では、洪水によって下流に運搬されてきた銅について、現在、稼働中の足尾銅山からの流出は少なく、明治三〇年予防工事命令以前の操業により排出され上流に堆積していたものとの基本認識の下に出発した。このため、現操業による責任は問わず、当然、操業停止は議論とはならなかった。一方、渡良瀬川治水は重要な課題となった。治水策は主に中山、日下部の二人によって検討、報告されたが、谷中村をも含んだ遊水地計画が主張されたのである。管見するところ、中央政府においてこのような遊水地計画が公式の議論の場に出たのは初めてである。その考え方、また背景について少し詳しく述べていきたい。

治水計画の基本的な考え方は、次の二つに整理される。

「渡良瀬川、利根川ニ就キ水量ヲ測リタル結果治水上二個ノ方法ヲ案出シタリ。何分出水ノ時ハ破堤ノ為メ、平水ノ時ハ減水ノ為メ、必要量ヲ推定スルニ由ナク、要スルニ基本タル最多大ノ水量ヲ知ル能ハサル困難シタルナリ。而シテ其第一ノ方法ハ、渡良瀬川ノ氾濫個所ニ堤防ヲ作リ、其水ヲ利根川ニ疎通スルコト。即チ新川ヲ開鑿シテ利根ニ水ヲ落スコトナリ。其第二ノ方法ハ、渡良瀬川ノ沿岸ニ水溜ヲ作リ、以テ之ヲ利根川ニ流出スルコト之レナリ。第一法ヲ仮ニ実行セムトセハ、目下為シツ、アル利根川ノ経営ヲ変更セサルヘカラサル大事業ヲ惹起スルノ困難ヲ免レス。然ラハ、不得止第二法ヲ実行スルノ外ナカルヘシ。」（第八回・日下部）

「本年八月ニ於ケル谷中村、九月ニ於ケル藤岡町各堤防決潰点及其出水ノ模様之レカ利根川トノ関係ヲ攻究シ、先ツ藤岡ノ決潰点ヨリ赤麻沼ヘ引水シ、之レヨリ谷中村ヘ流入スルノ計画ニテ設計スルニ、平均十尺ノ深サトシ三千町歩ノ遊水池アレハ或ハ可ナリ奏功セムト思料ス。」（第一〇回・中山）

計画として、①築堤と新川の開削により利根川に流下させる河道案、②渡良瀬川の沿岸に貯水池をつくり、利根川合流量を減水させる遊水地案の二案が提示された。だが河道案は、現在進行中の利根川改修事業に多大な影響を与えるとして、遊水地案が実行計画として説明されたのである。その遊水地案は、赤麻沼と谷中村を中心とするものだった。

この遊水地計画をもとにいろいろな角度から質疑が行われた。特に興味深いことは、思川改修との関連である。中山は、「思川、渡良瀬川ヲ併合シテ貯水池ヲ作ル計画ナリ」と述べている。つまり計画の基本は、実施中の利根川改修事業に影響を与えないこととともに、思川を含めた改修計画の樹立であった。

さらに、遊水池に堆積する土砂について日下部は、「十年乃至二十年間位ハ耐ヘ得ヘノ設ヲナス見込ナリ」と述べている。それは、足尾銅山からの多量の土砂流出を前提としていると判断でき、鉱毒被害をもたらす廃鉱の土砂溜まりとしても位置付けていたことは、否定はできないだろう。

また、事業費として、工事費は遊水地関係で一六〇万円、上流改修で一四〇万円の合わせて三〇〇万円、土地買収費として三六〇万円との説明が行われた。買収対象地は、遊水地で三〇〇〇町歩、その周辺で二八〇〇町歩であった。一方、河道計画案は約一三〇〇万円と算出されている。ただし、利根川本川での事業分は含まれていない。

土地買収について、古在由直（東京帝国大学農科大学教授）から、困窮被害農民救済のために治水事業により積極的に行うことが主張された。その価格も「十分救済ヲ意味シテ処分」と、できる限り高い価格が主張された。つまり、鉱毒被害として古河からの補償、また国からの救済ができないとしたら、治水に名を借りて回復のおぼつかない土地を買収し、困窮農民を救済しようとしたのである。その対象面積は、回復の見込みがない土地五〇〇〇町歩、復興の見込みがない土地二一〇〇町歩であった。

一方、治水を前面に立てての鉱毒救済は治水担当部局から異議が唱えられた。また、事業費の負担について古河に負担させるかどうか、土地収用法の適用などをめぐり議論が展開された。

以上のような議論をもとに、内閣総理大臣に対する報告書が作成され、帝国議会に提出された。この報告書では、遊水地の必要性は述べられたが、具体的な場所が特定されることはなかった。

○栃木県の対応

谷中村が属するのは足尾銅山と同様、栃木県である。明治三七年（一九〇四）一二月の通常県会末期に、谷中村買収を含む土木費が追加予算として提出された。秘密会である委員会での審議を経た後、本会議に再度上程されて、賛成一八、反対一二で可決され、谷中村は遊水地として栃木県に買収されることとなったのである。ここに至るまでの経緯について、治水問題への栃木県の対応を中心に述べていく。

まず、谷中村の明治二〇年代から三〇年代中頃にかけての水害についてみてみよう。明治二五年から、二七年、二九年、三一年、三五年、三六年、三七年と立て続けに破堤の記録がある。それ以前と比較して、明らかに破堤の頻度は多い。そして、これによる湛水は鉱毒を含んでいたのであり、その被害は甚大かつ悲惨であった。

なかでも、明治二九年（一八九六）出水後の翌三〇年五月、北埼玉郡古河川辺領（現北川辺町、当時の川辺、利島の二村）

を視察した埼玉県職員は、谷中村の状況について「実ニ悲惨ノ極ナラスヤ、古人曰ク人民化シテ魚ト為ラントハ夫レ此レノ謂ヘ乎」と述べている（埼玉県、一九九二）。谷中村は二九年九月の出水による破堤後も修築が遅れ、三〇年春には決壊箇所から逆流し、「一望大湖ノ如シ」となっていた。一方、埼玉県に属す古河川辺領は、既に堤防復旧は概成していた。これを知った谷中村の人々は、「（古河川辺領を）羨ミ且怒リ頗ル殺気ヲ帯ヒタル形状」であったと記されている。

しかし、栃木県は谷中村を放置していたのではない。表2にみるように、治水堤防費としてかなりの額を復興につぎ込んでいたのである。二六、三〇、三一、三二、三六、三七年度は、年に一万円を超えている。特に、三二年度は六万円近くを投入し、渡良瀬川堤防は以前と比べ高く整備された。それでも堤防の安全は保たれなかったのである。

表2　谷中村の治水堤防費（明治年間）

年度	費用
明治二三	八、四三四円七六銭九厘
二四	一、八四五円五八銭五厘
二五	七三円七八銭七厘
二六	一六、三五五円五〇銭七厘
二七	五、八七三円八四銭五厘
二八	一、五〇八円七二銭四厘
二九	八、四四八円九七銭四厘
三〇	三三、三六八円四六銭八厘
三一	二四、六八七円六八銭一厘
三二	五九、九六四円二〇銭四厘
三三	二、六四四円九九銭七厘
三四	四三七円五九銭
三五	四五〇円六五銭三厘
三六	三四、一八九円五一銭一厘
三七	二六、二二八円二八銭八厘
計	二三二五、一五八円五八銭三厘

〔出典〕谷中村民有地ヲ買収シテ瀦水池ヲ設ケル稟書、救現７号、田中正造大学出版部（1988）

この谷中村周囲堤の全面的改築案が、明治三三年（一九〇〇）二月の臨時県会で知事より諮問された（栃木県議会、一九八五a）。総額一三万八〇〇〇円よりなる三カ年計画で、谷中村から村債による五万円の寄付と一万円に相当する工事人夫を負担するものであり、六二三〇間（一万一三〇〇メートル）の堤防整備と一二〇間（二二〇メートル）の粗朶による護岸を行うものだった。しかし、この計画は県会により否決された。それは思川下流部との関係であった。

思川下流部では放水路計画が進められ、明治三一年度から着工することとなっていた。この完成によって洪水の状況は変化する。この結果をみて、谷中村周囲堤の本格的な工事をすべきとの県会の判断のためだった。なお、谷中村周囲堤改築書が県の予算案として提示されたのではなく、諮問として提出されて県会の判断を仰いだ背景には、上下流の地域対立があったと考えている。谷中村の周囲堤の単純な強化は、その上流から反対が生じるのは間違いない。その調整を県会に任せたのである。

すなわち、谷中村の堤防をめぐり、近世、激しいやりとりがあった思川下流部では、当時、放水路事業が栃木県によって進められていたのである。思川は、間々田村内で大蛇行しながら九〇度に曲流しており、洪水疎通にとって非常な障害となっていた。そこで、下都賀郡間々田村大字乙女から同郡野木村大字野渡に至る台地に沿った放水路計画がたてられた。放水路の工事費は約一六万一〇〇〇円で、三カ年計画で完成させるものだった。

しかし、この計画は下流の野木、古河町、茨城県から猛烈な反対にあい、内務省の認めるところとならず着工とはならなかった（古河市史編纂委員会、一九八四・栃木県議会、一九八五ｂ）。古河町によるその反対の理由は、利根川、渡良瀬川洪水の逆流と思川洪水が激突する場所は栃木県下であったが、それが放水路によって古河から下流に移り、その危険を古河に転嫁させるというものだった。そして、「下都賀郡南部ノ地盤低ク利根川ヨリノ逆流止マザル限リハ、放水路ノ流入口ニ如何様ノ設備ヲ施シ候共到底衝突ナキヲ期シ難シ」と主張した。利根川逆流を水害の最大の因としていたのである。

思川下流部の治水策としての栃木県の放水路計画は、上下流、特に茨城県との地域対立によって挫折をみたのである。この地域対立は、栃木県のみで対処できるものではなかった。この経緯の中から、次に栃木県が提示した思川下流部の計画が、谷中村買収による遊水地計画であったのである。

明治三五年（一九〇二）九月出水で谷中村が破堤した後、明治三六年一月に行われた臨時県会で、災害復旧工事費予算要求が中心の「明治三五年度歳入歳出追加予算」が提案された（栃木県史編纂委員会、一九七七ａ）。その中に、谷中村を遊水地とする「臨時部土木費治水堤防費修築費思川流域ノ部」が含まれていた。つまり、「思川流域ノ部」で谷中村遊水地計画が、「思川流域費ニ於テ谷中村堤内ヲ貯水地ト為シ各関係河川ノ氾濫区域ヲ設クルハ治水上最モ其ノ策ヲ得タルモノニシテ将来県負担ノ利害消長ニ関スルコト実ニ鮮少ナラス」として提案されたのである。栃木県は、谷中村の遊水地化を放水路計画が挫折した後の思川下流部の治水計画として位置付けたのである。この谷中村土地買収については、国庫補助の内定を得ていた。

しかし、臨時県会では否決された。政府の第二次鉱毒調査会の審議が終わりに近づいており、この結論が出てから処理するのが適当だとして復旧に止め、約三八万三〇〇〇円を予算案から削除したのである。

だが、翌明治三七年一二月一〇日の第八回通常県会の最終日に、谷中村買収を含む土木費が可決され、県により谷中村買収が決定されたのである（栃木県史編纂委員会、一九七七b）。なお、政府の第二次鉱毒調査会の報告書は既に帝国議会に提示されており、ここで渡良瀬下流部における遊水地設置が主張されていた。ここでの議論も栃木県の決定に大きな影響を与えたことは当然だろう。

当時の栃木県知事は、内務省神社局長から転じた白仁武であったが、彼は内務大臣への国庫補助稟請の中で、概ね次のようなことを述べている（田中正造大学出版部、一九八八）。

『谷中村の周囲堤を築いても即座に壊れてしまい、村民は疲弊の極みとなっている。将来に対して谷中村の安全の方策はほとんど見当たらない。鉱毒調査会で方針が樹てられ、将来、渡良瀬川の治水も進められることは間違いないであろうが、谷中村の疲弊はそれまで待ってはいられない。一日も早く対処する必要があり、栃木県として明治三六年一月に否決された計画を再度進めるのは緊急やむを得ない。』

谷中村の堤防は、思川筋で最も下流に位置し、先述したように思川の上・下流との間で論所堤となっていた。思川全体の中で解決しなくてはならない。しかし、放水路計画が下流の反対にあって挫折したように、栃木県による思川下流部堤防強化による改修は多大な費用を要するとともに、下流の強硬な反対にあうのは火を見るより明らかであろう。一方、谷中村の湛水は鉱毒を含んだ土砂の堆積を伴うものであり、その被害は辛酸を極めている。放置しておくことはできない。この状況下で、谷中村全面買収による遊水地計画が栃木県により実行されたのである。

利根川改修と渡良瀬遊水地

第二次鉱毒調査会で議論された渡良瀬川治水については、明治三三年度から始まった利根川改修事業に影響を与えないことが前提としてあった。ここでは利根川改修について、遊水地問題との関連で整理していく。

改修計画では渡良瀬川への逆流、合流とも零とした。渡良瀬川が合流した直後の中田地点における計画対象流量は毎秒一万三五〇〇立方尺（一立方尺＝〇・〇二七八立方メートル）とされたが、中田下流は赤堀川一本に整理され、この後、江戸川へ毎秒三万五〇〇〇立方尺分流し、中利根川へは毎秒一〇万立方尺の流下量とされた。江戸川への分派率は二六パーセントである。なお、権現堂川を廃止して赤堀川に整理する理由の一つとして、渡良瀬川への逆流が減じることがあげられている（近藤、一八九八）。明治一八年出水は全川を通じて観測されたが、毎秒一三万六〇〇〇立方尺のうち三〇〇〇立方尺が渡良瀬川に逆流したと評価されている。

また、江戸川への分流量は旧来と変更がないことが主張された。ここの流頭部には、寛政年間にその前身が既にあったという「棒出し」がある。改修計画では、これについて何の変更も加えられていない。この棒出しによる江戸川呑口部の縮少、それに伴う洪水流下能力の低下が渡良瀬川下流部の湛水害の原因として、その撤去が栃木県、そして田中正造から強く要求されていた。ところが、この棒出し間隔は明治三一年、九間強に狭められたのである。

前述したように、近世後期、下都賀郡との間で一八間より狭めないことが定められたというが、明治初年には約三〇間にまで拡がっていたといわれる。しかし明治八年（一八八〇）、石張に改築した後、一七年一月から一年もかけて丸石積に強化された。この落成式には、大相撲の巡業を行って盛大にこれを祝った。だが、竣工直後の一八年七月の洪水で破壊された後、同年、角石積に改築された。この後、二九年には角石による修繕が行われたが、三一年、河床の深さが計画低水位以下三〇尺（九・〇九メートル）から一五尺（四・五四メートル）に埋立てられるとともに、護岸はコンクリートで覆われたのである。

この棒出し強化、特に明治三一年（一八九八）の改築について田中正造の主張は、二九年の大出水は東京府下まで浸水したのであるが、これにより鉱毒問題が首都・東京に飛び火するのを恐れた政府が江戸川への流入を制限しようとしたということである。しかし、明治政府による本格的な棒出し強化は、明治一〇年代中頃から既に始まっている。このとき、まだ足尾鉱毒問題は顕在化していない。この棒出し強化について筆者は、東京港築港の課題から江戸川を通じて土砂を東京湾に流入するのを恐れたからだったと考えている（松浦、一九八九）。

明治一〇年代中頃から大きな課題となっていた東京港築港にとって、重要な技術的問題として江戸川からの流出土砂の対応があった。近代初期、わが国では港湾機能にとって河川から排出される土砂の港湾・航路における堆積は、重大な支障となっていた。例えば、明治二九年から始まった淀川改良工事の大きな目的の一つが、大阪港を淀川からの流出土砂から守ることだった。

ところで、栃木県による谷中村買収の決定以前、第二次鉱毒調査会が行われている最中の明治三五年（一九〇二）一〇月、谷中村対岸の埼玉県北埼玉郡利島・川辺両村の村民大会が開かれた。ここで、三五年八月、九月の出水で破堤したまま、その復旧工事をしない埼玉県に対し、両村の買収による遊水地計画に反対して、①県庁が堤防を築かなかったら村民の手で築くこと、②従って国家に対し納税・兵役の二代義務を負わない、との二項目が決議された。

この両村の遊水地問題は、同年一二月の埼玉県の臨時県会で、遊水地にはしないとの知事の答弁で決着した。埼玉県が遊水地化を検討したのは、利根川水系治水の観点から渡良瀬川下流部に積極的に遊水地を築造しようというよりも、何度復旧しても破堤する両村の復旧は意義がないとの判断が基本にあったと考えている。

当時、川辺村には四三〇戸、三一〇〇人、利島村には五八〇戸、四二〇〇人を抱えており、谷中村よりかなり多い人々が生活していた。ここが明治一五年、一八年、二二年、二三年、二九年、三一年、三五年と立て続けに破堤したのであり、県会では復旧に対して不信の念が抱かれたのである（埼玉県議会史編纂委員会、一九五八）。ここには、明治二三年以来三〇万円以上が復旧工事を中心として支出されていた。明治三五年の出水後、埼玉県では新築堤計画と遊水地計画が調査・検討されたが、両計画とも採用されず、結局、復旧工事となった。なお、両村の堤防の大きさは利根川対岸から厳しく抑制されていたようである。つまり、この堤防も論所堤であった。今日見られる対岸と同等の大きな堤防が整備されたのは、政府による近代改修によってである。

おわりに

谷中村廃村を伴う渡良瀬遊水地の成立について、足尾鉱毒事件とのかかわりも含めて栃木県の対応を述べてきた。栃木県は、政府の鉱毒調査会の下絵をもとに、鉱毒によって激甚な害を被っている谷中村の復旧をあきらめ、谷中村の全面買収に踏み切ったのである。その背景には連年の破堤とともに、上・下流の厳しい地域対立があった。谷中村の堤防強化は、歴史的な社会条件により大きな困難が伴っていたのである。

栃木県の対応をこのように論理立てることができる。もちろん筆者は、栃木県による谷中村買収に必然性があったと主張するものではない。当然のことながら足尾鉱毒問題がなかったら、湛水は当時の土地利用状況からみて、あれ程激しい水害とはならなかったであろう。当地域の治水が社会の前面に出てくるのには、もう少し時間を要したであろう。

また財政が豊かだったら、別の治水策も樹てられたであろう。例えば、厳しい地域対立下にあった白鳥、生井などの思川下流部と一体となった堤防強化が考えられる。ただしこの場合、下流の茨城県、埼玉県から激しい抵抗にあうことは間違いない。三県を調整できる立場、それは中央政府だが、政府が乗り出すことによって可能となる事業だろう。

しかし、政府は既に利根川改修に着手していた。その計画は、渡良瀬川からの合流量を零とするものだった。このため、渡良瀬川下流部に遊水地を設置しない河道計画であったら利根川改修計画の全面的変更が必要となり、渡良瀬川改修費も含めて工事費は大きく増大する。栃木県、また田中正造の主張のように、棒出しを拡げ、江戸川洪水量を増大させるならば、埼玉県下から猛烈な反対が生じる。さらに下流部改修の完成の後、渡良瀬川改修に初めて着手できる。そのときまで、谷中村等の渡良瀬川下流部の水害を放置できるのか。

また、古河の足尾鉱山からの生活補償があったら、状況は全く違うものとなるだろう。この意味からも、谷中村全面買収を伴う渡良瀬遊水地の成立は、足尾鉱毒問題と密接不可分な関係にあった。

引用文献

小山市史編纂委員会（一九八二）＝小山市史料編・近世Ｉ、六四〇 - 六四四頁

小山市史編纂委員会（一九八六）＝小山市史通史Ⅱ・近世、一七一 - 一七二頁

原　淳二（一九九九）＝中利根川の改修―赤堀川の拡幅と通船問題―、町史研究・下総さかい第五号、境町史編纂委員会、五〇 - 五一頁

根岸門蔵（一九〇八ａ）＝利根川治水考、一七七 - 一七八頁（崙書房復刻、一九七七）

根岸門蔵（一九〇八）＝利根川治水考付録、三 - 四頁（崙書房復刻、一九七七）

群馬県邑楽郡教育会（一九一七）＝群馬県邑楽郡誌、七二四 - 七二五頁

藤岡町史編纂委員会（二〇〇〇）＝藤岡町史資料編　近世、一〇三 - 一〇五頁

栃木県議会（一九八三）＝栃木県議会史第一巻、七三九 - 七四一頁

根岸門蔵（一九〇八ｂ）＝利根川治水考、二三三 - 二三四頁（崙書房復刻、一九七七）

栃木県史編纂委員会（一九八〇）＝栃木県史資料編　近現代九、九四三 - 一〇一九頁

埼玉県（一九九二）＝新編埼玉県史資料編　一三、一七〇 - 一七三頁

栃木県議会（一九八五ａ）＝栃木県議会史第二巻、四四六 - 四五一頁

古河市史編纂委員会（一九八四）＝古河市史資料近現代編、二四五 - 二四七頁

栃木県議会（一九八五ｂ）＝栃木県議会史第二巻、三九四 - 三九五頁

栃木県史編纂委員会（一九七七ａ）＝栃木県史資料編　近現代二、一八七頁
田中正造大学出版部（一九八八）＝谷中村民有地ヲ買収シテ豬水池ヲ設ケル稟書、救現、七号、一三四‐一四〇頁
栃木県史編纂委員会（一九七七ｂ）＝栃木県史資料編　近現代二、一九六‐二〇七頁
近藤仙太郎（一八九八）＝利根川高水工事計画意見書
松浦茂樹（一九八九）＝国土の開発と河川、一九一‐一九五頁
埼玉県議会史編纂委員会（一九五八）＝埼玉県議会史第二巻、一一一一‐一一一二頁

主要参考文献

小出　博（一九七二）＝日本の河川研究、東京大学出版会
東海林吉郎・菅井益郎（一九八四）＝通史足尾鉱毒事件・一八七七〜一九八四、新曜社

渡良瀬遊水地のレクリエーション

渡良瀬遊水地の大きさは三三〇〇ヘクタール、山手線の外周とほぼ同じ大きさです。

この広大な遊水地は、主に三つのブロックに別れています。北側から第三調節池、直ぐ下に第二調節池、そしてこの二つの貯水池に平行してあるのが第一調節池です。

この第一調節池の中に渡良瀬貯水池があります。昭和五一年に完成し面積が約四五〇ヘクタールあります。

この渡良瀬貯水池は別名「谷中湖」とも呼ばれています。谷中湖を含めた周囲の広大な空間は、一年を通して、スポーツやレクリエーションの場として関東周辺の人々に親しまれています。谷中湖を含めた遊水地の年間利用者は、約八〇万人にもなります（谷中湖は

この内約二〇万人)。

マラソンをはじめ、ローラスケート、ボートセイリング、サイクリング、ゴルフ、ヨット、カヌーなどスポーツが盛んで、県大会から全国大会レベルのものまで多種多様に開かれます。こうした施設は、財団法人渡良瀬遊水地アクリメーション振興財団により運営されています。

年間を通してイベントが盛んで、五月は群馬県、六月は埼玉県が主催するトライアスロン大会や東京都主催のトライアスロンも開催されます。全国大会では、毎年九月に全国実業団ボートセイリング連盟主催の大会、一〇月の全日本学生スプリントトライアスロン選手権なども行われます。

また、なんといっても最大のイベントは八月に行われる、「スカイファンタジー・イン・ワタラセ・渡良瀬遊水地花火大会」です。遊水地の敷地を使っての花火大会です。会場は谷中湖を中心に北と南の二ヶ所に設けられ、遊水地にかかる二市四町(茨城県古河市、栃木県小山市・野木町・藤岡町、群馬県板倉町、埼玉県北川辺町)の合同の花火大会となります。花火は二ヶ所同時に打ち上げられ、二尺、三尺玉、水中花火などスケールの大きな花火が打ち上げられ、音と光の共演を楽しむことが出来ます。堤防の上から観ると二ヶ所の花火が一度に観覧できます。

夏のイベント以外にも、春のイベントとして多くの人々が参加して行われる「野焼き」があります。この野焼きは、遊水地全体で行われるもので、渡良瀬遊水地の春の風物詩とも言えるでしょう。

また、秋冬のイベントに、熱気球大会があります。熱気球は、上空に障害物がなく、広い場所を必要とします。そうした条件を満たす場所は全国でも少なく、それを可能とする

8月に行われる渡良瀬遊水地花火大会
(写真提供:(財)渡良瀬遊水地アクリメーション振興財団)

渡良瀬遊水地は、熱気球にとって最高の環境であると言えます。

年間を通して様々なスポーツ、レクリエーションが行われている渡良瀬遊水地は、首都圏の人々にとって、広大なリフレッシュゾーンとして親しまれています。

〔参考〕藤岡市パンフレット／国土交通省パンフレット

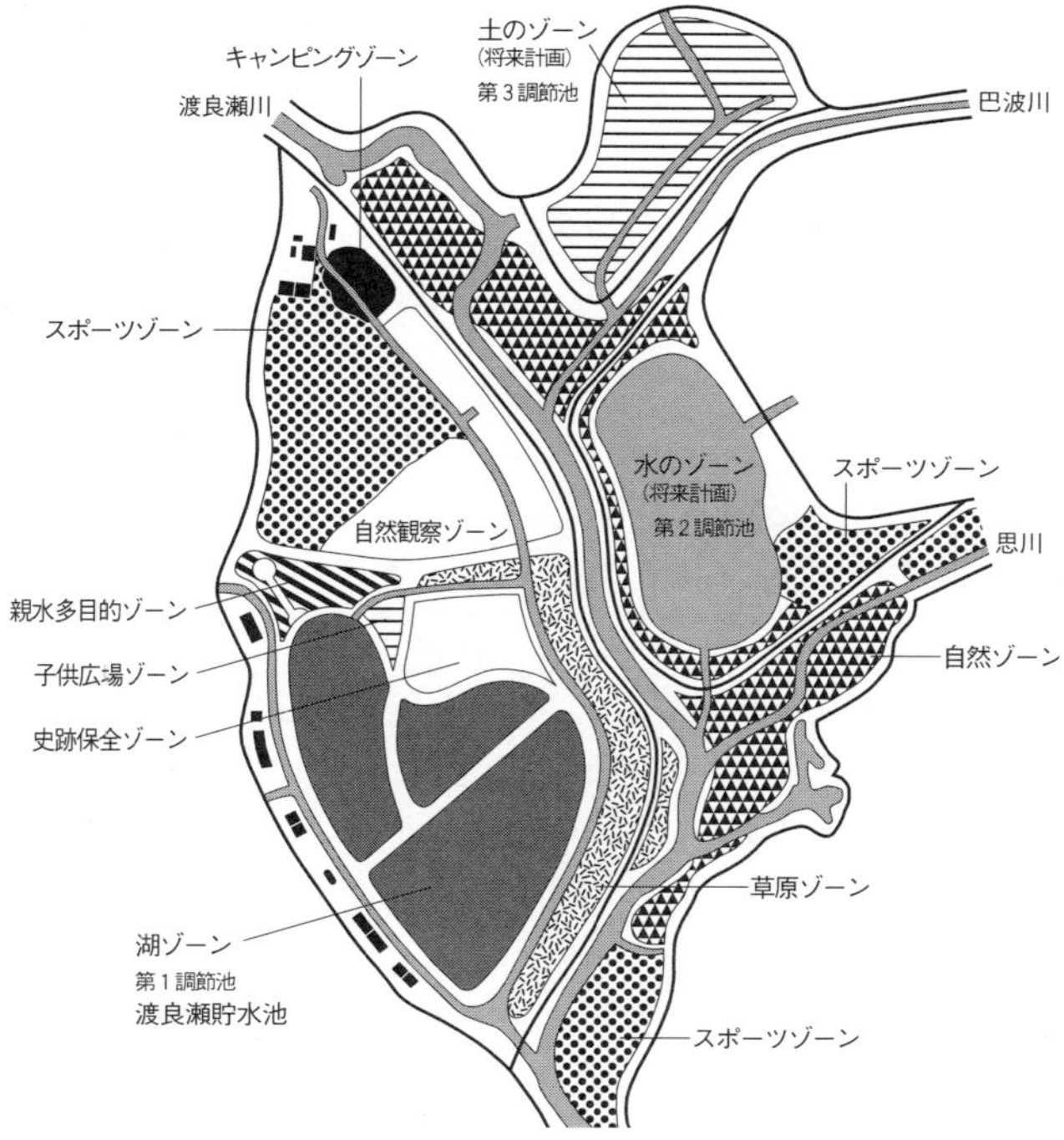

渡良瀬遊水地の全図

カスリーン台風
―利根川大決壊・関東水没―
◇敗戦後の東日本を襲った超大型台風◇

高崎哲郎（帝京大学短期大学教授・作家）

占領下を襲った女性名台風

利根川右岸（南側）堤防の決壊。それは埼玉県東部平野が濁流にのみ込まれて全滅することを意味し、同時に首都東京（古くは江戸）が水没して壊滅的な打撃を受けることを意味する。「いかなる激流が襲おうとも利根川右岸を死守すること」。これが江戸の昔から今日までの為政者（政府、江戸時代は幕府）の利根川治水策の根幹であった。ことばをかえれば「利根川の右岸堤防が切れるなどということは、あってはならないこと」であった。だが首都を大水害から守る「生命線」・利根川右岸は、江戸中期以降いく度となく決壊し、また二〇世紀に入っても明治四三年（一九一〇）八月と昭和二二年（一九四七）九月に利根川と荒川の堤防が大決壊し、利根川・荒川流域はもとより、東京下町にまで「生き地獄」の悲劇を強要した。

明治四三年の大水害が日露戦争終決から五年後、昭和二二年の台風が太平洋戦争敗戦からわずかに二年後であったことに注目しておきたい。自然災害の惨状は、その時代の政治体制や社会・経済状況から遊離しては考えられないからで、むしろ時代背景（国民のおかれた状況）を色濃く反映しているともいえるのである。

昭和二二年から南太平洋上に発生し弧を描いて北上し日本列島を襲う台風は、GHQ・連合国軍総司令部（事実上米軍）気象観測隊の慣例に従って英語女性名がアルファベット順（ただしQは除く）に冠されることになった。古来より日本列島を襲った台風の名前ですら英語になった。敗戦国の宿命である。しかも猛威をふるう台風に何と英語女性名が冠せられるようになった。飢えに苦しむ国民に、メディアを通じてこの厳粛な事実を知らしめたのが、カスリーン（Kathleen）台風であった。カスリーンはスコットランドやアイルランドに多い女性名で、英米人の女性名の中でも珍しい名前に属するという。そのせいもあろうか、この大型台風は「カスリーン」と発音に比較的忠実に記されることはむしろまれで、カスリンはまだしもキャスリン、キャスリーンなどと表記され、関東北部から東北地方にかけてはカザリンまたはキャザリンと濁音（「ザ」）となっているのである。統一表記にならなかったこと自体、敗戦による混乱と台風直撃による大災禍の凄まじさを物語っているように思えてならないのである（日本列島を襲う台風に英語女性名を冠するのは日米講和条約締結直前の昭和二七年（一九五二）まで続いた）。

一五年間もの長くて暗い戦争は昭和二〇年（一九四五）八月、無条件降伏という無残な結末で終わった。「三等国」に転落した日本は、北海道、本州、四国、九州の四つの島に押し込められた。GHQの支配下におかれ、極貧にあえぐ「飢餓列島」となった。飢えと虚脱感が全国をおおった。「一千万人飢餓説」が公然と流布し、駅前や街頭には闇市が急増した。「人を見たら泥棒と思え」のどん底の時代である。敗戦から二年たった昭和二二年、日本は廃墟の中から立ち上がり、復興の足掛かりをつかもうと必死であった。

一方、マッカーサー元帥を最高司令官に仰ぐGHQは、日本民主化政策を矢継ぎ早に日本政府に押しつけた。言論の自由、政治犯釈放、財閥解体、公職追放、農地改革、教育改革……。何よりも日本国憲法の発布。内務省（国土交通省前身）はGHQ当局から「戦争遂行機関」とにらまれて二二年末で解体を命じられる。

この年夏、東日本でも関東地方と東北地方では天候に極端な差が生じた。東北地方が冷夏となって豪雨が続いたのに対して、関東地方では干天続きで降雨量が例年になく少なく、当時全国でも有数の農業県だった埼玉県、群馬県、栃木県、茨城県など、利根川流域では干ばつによる稲やイモ類などへの被害が心配された。農民たちは「干ばつに不作なし」との言い伝えを信じてはいたが、群馬県の利根川や渡良瀬川流域などでは雨乞いの儀式を行うところもあった。だが、干ばつの被害も心配されたほどには広がらず、二百十日、二百二十日も無事過ぎて「今年こそ豊作」と飢餓にあえぐ国民は実りの秋に大きな期待をつないだのだった。

未曾有《みぞう》の大洪水

GHQ気象観測隊によって「カスリーン」と名付けられたこの年、第一号アン（Ann）から数えて一一番目となる台風は、九月八日マリアナ諸島の東方洋上に発生し、一三日には硫黄島西方五五〇キロメートルに達した。米軍偵察機のパイロットは地上基地に報告した。

「台風は相当大型であり、日本列島を直撃する可能性は高いものと思われる。」

その頃、本州南海上に発達した温暖前線は台風の北上につれて次第に活発化しはじめ、大雨を降らせながら台風と歩調を合わせるように日本列島に接近した。東海・関東・東北の各地方は暴風雨にさらされ、太平洋側の沿岸部には山のような大波が押し寄せていた。

内務省土木局をはじめ、東京都や埼玉、群馬、栃木、茨城などの関東各県では、明治四三年（一九一〇）八月の大水害を上回る被害も予測されるとして「悪夢の再来」の恐れに厳戒態勢をしいた。一五日朝、台風（中心示度九七〇ミリバール（当時））は遠州灘沖合に迫り、関東地方上陸の構えを見せた。関東各県は暴風雨にさらされた。農民たちは横殴りの雨の中で堤防の土のうを積みを続けた。中年以上の男たちや主婦の姿が目立った。青年たちの姿はまばらだった。彼らは戦争に駆り出され、その犠牲になったのである。台風は同日夕刻新島付近を通過した。その後やや速度を落として、午後九時には房総半島南端をかすめた。豪雨が続いた。翌十六日午前三時、銚子の東方一〇〇キロメートルの海上に去り、三陸沖から一七日午前三時には北海道の東南の海上に去った（図1）。

カスリーン台風は「風速は弱く雨量が異常に多い」典型的な足の遅い「雨台風」だった。今日残されている記録によれば、大豪雨の降雨量（ミリメートル）は次のようになる（旧建設省関連資料）。秩父六一〇・六、箱根山五三八・三、本庄四三二・八、前橋三九一・九、足尾三八六・〇、日光三七八・八、桐生三七〇・〇、熊谷三四一・三、水戸三二一・三、横浜一六八・八、東京一六六・八などとなっている（東北地方では北上川流域が豪雨に見舞われた）。

九月一四日昼から翌一五日深夜にかけて、秩父連山や群馬県・栃木県の山岳部を中心に年間総雨量の実に四分の一の豪雨が、わずか一日半の間に関東地方の山林、田畑、桑畑、宅地を叩きつけたのである。それは、激しい雨脚のため一メートル先が雨の白いカーテンで見えないという恐怖を伴うもので、明治期以降の観測記録にはない未曾有の集中豪雨であった（図2）。聖書の「ノアの大洪水」を思わせるといっても過言ではあるまい。

群馬県山間部の利根川上流や支川から惨劇は始まった。山間部では戦時中の乱伐により山は裸同然で保水能力はないに等しかった。急峻《きゅうしゅん》な渓谷や谷川では崖崩れや山津波（鉄砲水）に襲われた。赤城山の渓谷にはりついた集落や麓の村では、夜間山津波に急襲された。大人で一抱えもある岩石が轟音《ごうおん》をたて次々に渓流を流れ落ちた。激流の

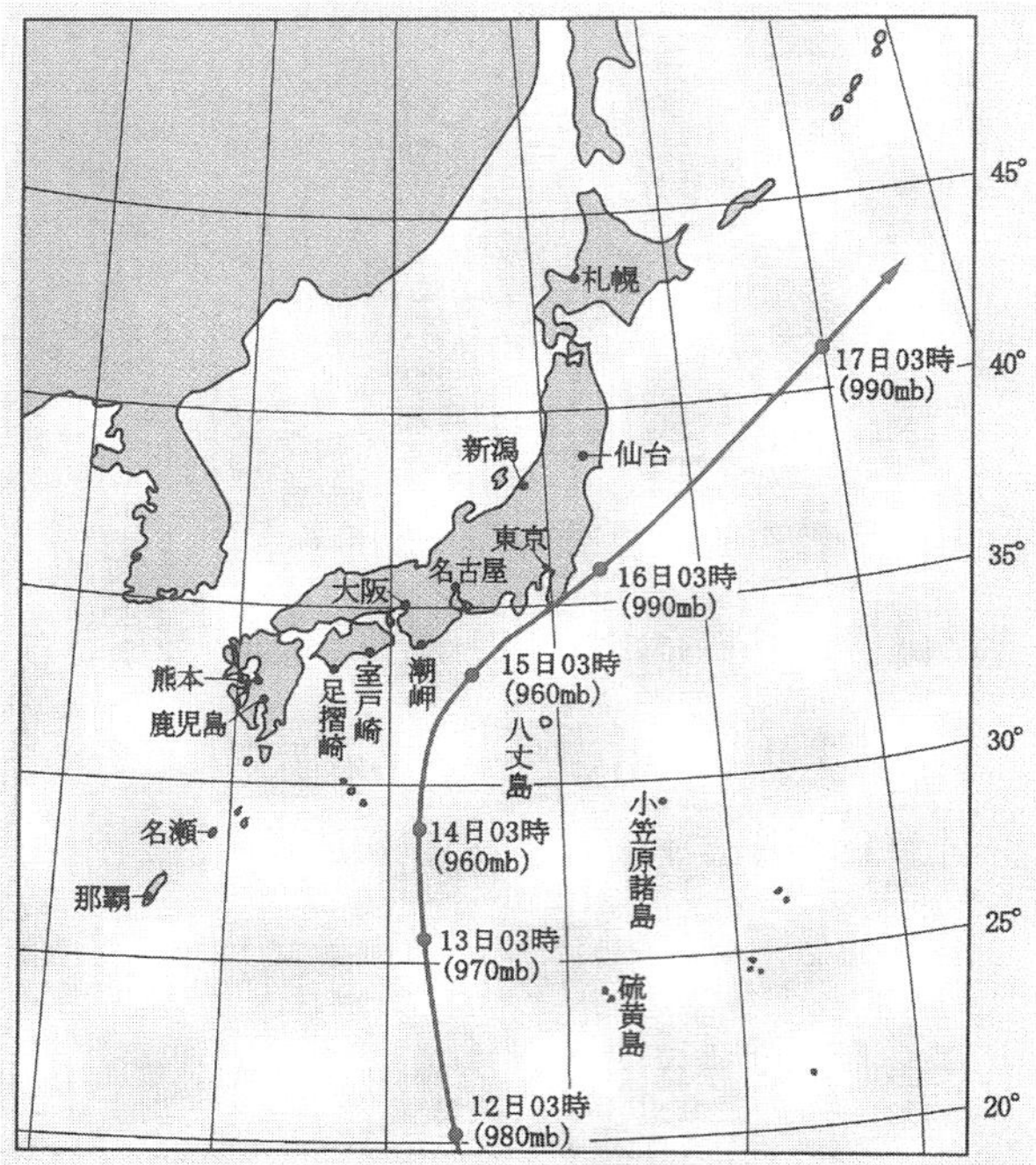

図１　カスリーン台風進路図

中で岩と岩がぶつかり、水中でも青と赤の不気味な火花を散らした。堤防はズタズタに引き裂かれ、農家は土砂に押し潰された。救いを求める断末魔《だんまつま》の叫びは谷間から聞こえたが、救いの手を差し伸べられる状況ではなかった。沼尾川流域だけで死者行方不明者は八三人にのぼる。

利根川の第一級支川である渡良瀬川も怒涛のような乱流に襲われ、堤防から濁流があふれ出した。戦時中堤防は補強されることもなく放置され、芝がはがされて野菜畑やイモ畑に耕された所もあった。深夜激流に洗われ堤防が次々に切れた。繊維産業で栄えた桐生市や足利市は真っ暗闇に濁流が一気に駆け抜けて、見るも無残な「死の町」となった。死者行方不明者は桐生市で一四六人、足利市で三三一人だった。いずれも市政始まって以来の大災害である。〝再起不可能〟とまでいわれた。渡良瀬川下流の群馬県板倉町では海老瀬村で堤防が切れ全村が濁水に水没してしまった。一大湖水の出現である。

利根川流域では、どこでも懸命の土のう積みが続けられた。しかし、荒れ狂う自然の猛威の前には空しい営為でしかなかった。利根川本流の増水は著しく、一五日夜茨城県猿島《さしま》郡中川村（現岩井市）で堤防が切れた。利根川決壊の始まりだった。

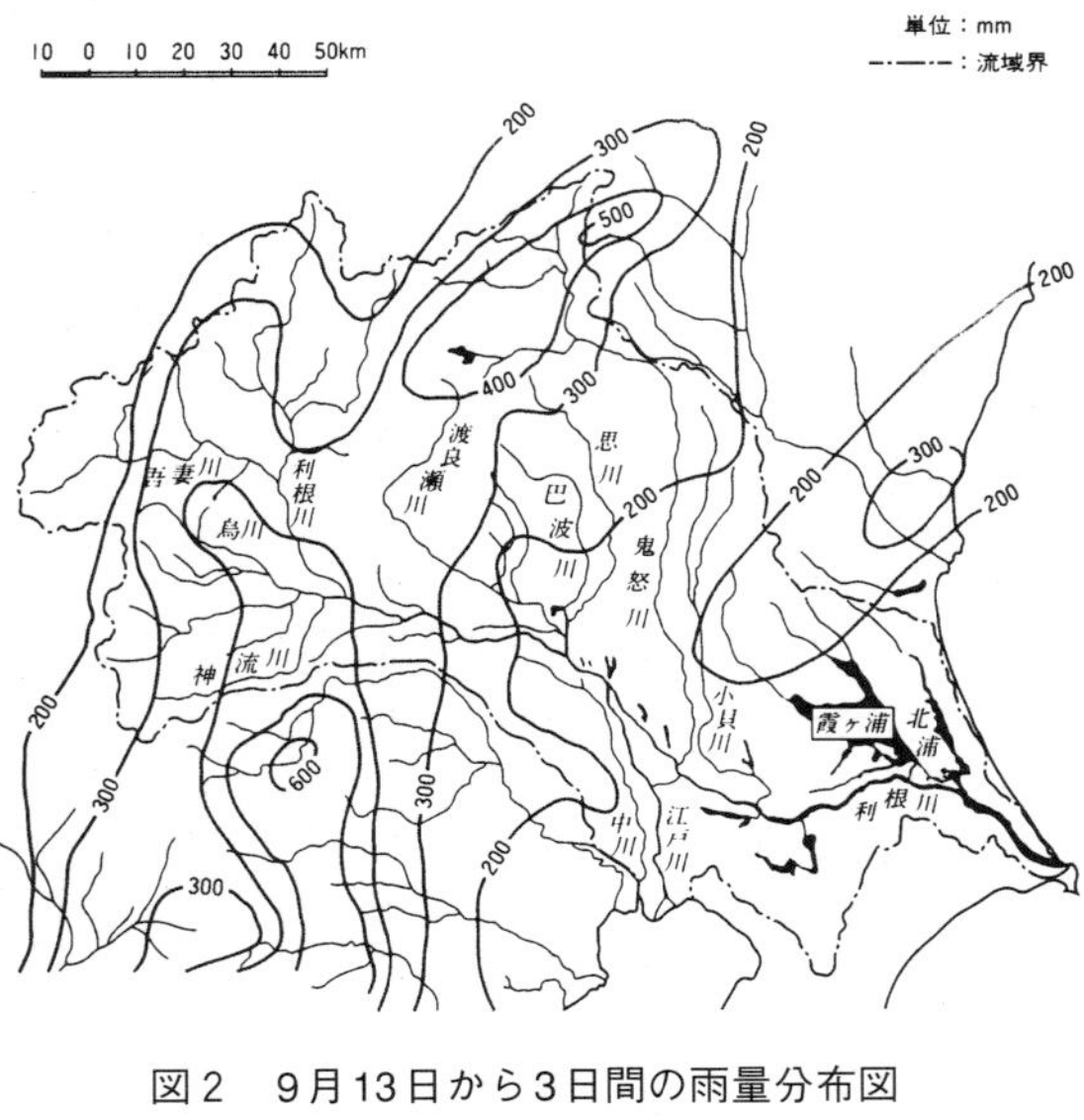

図2　9月13日から3日間の雨量分布図

利根川堤防、切れる

利根川上流を管轄する内務省栗橋工事事務所（現国土交通省利根川上流工事事務所）でも敗戦のツメ跡を避けることはできなかった。自然堤防の上に建つ古ぼけた事務所は、戦前のままの木造平屋で狭く、職員数は大河を担当する事務所としては九一人と少なく、今日の半分たらずであった。このうち技術職は四〇人余りで、若手技術者は外地から復員したばかりの土地勘《かん》のない者が多かった。また国家予算も極端に少なく、食糧増産をめざして渡良瀬遊水地の整備事業を細々と行うというありさまだった。内務省は解体を前にしており、敗戦のあおりを食った事務所にはヒト・モノ・カネのすべてが不足していた。

九月一六日午前〇時二〇分、運命の時。大雨が峠を越えた深夜に悪夢が現実のものになった。最悪の事態が発生したのである。利根川右岸の埼玉県東村と原道村（いずれも現大利根町）の村境（通称・新川通《しんかわどおり》）の小高い堤防が、水防団の必死の作業のかいもなく、激流に持ちこたえられず約三四〇メートルにわたって大轟音を響かせて崩れ落ちた。新川通には約五〇〇メートル離れた対岸との渡し舟の乗り場があり、堤防のかさ上げ工事も行われていない「かみそり堤防」とあだなされた場所であった。「かみそり堤防」。かみそりのように薄く、かつ切れやすい（決壊しやすい）ことを揶揄《やゆ》した土木技術者間の隠語だった。

堤防を切った激流は、帯状に広がって埼玉県東部の低地平野をのみ込みながら、江戸期以前のかつての流路を慕うように古利根川や中川沿いを流れ下った。大人の背丈を優に越える壁のような濁流は、栗橋町、幸手町（現幸手市）、杉戸町などの民家の軒先まで水嵩《みずかさ》を増しながら、街並や田畑を水没させて行った。埼玉県東部地域は泥海と化して、稲が豊かに実った田畑や桑畑は水底に消えた。逃げ遅れた農民たちは、自宅の天井を突き破ってわら屋根の上に逃げて救い船を待った。わら屋根にしがみつく人を乗せて流されて行く家もあった。〝利根川切れる〟、戦後初の号外が出た。

一七日午前二時頃、利根川からの濁流が埼玉県の最後の防衛線である東武野田線の線路用盛土を突破した。そして荒川の洪水と春日部町（現春日部市）で合流した。南下を続ける濁流は翌一八日朝には埼玉県南部の吉川町（現吉川市）、彦成村（現三郷市）、越ケ谷町（現越谷市）に達した。水勢は東西に広がりながらますます猛《た》け狂った。同日夕刻内務省は、このままでは濁流が東京都を水没させるという最悪の事態も予想されるとして、濁流が集中する葛飾区金町六丁目の葛飾橋上流において、江戸川右岸の堤防を破壊して濁流を江戸川に流し込むことを決めた。堤防爆破はＧＨＱに依頼し、米軍兵士が現場に駆けつけた。だが堤防のダイナマイト爆破作戦は分厚い堤防を破壊することができないままで成果が上がらなかった（**写真1**）。その間も濁流は南下を続けたのである。爆破作戦は時間との競争になった。

一九日午前二時四五分、東京都の最後の防衛線である東京都と埼玉県の境界を流れる大場川の桜堤が幅六メートルにわたって決壊してしまった。濁流は勢いを増して葛飾区、江戸川区、足立区になだれ込んだ。桜堤は戦時中掘られた防空壕が蜂の巣のように至るところで大きく口を開けたように残っていた。堤の一部は芝がはがされて飢えを救う麦、サツマイモ、特産のコカブの畑となっていた。堤防の役割を奪われていた。

写真1　米軍による江戸川堤防の爆破作業

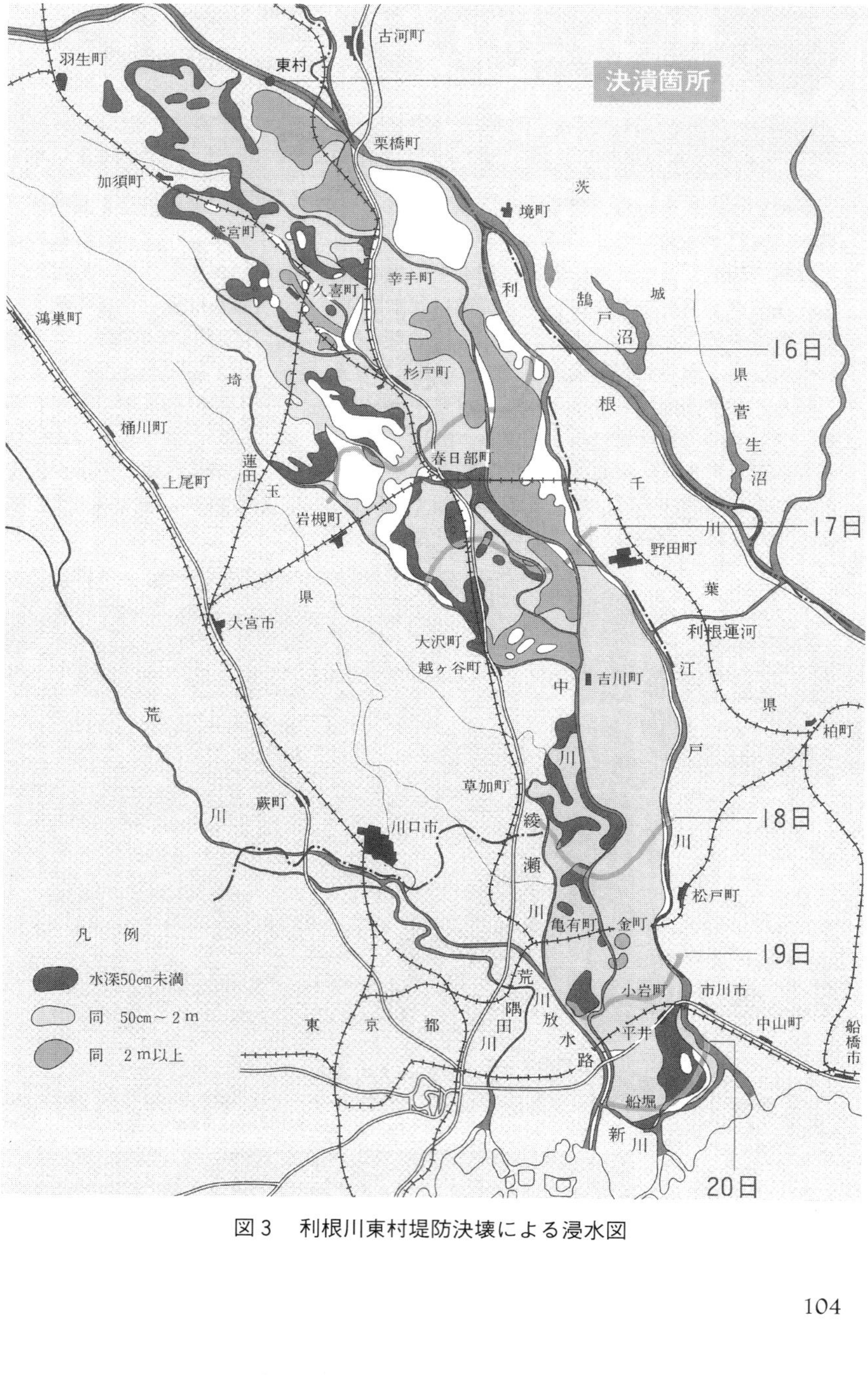

図3　利根川東村堤防決壊による浸水図

明治四三年八月以来の「首都沈没」であった。利根川堤防の決壊から四日後の二〇日午後二時頃、濁流は七五キロメートルの地域を一〇八時間かけて突き進み、東京湾に流れ込んだ。東京都での浸水面積のうち、葛飾・江戸川・足立の三区で七八六五平方キロメートル、その他の中小河川の氾濫により、墨田・江東・世田谷・中野・板橋の各区および西多摩郡で一万三四〇五平方キロメートルに及ぶ被災を受けた（図3）。着の身着のままの被災者は空き巣ねらいの横行や放火にに悩まされた。

カスリーン台風がもたらした被害は関東・東北地方を中心に東日本全体に及んだ。関東地方だけでも死者行方不明者が一二〇〇人を越えた（資料によりさらに多い犠牲者数となる）。このうち被害が甚大だったのは、群馬県（死者五九二人）、栃木県（同三五二人）、埼玉県（同八六人）であった。老人、女性、妊婦、幼児の犠牲が目立つ。また馬、牛、ブタなどの家畜の多くが濁流にのみ込まれたが、その数字は明らかではない。いずれの県も回復不能とまでいわれた。敗戦の廃墟から立ち上がろうとした国民は、自然の猛威により再度奈落の底に突き落とされた。「食うに糧《かて》なく、住むに家なし」（新聞見出し）の惨状だった。

九月中旬とはいえ、台風一過の秋空から降り注ぐ陽光は残暑のように厳しく、遺体や水に浸かった稲穂を腐らせた。激流の流れた後にはにわか沼（押堀《おっぽり》）ができたり、大量の土砂が山のように積もった。悪臭が鼻を突いた。農家は実りの秋にすべてを失い、肌寒い木枯らしの季節をむかえるのである。建設省（現国土交通省）の試算によると、カスリーン台風の被害総額を今日的に換算すると、国家予算のざっと五分の一にあたる一五兆円を上回るとされる。まことに「一〇〇年に一度」の大水害の悲劇であった。

占領軍将校らの救援活動

カスリーン台風の被災者救助、食糧物資輸送・補給、伝染病予防は、ＧＨＱ（事実上、米軍）の指揮命令や将兵の取り組みを無視して全体像をとらえることはできない。米軍占領下であり、米軍がある程度前面に出るのは当然ともいえるが、青年将校らの日本民主化にかける情熱もさることながら、被災者救済への使命感も、わずか二年前までは敵と味方に分かれて凄惨な死闘を繰り返していたことを思えばなおのこと、彼らの活動に注目していいように思われる。青年将校らに感心させられるのは、軍人である彼らの動きが敏速で的確なことである。大水害の惨状を目の当たりにして日本政府や地方自治の担当者に矢継ぎ早に命令を出し、自らも濁流の中に入り救援活動の先頭に立つのである（**写真2**）。日本の将校にはうかがえない率先垂範であった。

ここで、GHQ埼玉軍政部のティモシー・J・ライアン司令官（中佐＝**写真3**）の活躍に注目したい。埼玉軍政部は、埼玉県庁をにらむように浦和市中心部に司令部を設置した。知事を越える権限をもつ彼は、県の幹部人事や予算案などに意見を差し挟《はさ》んだが、理不尽な越権行為は示さなかったという。埼玉県の行政全般を監督する司令官にとって、大水害は最優先の一大案件であった。彼は西村実造埼玉県知事に早急な対応を指示するとともに、自ら率先して濁流に船を出し堤防決壊現場を視察して被災者を激励する。

彼は県の幹部職員に「国民への奉仕者、パブリック・サーバント

写真3　GHQ埼玉軍政部に着任したT. J.ライアン司令官
（中：アリス夫人、右：通訳）

写真2　米兵が子供たちを一人一人救助して回った

たれ！」と指導するのである。九月二一日、昭和天皇が現地入りした。ライアン司令官は天皇一行に同行し、米軍が救助活動に全面協力することを約束するのである。疫病の未然防止にもつとめ、食糧、衣類、医療品の輸送を各方面に依頼する。ライアン司令官らの被災者救済にかける使命感がなかったなら、埼玉県の水害復旧は大幅に立ち遅れたであろうとの見方が一般的である。

また、ニューヨークに本部をもつアジア救援団体「ララ」（LARA：Licensed Agencies for Relief in Asia）の献身的救援活動も忘れてはならない。被災地に送られてきた食糧、衣類、医薬品の多くは太平洋を船で渡ってきた救援物資であった。「ララ」の活動の主役となったのは、一〇を越えるキリスト教団体である。中でも、戦争反対を訴えるフレンド教徒（クウェーカー教徒）のボランティア精神には目を見開かされる思いである。だが、アメリカ国内の約一〇〇万人を動員して集められた膨大な救援物資のざっと二〇パーセントは、「祖国救済」を掲げた日系人の団体によるものだった。カナダやブラジルの貧しい日系人団体からも救援物資が送られて来た。

復興へ

内務省では、緊急復旧費として一億円（当時）の予算を組んだ。九月二〇日までに水防工事用機材を近隣の各県から「前線基地」の栗橋工事事務所に集めた。堤防の締切が一日遅れると、国家的損失は五〇〇〇万円ずつ増えていくとされた。

堤防決壊から六日後の二一日朝には濁流の水量がようやく低下し水勢がおさまってきた。事務所では決壊口三四〇メートルの本格的締切に備えて、仮締切工事に入ることになった。内務省はこの年末でGHQにより解体されることが決まっていたが、水害被災地の救助と復旧が優先であり、突貫工事に入ったのである。

GHQは水害の深刻な実態を憂慮し、復旧資材の支援を宣言した。濁流の流れを弱める水制一二〇メートルが決壊口近くに打ち込まれた。蒸気力を使って太い杭を河床に打ち込む轟音が現場に響きわたった。夜間は鉄塔に取り付けられた照明で工事現場を照らし出して作業が続けられた。米軍の発電装置が投入された。被災してすべてを失った農家の男たちや女たちは、堤防復旧現場の労働力となった。全国から飢えた労働者が職を求めて集まって来た。

内務省は堤防の復旧工事は緊急を要するとして、直轄工事としては異例の特命により請け負い体制をとった。決壊現場よりも上流を鹿島組、下流を間組が施工するという変則的な事態となった。仮締切工事は、日本水害史でもまれな七〇日余りにも及ぶ作業となった。現場作業員は延べ一六万人に上った。一一月から本格的な堤防復旧工事が開始された。埼玉軍政部ライアン司令官はジープに乗って工事現場を視察し進捗状況を質した。工事は旧堤防を補強するもので、天端《てんば》の高さは洪水時の水位より一・六メートルの高さまでかさ上げされた。土砂運搬に機関車が導入された。築堤土量は約三〇万立方メートル。一日平均一五〇〇人から一六〇〇人の労働者（主に被災した農家の人たち）を動員して三交代で工事を進めた。〝人海作戦〟であった。

昭和二三年三月、ライアン司令官は埼玉軍政部を去り、後任にシルベスター司令官が着任してさっそく現地を視察した。雨期を前に五月一五日、すべての土運搬を完了して、同月三〇日竣工式が行われた。復旧工事は六月三〇日にすべて完了した。突貫工事でありながら、事故や大雨などの悪天候にたたられなかったことが復旧を早めたのである。これより先、政府は二二年一一月に治水委員会を発足させ全国の主要河川の改修計画を練り直すことになった（利根川の堤防が修復したこの年秋、日本列島はアイオン（Ione）台風の直撃を受け、利根川流域では被害を最小限に食い止めた。だが東北地方の北上川では大洪水となった）。

カスリーン台風は、戦後の政府の治水対策の原点といえ、群馬県山岳部の利根川上流の渓谷に治水と利水を兼ねたダムを相次いで建設させ、同時に堤防を強固にし、引堤工事も何度となく行われるのである。

最後に、米軍占領下に日本列島を襲った英語女性名の大型台風のうち主なものを記しておきたい。昭和二四年六月デラ台風、同年七月フェイ台風、八月ジュディス台風、同月キティ台風。二五年七月ヘリーン台風、八月ジェーン台風。二六年七月ケイト台風、一〇月ルース台風。二七年六月ダイアナ台風。敗戦後の日本がいかに「水害列島」であったかが分かるであろう。

利根川は、カスリーン台風以降今日まで右岸・左岸ともに切れてはいない。

参考文献

高崎哲郎『洪水、天ニ漫《ミ》ツ―カスリーン台風の豪雨・関東平野をのみ込む』（講談社）（一九九七）

本稿は、報道写真集『カスリーン台風』（カスリーン台風写真集刊行委員会刊、一九九七）に寄せた拙文を、関係機関の承諾を得た上で一部書き改めたもので、掲載図・写真も同書より転載したものである。

著者プロフィール

高崎　哲郎（たかさき　てつろう）

昭和二三年（一九四八）、栃木県生まれ。ＮＨＫ政治部記者を経て帝京大学・同短大の教授となる。教壇に立って時事英語などを教えるかたわら、精力的に作家活動を続ける。人物評伝、土木史、水害などの図書を相次いで刊行する。内務省技師青山士《あきら》研究の第一人者である。

主な著書

『評伝、技師青山士の生涯』（講談社）、『沈深、牛の如し』（ダイヤモンド社）、『砂漠に川ながる』（ダイヤモンド社）、『鶴高く鳴けり、土木界の改革者、菅原恒覧』（鹿島出版会）、『評伝、工人、宮本武之輔の生涯』（ダイヤモンド社）、『開削決水の道を講ぜん―幕末の治水家船橋随庵』（鹿島出版会）、『山原《やんばる》の大地に刻まれた決意』（ダイヤモンド社）など多数。

戸ヶ崎神社の三匹の獅子舞

水に関する伝承や伝説は、さまざまな形で残されています。その一つに、埼玉県三郷市戸ヶ崎神社に伝えられている「三匹の獅子舞」があります。

この地域は、水害が頻繁に発生し、農民が苦しめられてきた地域でもあります。

文化四年六月の大洪水の時は、村に水が溢れ死者が出るという危険状況の中、農民は活路を見いだすため、村に溜まっている水を吐き出させるために、村に対して南側、水元、猿町にある桜堤を破壊しようと考えました。しかし、桜堤の警戒が厳重なため近寄ることすらできませんでした。そこで夜陰に乗じ、小船の先に獅子舞の獅子頭を乗せ、かがり火を点けて漕いでいき、警戒の人々を驚かせ、皆が逃げ去ったところで桜堤を切り開き、農民の苦難を救ったということが言い伝えられています。

前述の言い伝えは、毎年6月末日に行われる「獅子舞い」の中で地域の人々により受け継がれています。獅子舞の庭目は全部で九庭目（演目の事を庭目と呼びます）ありますが、この桜堤を壊す話しは、「三匹の獅子舞」の一番の出し物「刀懸り」という庭目で演じられます。

「刀懸り」に登場する「桜堤」は、約七〇センチメートル四方の盛土に、角棒、茶碗、桜枝を配置して表現しています。茶碗は、文化四年の水害をイメージしたもので、盛土の上に配置する意味は、堤防ぎりぎりの所まで水が押し寄せていることを表しています。二つの茶碗に掛かる枝は「桜」で、「桜堤」を表現してい

桜堤を切ろうとする雄獅子舞
（撮影：日本河川開発調査会）

ます。この盛土は、当時の様子を全て凝縮したものとなっているのです。

この盛土で表現された桜堤を切るのは、一番大きな獅子、雄獅子です。雄獅子は、神様から頂いた御神刀で、茶碗に掛かる桜の枝を切ります。この刀は本身で、枝を切る直前まで、決められた人間が厳重に保管しています。

獅子舞を演じるのは町の子供達です。特に主役の雄獅子は長男しか出来ない重要な役です。雄獅子は、刀を預かり、いよいよ堤を切ろうとします。庭目のクライマックスです。その時、周囲で観ている氏子達は、盛土に向かって我先にと前に出てきます。これは、雄獅子によって切られた桜の枝に無病息災の御利益があるため、いち早くそれを獲得するためです。堤を切ろうとする雄獅子、枝を取ろうとする氏子の駆け引きは、息をのむものがあります。まるで闇夜に乗じて堤防を切りに行く村人とそれを迎える堤防の番人のようにも見えます。そうこうしてる間に、雄獅子により桜は切られ、一斉に氏子が枝を求めて飛び込みます。その時、刀で指を切らないよう、刀を押さえる役まで決まっています。保存会に聞くと、いままでけがをした人は一人もいないそうです。しかし、この獅子舞も年々演じる子供が減ってきているとのことです。古き良き伝統をいつまでも守り続けてほしいものです。


〔参考〕三郷市史編さん委員会＝「三郷市史第九巻民俗編」平成二年三月三〇日

桜堤をイメージした盛土
（撮影：日本河川開発調査会）

母なる川、父なる川に想う

―日光東照宮と稲荷川・大谷川―

稲葉久雄（日光東照宮宮司）

山岳地帯にある日光地方にとって、ダム構築は非常に重要なことである。国土交通省関東地方整備局はこの地に日光砂防工事事務所を置き、数多くの砂防ダム等を築き、また管理している。その中でも、女峰・赤薙の日向砂防ダム（写真１）、男体山の方等上流砂防ダム（写真２）の二つのダムは特に規模も大きく、来訪者の目を引いている。

本稿は、これらのダム建設以前の日光地方における河川の様子等について、歴史的背景を中心に述べてみたいと思う。

写真１　稲荷川の基幹砂防ダム「日向砂防ダム」（高さ46ｍ）

写真２　男体山を守る「方等上流砂防ダム」

日光東照宮

日光東照宮は、女峰山《にょほうさん》を源とする稲荷川《いなりがわ》が中禅寺湖・名瀑華厳の滝を源とする大谷川《だいやがわ》に合流するところに鎮座している。この稲荷川と大谷川に囲まれた一帯にある東照宮をはじめ二荒山《ふたらさん》神社・輪王寺の二社一寺およびその周辺は、「日光の社寺」として平成一一年（一九九九）世界文化遺産に登録された（図1）。

東照宮が創建（一六一七年東照社として）される以前、古代よりこの地は男体山と女峰山を信仰の対象とした霊地として関東一円の崇敬を集めていた。天応二年（七八二）三月、勝道上人《しょうどうしょうにん》によって男体山が開山されてから神仏混合の霊場として栄え、山頂には二荒山神社奥宮が奉祀されている。徳川家康公は、「自分が死んだ後は、まず久能山（静岡）におさめ、神としてまつること。葬式は増上寺（東京）で行うこと。三河の大樹寺（岡崎）に位牌を立てること。一周忌が過ぎたならば、日光山に小さな堂をたてて勧請すること、関東八州の鎮守となる」と遺言している。家康公がこの日光を選んだのは、山紫水明の地であり、霊

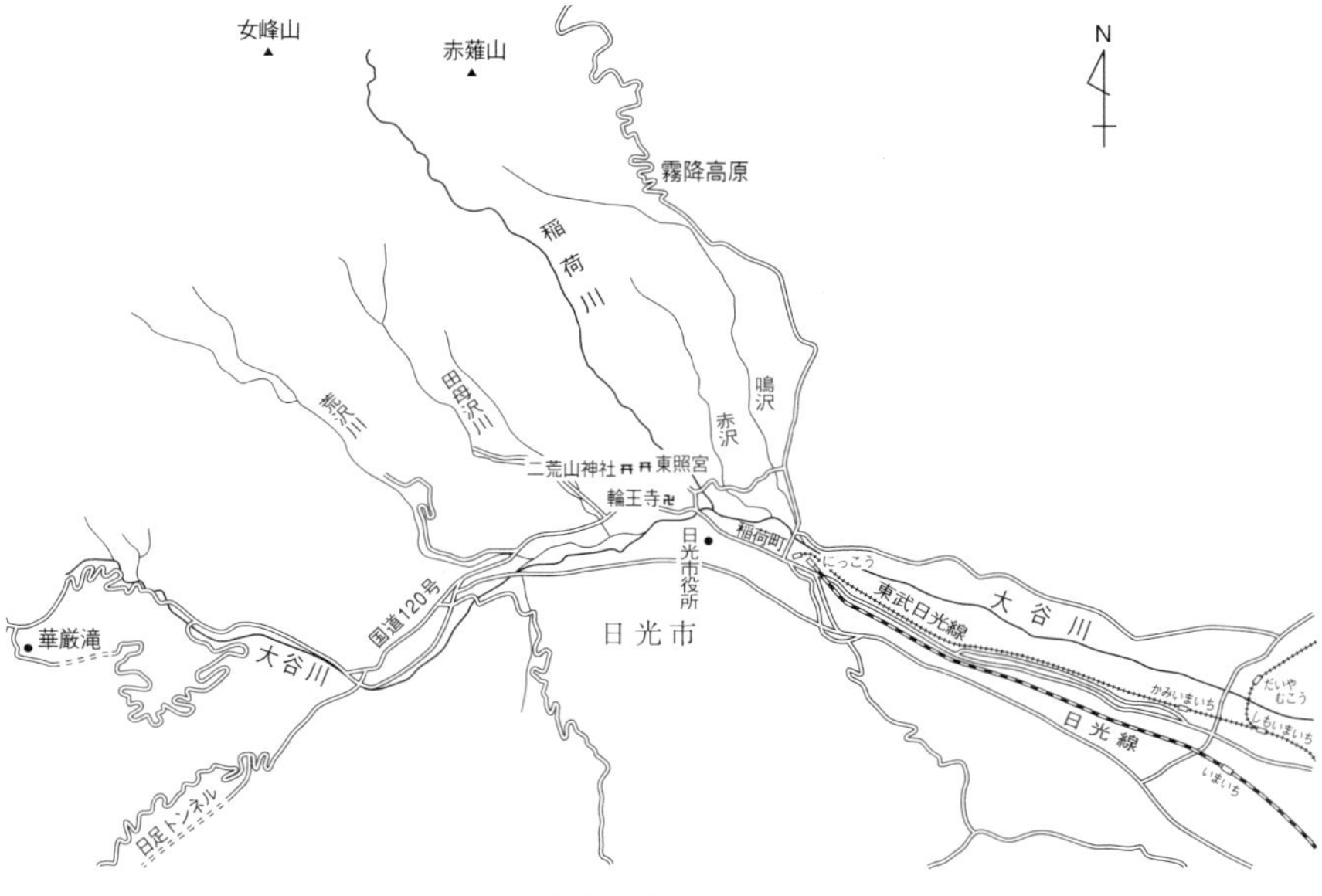

図1　日光東照宮と大谷川・稲荷川

場として深く尊崇していたからと伝えられている。

男体山などの山々は火山帯として荒々しい姿を見せている。山体斜面には放射状の浸食谷がみられ「薙（ナギ）」と呼ばれており、気象条件も大変厳しいものがある。

東照宮近くにある東京大学日光植物園（標高六三〇メートル）では年平均気温は九・九度、宇都宮気象台（標高一二〇メートル）で一二・五度、中禅寺湖畔にある中宮祠測候所（標高一二九二メートル）では六・七度にも下がる。年間降水量（ミリメートル）では、日光植物園二〇六八、宇都宮一五〇〇、中宮祠二二三〇となっている。東京での平均気温一五度、年間降水量一四〇〇～一五〇〇ミリメートル程度ということからすると、日光は五度低く、大変雨の多いところであると言える。

東照宮では、その建造物のほとんどに厚く漆が塗られている。これは、強い密着性、装飾性と同時に耐湿という科学的効果を考慮したもので、多雨多湿の日光の気象条件下で木造建築物を永く保護維持する最良の方法であると言われている。さらに、東照宮の屋根はすべて銅瓦本葺といって、厚い銅板を瓦のように葺いた上に三〇〇貫の黒漆を塗り、銅が腐食しないための工夫と共に雨漏りを防ぎ、火の粉なども防ぐ役目を考慮している。これは、創建以来檜皮葺であった屋根を承応三年（一六五四）に銅に葺き替えたもので、当時新たに発見された足尾銅山が幕府の直轄であったことから、三五万貫の銅が使用されている。

「母なる川」稲荷川

稲荷川は、二〇〇〇メートル級の女峰山、赤薙山を源とする一級河川で、その沿岸近くには国宝重要文化財の建造物が建ち並ぶ東照宮や二荒山神社が鎮座している。同河川の砂防ダム建設は、これら文化財の保護という観点でも重要な役割を果たしてきた。

昔からこの一帯は、大雨になると度々土石流による大きな被害を受けたが、中でも江戸時代、記録に残る大規模な被害をもたらした土砂洪水が起きている。当時の資料によると、「寛文二年（一六六二）日光山洪水につき、流出家屋三〇〇軒余、死者一四八人、被災者九一五人という大洪水があり、その後、被災者の多くが現在の稲荷町に移った」（日光市史、中巻、昭和五四年）とある。『徳川実紀』には、幕府が被災した人々に救助米を与えた、との記述もある。以前、元の稲荷町跡地から当時の井戸が発見され話題にもなった。

砂防工事が進む以前の稲荷川は、洪水の度に巨石が暴れ狂いながら流れ下っていた。巨石はぶつかり合い、轟音をたて、火花を散らし、民家の窓ガラスは地響きでガタガタと鳴り、夜も寝られないほどの恐怖をもたらしていたのであった。

このような被害の過去をもつ稲荷川の防災事業は、地元住民の切なる願いであった。そして、防災工事（砂防工事）は当然のように大事業となり、漸く十数年前に東洋一の規模を誇る「日向砂防ダム」が完成したのである。ここに至るまでの経緯について、日光砂防工事事務所の資料によると、「明治後期から大正初期にかけて度々大災害を被り、水源山地の荒廃は著しく進み、地元から本格的な砂防事業が切望されたことにより、大正七年（一九一八）に当時の内務省東京第一土木出張所において砂防ダムに着手したことが始まり」と記録されている。

稲荷川については次のような民話が残っている。

『江戸時代、庶民は生活が苦しかった。正月モチも食べられない家族も少なくなかった。当時の稲荷町近くの東照宮ではこれら貧困者を助けるため、正月モチを沢山つくり、それを稲荷川に持ってきて流し、下流の地元民に拾わせた。それで東照宮の正月モチは「ずり捨てモチ」と呼ばれたということです。』

名瀑「華厳の滝」を源に

次に、大谷川関係の災害について触れてみよう。日光砂防工事事務所の資料によると、次のような記録が残っている。

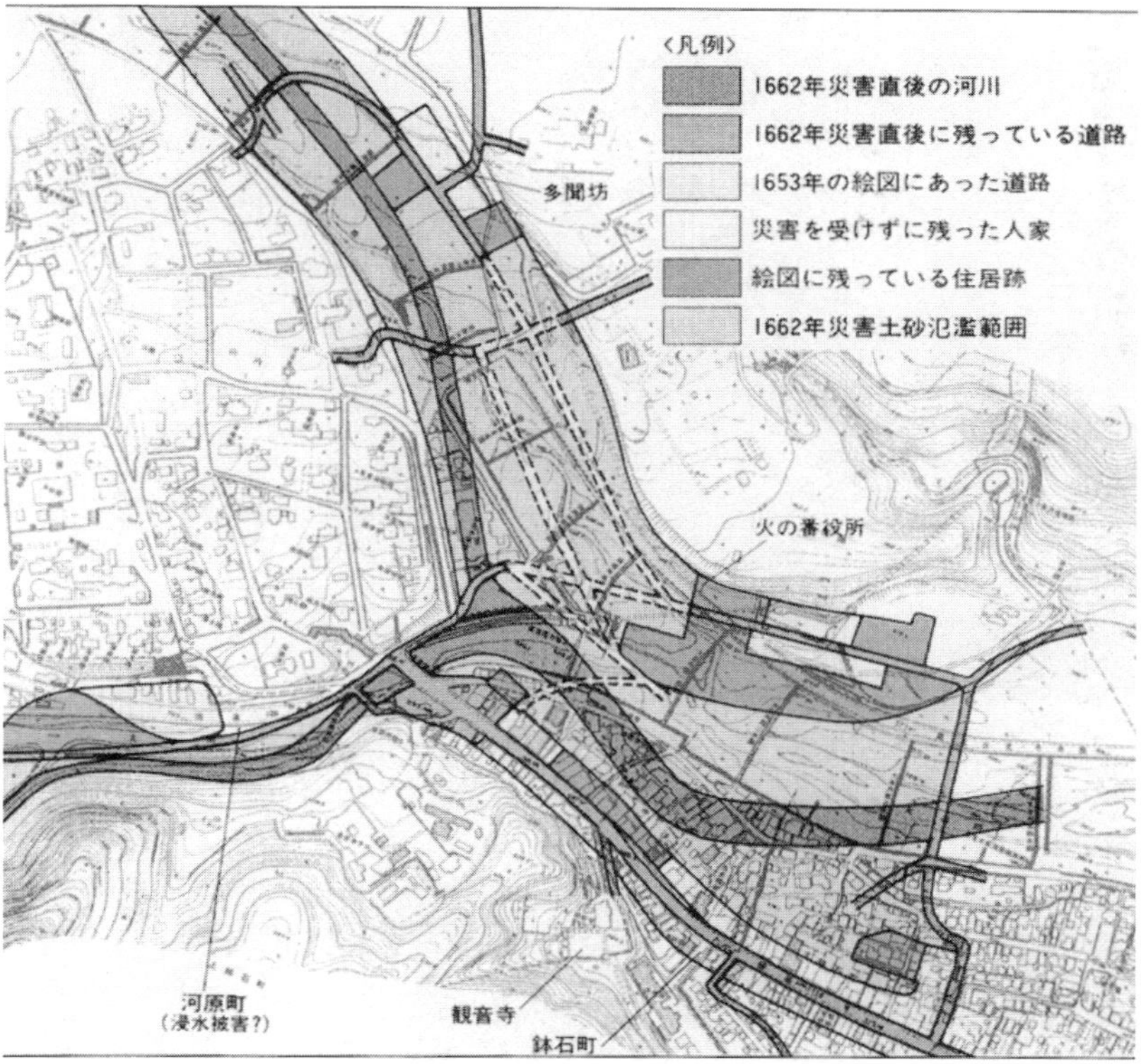

写真3　寛文2年の災害

「大谷川流域では急峻な地形、脆い地質、雨の多い気候のため、有史以来大雨の度に、土石流や洪水の氾濫による災害に幾度となく見舞われてきました。」

最も大きかったのが、前述の江戸時代、寛文二年の災害であった（**写真3**）。今でも市内の竜蔵寺には、被害者を供養するために建立された「水難供養塔」（**写真4**）が現存している。

写真4　水難供養塔（寛文2年・1662）

また、明治三五年（一九〇二）の洪水では、後年「観音薙」と呼ばれる男体山南斜面で土石流が発生し、二荒山神社中宮祠拝殿が被災したほか、中宮祠分教場が中禅寺湖上に押し流され、教師とその家族が亡くなった。さらに、土石流により発生した中禅寺湖の津波が華厳の滝を越え、大谷川に流れ出し大洪水を起こしている。このため名所神橋、並地蔵、大谷橋が大きな被害を受け（**写真5**）、一〇〇戸に及ぶ人家も同様押し流されてしまった。

以上が稲荷川、大谷川の災害の実状である。今日では、水清く、美しいせせらぎを見せてくれている（**写真6**）。

写真5　明治35年災害：流失した「神橋」

写真6　日光市街地と稲荷川（中央）
○印：東照宮のある山内地区、世界遺産に登録（平成11年12月）

日光を飾る渓谷美

現在、渓谷の美しさという点では大谷川（**写真7**）の方が一歩リードしている感がある。この視点から大谷川の美しい渓谷を紹介してみる。

大谷川は、名勝華厳の滝（**写真8**）を源に栃木県北西部を流れている。さらに滝の本元は標高一二〇〇メートルの高所にある中禅寺湖となる。荒沢、田母沢の支流を集め、稲荷川と合流して日光、今市の市街地を流れ、今市市の関の沢で鬼怒川に合流している。流域面積約一二五平方キロメートルに及び、主流の延長は三〇キロメートルで、大半が急流となっている。

大谷川流域のほとんどは国立公園に内に位置し、標高二〇〇〇メートルを超える山々、湖、渓谷、滝、湿原が数多く点在し、また日光東照宮（**写真9**）に代表される文化財の社寺建造物があり、年間を通して多くの人が訪れている。

一方、水源地の大半は男体山（**写真10**）や女峰山を始めとする日光火山群であり、流域内には男体山の「大薙」や稲荷川の「大鹿落し」（四四ヘクタール）（**写真11**）に代表されるような大小多数の崩壊地が点在し、大雨のたびに多くの土砂を下流に流している。

また、稲荷川は日光東照宮の境内敷地の東側をに沿うように流れてお

写真8　日本三名瀑の一つ「華厳の滝」

写真7　日光市街地を流れる大谷川

写真９　日光東照宮「陽明門」

写真11　稲荷川水源部の大崩壊地「大鹿落し」

写真10　中禅寺湖と男体山

り、東照宮など二社一寺の水力発電所は稲荷川の水力を利用して開設された。

事業地の開発に

日光は、大谷川、稲荷川から多大な恩恵を受けている。上水道がよい例と言えよう。昔は、沢水を境内に引いて生活用水として使い、御供水《ごくうすい》と呼んでいた。しかし、御供水も雨が降れば濁ってしまうこともあって、大正時代の末、二社一寺で巨費を投じて水道建設に踏み切ることになった。通常、水道に水圧をつけるためにポンプを使って高所に汲み上げるのだが、日光では地形の高低差がかなりあるので、わざわざ高所に汲み上げる必要が無く、電気代がかからないために水道料が他市に比べずっと安くなっている。また、水質も飲料水として最高であり、「日光山水」のブランドで飲料水として観光客に売り出したところ、大変評判になっているほどのおいしい水である。

このように、日光は大変自然に恵まれたところでもあるのだが、山岳地帯にあるために平坦地が少ないことが難点でもある。街の発展にとっても、この土地の問題は重要な課題でもあるので、この土地造成事業について次に述べてみる。

日光市と上都賀郡足尾町を結ぶ国道一二二号の「日足トンネル」が建設された。結果的に、この事業のお陰で日光には平坦な土地が生まれた。このトンネル工事では膨大な土砂、岩石が排出され、その処分に頭を抱えていたところ、土地造成のための埋め立てに利用することになった。そこで、日光市萩垣面の大谷川の河川敷地に工事から出た土砂などが運ばれ、埋め立てられて立派な土地が造成されたのである。

それ以前、この一帯の河川敷地は雑木、雑草が生い茂り、岩石が転がった人跡未踏の地のような有様であった。それが、この埋め立てにより生まれ変わり立派な平地が誕生した。早速この土地の開発が行われ、学校の敷地が手狭で悩んでいた日光小学校が移転した。元の場所と違って終日日照に恵まれ、子供たちも元気いっぱいに飛び回り、運動会も盛大に行われるようになった。

夜間照明付きの立派な野球場もでき、多くの利用者によってさまざまな大会が開催されている。同地に引っ越してきたのは小学校ばかりではなく、当時の建設省日光砂防工事事務所、栃木県日光土木事務所も移転してきた（**写真12**）。左岸沿いには県道所野街道が開通し、市街地大通り（国道一一九号）のバイパス役を果たしている。

この河川敷地の開発は、観光地としての日光霧降高原の発展にも大きな貢献をしている。日光市街地と霧降高原とを結ぶ「霧降大橋」も建設され、日光市街地と霧降高原は一体となった。さらに、大谷川右岸に市民待望の「小杉放菴画伯記念日光美術館」が建造され、各種催し物が人気を呼んでいる。

日光連山雑感

山は雄大なり。日光の女峰、赤薙連山を観望すると、日光小学校あたりから眺める日光連山（**口絵参照**）の一面、女峰（二四六三メートル）、赤薙（二〇一〇メートル）と稲荷川水系が配列する姿は、大相撲の横綱が

写真12　日光市街地付近航空写真（平成11年撮影）

堂々と土俵入りをしているような格好に見えるのである。これは私一人の感想ではなく、多くの人が感じているようだ。

標高二〇〇〇メートル級の高山帯を源流とする稲荷川の水は、川の流れの途中で日光二社一寺の水力発電所、上水道および消火用水に取水され、ふだんは水が少なく、〝水無川〟の状態になっている。取水された水は、近くの人家にも供給されている。社寺を訪れる年間二〇〇万人の観光客も稲荷川の水の恩恵を受けている。社寺境内域には各参道沿いに小川が流れていて、この水が多くの人々を喜ばせている。小川の水を手ですくい、妙味と感触を楽しんでいる光景がよく見受けられる。

〝一番おいしい水〟は、前述のように「日光山水」として市販されているが、さらに、東照宮より約一キロメートル上流に鎮座する滝尾神社の湧水「霊水」は、昔から酒造りのタネ水となっている。

また稲荷川、大谷川の水は、地元日光に限らず下流の今市、宇都宮市の水道水をも賄っており、国道・日光街道沿いにその導水管が敷設され、要所に存在する煉瓦造りの水槽は時代を感じさせている。なお、特別史跡・特別天然記念物の日光杉並木の杉も稲荷川、大谷川からの水の恩恵を受けて成長、大木となって堂々たる姿を見せている（**写真13、14**）。

写真13　日光杉並木と大谷川

このように、現在は大きな恵みをもたらしている稲荷川、大谷川であるが、以前は大雨の度に土石流による災害をもたらす川でもあった。今でこそ、多くの観光客で賑わう世界遺産にも登録された景勝地となっているが、そこに至るまでには、まさに災害と苦難の歴史でもあった。

参考資料

日光東照宮（二〇〇〇）＝日光東照宮
日光市（一九七九）＝日光市史、上・中・下巻
建設省関東地方建設局日光砂防工事事務所（一九八八）＝日光砂防七〇年のあゆみ

本稿に使用した写真は全て国土交通省日光砂防工事事務所の提供である。

写真14　日光杉並木

著者プロフィール

稲葉　久雄（いなば　ひさお）

昭和一五年（一九四〇）、栃木県生まれ。昭和三八年国学院大学文学部神道学科卒、日光東照宮に奉職。平成二年東照宮宮司に就任、現在に至る。

小笠原流流鏑馬階位の最高位「重藤弓」を保有。東照宮流鏑馬創設に貢献し、ニュージーランド、メキシコ、ロンドンなど、海外での流鋪馬公演の責任者を務める。

主な活動

鬼怒川・川治温泉観光協会常務理事、栃木県剣道連盟副会長、栃木県観光協会理事、日光剣道連盟会長、獨協医科大学生命倫理委員会委員、（財）栃木県保護観察協会理事、栃木県実業団剣道連盟会長等に就任している。「日光の社寺」の世界文化遺産登録推薦の実現に貢献。特別天然記念物「日光杉並木」の保護に尽力している。

葛老山の大崩落と五十里ダム

現在の五十里ダム貯水池のなかほど、湯西川が流れ込む付近で、天和三年（一六八三）戸板山および布坂山（葛老山）に大きな崩壊が発生し、崩土は鬼怒川を堰き止めました。その後一五三日にわたって全く越流せず、長さ約六キロメートル、幅最大九〇〇メートル、水深四五～四七メートルの一大湖水が形成されました。この五十里湖を出現させた葛老山の地すべりは、地震によるものと考えられています。沿川集落は完全に水没し、新たな集落が形成されました。男鹿川沿いは会津西街道といって、当時会津に至る重要な街道であり、湖水の出現により交通は舟を用いるようになり、五十里ダム建設前には船場跡が残っていたといいます。

その後、幾たびか掘削や放水路開削が試みられましたが中止され成功しませんでした。堰き止められてから四〇年後の享保八年（一七二三）、ついに堰き止め部が決壊し、湖水は一気に下流に押し寄せ、大谷川、鬼怒川沿岸に大きな被害をもたらせました。

「五十里湖は、享保八年堰口の岩塊を欠潰し、その洪水は下流地方を席捲して古稀なる猛威を振るった。東は氏家、肘内より、西は宇都宮、横川に至る漫々たる大洪水と化し、深さは三尺以上の浸水であったという。……『氏家大谷川通御領分中流死者九百九十七人御座候』と古里郷土誌にある。」（『栃木県市町村誌』栃木県町村会、昭和三〇年）という被害でした。

この「五十里洪水」後、五十里湖の跡には、五十里湖出現以前の集落が再形成され、湖跡の盆地状のところを「海跡」と称するようになったそうです。

大正の末期になり、鬼怒川改修計画が立てられ、我が国初めての洪水調節ダムというべき五十里ダムがこの海跡に計画されました。その後調査の結果、地質不良（断層の確認）とされ、第二次世界大戦の影響もあり中止されました。戦後、調査が再開され、ダムサイトを下流二・五メートルの長瀞地点（現ダムサイト）とする重力式コンクリートダム（堤長二六七メートル、堤高一一二メートル）と決定し、昭和二五年度に工事に着工し昭和三一年度に竣工し現在に至っています。

〔出典〕宮村忠「山地災害（Ⅱ）」水利科学、九八号、一九七四年八月一日発行

五十里ダム

中川低地に人が住む！

今井　宏（元草加市長）

知水 ― 水を知って水を治める ―

私がかつて市長として水問題に取り組んだ草加市は、埼玉県の東南部に位置する中川低地と呼ばれる低湿地帯の南端にひらけた都市で、昔から水とのかかわりが非常に深い地域である。市の中心を綾瀬川が流れ、他に中川、綾瀬川の支川の伝右川、古綾瀬川と川に取り囲まれている。

私が子供のころは、まだ学校にプールもなく、綾瀬川で泳いだり、あるいは魚捕りや釣りをしたりと、川遊びということが普通の遊びとされていて、ガキ大将から川とのつき合い方を教わったりもしたのである。私が生まれる以前は、川の水で炊事をしていたという。川の水でご飯を炊くと井戸の水を使うよりも饐《す》えたりしなかったということである。

この地域の河川は、長い間、舟運や農業用水に利用され、地域の経済を支える貴重な存在であると共に、清流と野の情緒豊かなたたずまいは、人々の原風景として欠くことのできないものであった。しかし、流域の開発や都市化が進むなかで、川は排水路と化し、水質の汚濁や構造のコンクリート化によって、その魅力は失われてしまった。その上、度重なる水害を引き起こすなど「厄介者」としてのイメージが定着し、地域の人たちからは離れた存在になろうとしている。また、水道の普及によって水は蛇口をひねればすぐに出ることになり、水がどこから来てどこに行くのか、そうした経路が見えにくくなってしまっている。

水害についても、最近は治水対策が進み被害を及ぼすことも少なくなってきているが、そのため人々は水害の恐ろしさを忘れかけているようにもみえる。かつて人と水は直接的なつきあいをしてきたが、それが都市化によって間接的なつきあいになってしまっている。

私は昭和五二年（一九七七）より平成五年（一九九三）までの一六年間、草加市長として、水と深いかかわりのあるこの地域の市政にかかわってきたが、それよりも以前の七年間の議員時代から、この土地の宿命的ともいえる課題である「水問題」に深く関心を寄せていたのである。しかも、水問題の大変さを十分に理解しないままに、「水」こそ我が市にとって取り組むべきテーマだという直感のもとに、何らかの手がかりを求めて、いわばチャレンジ精神でひたすらこの問題に取り組んできた。後々自分の直感が正しかったのだとの思いに至ると同時に、あまりにも宿命的であるが故の困難さを痛いほど知ったのであるが、そのことによって、ますます「水は私にとって永遠のテーマである」と思うようにもなった。

土地条件に恵まれない草加市にとって、水や緑の空間として残された河川を市民共有の財産として生かし、水質の浄化や親水性の創造などを通じて河川や水への関心を高め、自らできる役割を市民が分担する意識の醸成こそが治水につながると考えた。水質の浄化や水に親しめる空間の創造をめざした河川再生の理念は、単に再生にとどまるものではなく、それを超えて「水を知る」つまり「知水」という本質的なテーマが秘められていると思うのである。

中川低地の歴史的背景

大昔、この中川低地は、利根川・荒川といった大河川の乱流していた氾濫原であり、幾度となく洪水を繰り返し、土砂が押し流され、その土砂が堆積してできたのが沖積層からなるこの低湿地帯である。今の荒川、利根川の流路は、主に江戸時代からはじまった河川の付替工事によって整備されてきた。現在この地域を流れる「古利根川」、「元荒川」と呼ばれる川は、以前に利根川・荒川の本川がこの地域を流れていたことによるものである。荒川というのは、その名の通り「暴れ川」であ

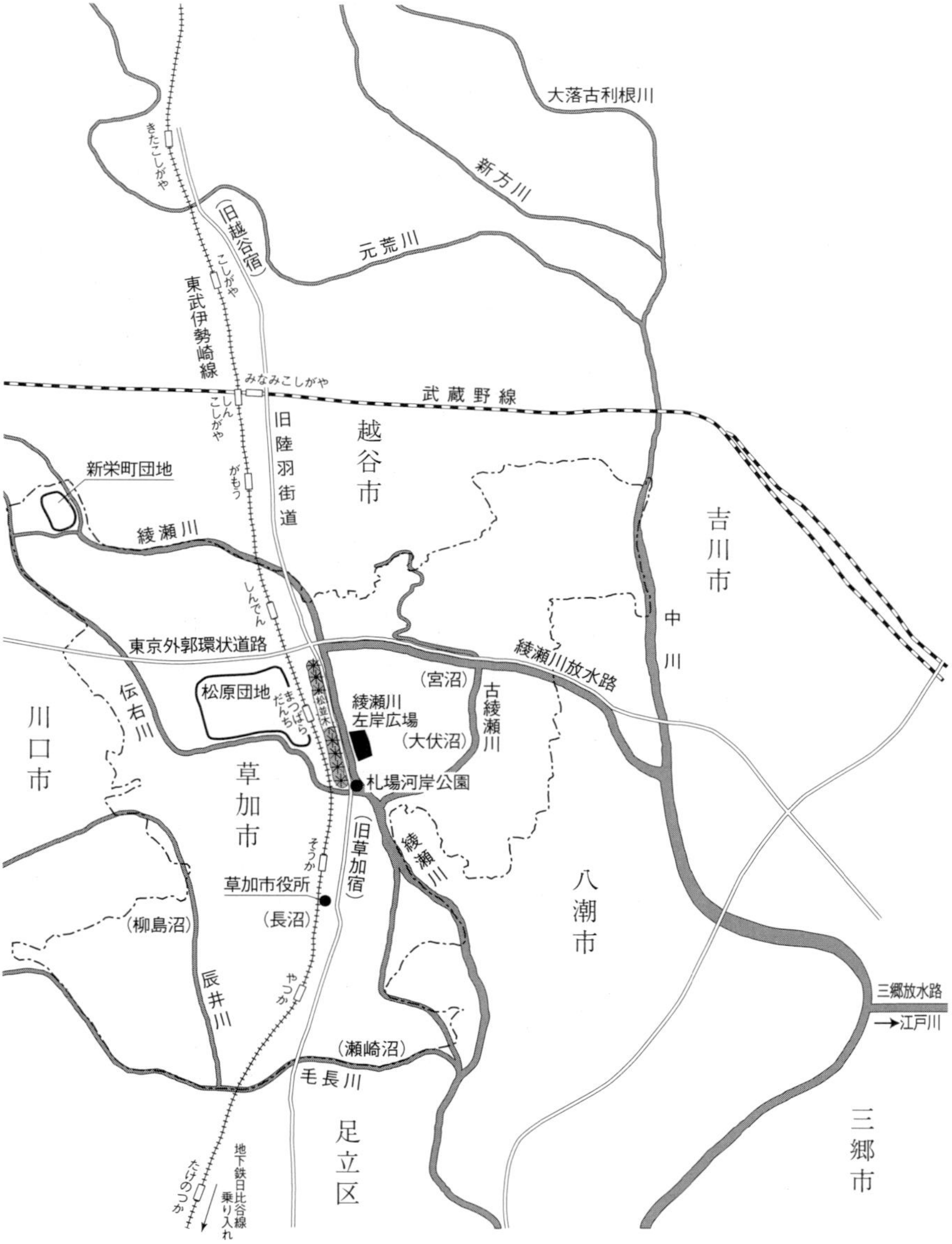

図１　草加市周辺の河川（カッコ内は跡地を示す）

り、秩父を源流にして絶えず流路を変えながら東京湾に向かって流れていた（図1）。さらに利根川もこの地域を流路にしていたこともあって、この低平地の歴史は、極端ないい方をすれば「洪水の歴史」とも言える。

市の一方の部分（西側）には大宮台地があり、もう一方は、河川の氾濫時に主として河川沿いに土砂が堆積してできた自然堤防（微高地）で形成されていて、全体としてはスープ皿のような凹状の地形になっている。

草加市の標高はわずか二～四メートルで、東京湾の河口から約二二キロメートルの地点に位置する。満潮時には草加市を流れる綾瀬川の上流部まで潮水が上がってくる。その上、昭和三〇年代以降、東京に隣接する埼玉県中央部および東部の南側の地域では、人口の増加に伴う都市化により、地下水の過剰な汲み上げを原因とする地盤沈下が進行した。草加市でも昭和三六年の水準測量開始以降、地盤沈下が進行し一層低地化が進むことになった。この地盤沈下に対しては、地下水揚水の規制が行われ、草加では昭和五〇年頃から沈下がおさまってきている。しかし、県内の沈下地域は中川流域に沿って北東部地域にまで北上し、現在でも栗橋付近では沈下が進行中であり利根川等への影響が心配されている。

草加の起こりは、江戸時代の初頭、およそ一六〇〇年頃といわれている。洪水防御と食料増産等のため大河川の整備がされ、その時点で、かつては流路だった場所が池や沼として数多く取り残されることになった。草加の地名には、大沼、大伏沼、長沼、宮沼等、沼のつく地名が多く存在する。おそらく四〇〇年ほど前、この区域には沼地がいたるところにあったのではないかと思われる。これらの沼地は食料を確保するという目的で、江戸の穀倉地帯として新田開発が行われるようになっていった。現在でも「新田」、「両新田」と呼ばれる地域がある。

さらに江戸時代には街道の整備が行われ、奥州日光街道の要所として草加宿が開かれた。当初の奥州日光街道は草加を迂回して、千住宿から現在の八潮市八條、越谷市東部の大相模を経て越谷宿へ向かっていた。そのころの草加周辺は前述のように荒地で、しかも沼が点在していて交通路として不適切だったこともあるが、千住・越谷間が一六キロメートルと非常に不便であったことから、その中間地として草加宿が置かれたのである。

人と水との暮らし

江戸時代以降、明治時代を経て昭和の高度成長に至る前までの長い間、草加市周辺は一帯が水田地帯であった。少しでも高い部分は畑、低地の部分は水田として使われ、それ以上低いところは遊水池や沼地として残り、人々は自然堤防上の微高地のところに住んでいた。低地に住む場合には、構堀《かまえ》という水路を周りに掘り、そのなかに掘った土を盛って周辺より高くして住まいを建てるといった工夫がされていた。そのためか農家の物置の中には、洪水に備えて舟も装備されていたようである。この地域に暮らす人々にとって、水害はある日突然起こるものではなく、度々発生するもの、常に備えをしておくものであるという意識があった。

また、江戸時代には水利共同組織体として「領」という組織が流域ごとに形成され、用水や洪水防御について共通の利害を持ち、用水路の整備や治水土木工事を行うなど、地域として強い連帯を形成していた。この領という組織を中心に、水害に対して住民が共同して防御にあたっていたのである。

江戸時代以降も幾度となく水害に見舞われ、明治四三年（一九一〇）には利根川・荒川の堤防決壊によって、明治以降最大の洪水といわれる水害を受けている。さらに戦後、関東地方に大被害をもたらした昭和二二年（一九四七）のカスリーン台風のときには、利根川が決壊してこの辺りも一面海のようになった。しかし、決壊した水が勢いよく流れ出てきたわけではなく、勾配のほとんどない低地（四二〇〇分の一、つまり四二〇〇メートルで高低差一メートル）のため、じわじわと流れ込んできて、草加周辺に水が来るまでには二日ぐらいかかっているのである。水は草加の旧街道、宿場町の周辺の自然堤防と思われるところで止まり、周りは全部水浸しになった。

松原団地の出現

人口の推移をみてみると、草加宿が開かれた当時は八四戸程度だったものが、その後増え続け、明治初期（一八七六）のころには約一万二〇〇〇人程になり、昭和三三年（一九五八）、市制が施行されたときには三万四八七八人になっていた。昭和三六年（一九六一）、「あなたの所得が倍になりますよ」という池田内閣の所得倍増計画によって高度成長期が始まった。それによって都市へ都市へと人口が猛烈な勢いで集中してきたのである。東京にはとにかく労働力が必要であり、また所得を増やしたい、都市生活がしたいという人がどんどん集まってきた。周辺の都市は南・西・北の順で開発され、一番最後にこの東部地域に開発の手が及んできたのである。昭和三七年に東武伊勢崎線と地下鉄日比谷線が相互乗り入れとなり、東京都内から直通運行されるようになったことによって、当時は何もない土地で、そもそも低地で人が住めるところではなかった地域にまで、人の〝洪水〟が押し寄せてくるようになったのであった。

そして、何よりもこの草加の人口増加を一気に引き上げたのが、東京オリンピックの前年の昭和三八年（一九六三）に完成した、当時東洋一の世帯数を誇った松原団地の出現である。低湿地を埋めたてた造成地であった。昭和三八年から三九年の間には、一気に約二万人増加し、草加市は人口増加日本一を記録した。これがきっかけとなって人口は五万人を突破し、昭和四三年には県下八番目の一〇万都市になったのである（図2）。

このような都市化の進展とともに、保水地の役割を果たしていた水田や沼地が埋め立てられ、宅地化されたことによって、水害の頻度が多くなってきた。台風による被害だけでなく、ちょっとした夕立程度でも出水するようになった。特に、草加の駅前や松原団地駅前の周辺が軒並み水浸しになってしまうのである。一昔前の駅はというと街の中心から遠ざけて造られたこともあって、低地に駅が位置していたこともあり、私も学生時代は長靴をはかないと駅へ行けなかった思い出がある。

つまり、昔から水はけの悪い低地帯で、かつて人々は微高地に住み、水害と付き合う術を持っていたので、大洪水にならない限り問題になることもなかった。しかし、人口が爆発的に増えるにしたがい、低地にまで人が住むようになったことから、わずかな雨量でも水害が発生するようになってしまった。おまけに、居住者のほとんどが、この土地の歴史を知らない外部の人たちということもあって、それらに対応する手だてを持っていないのである。そのため少しの水でも大騒ぎになってしまうのであった（**写真1**）。

そして、もうひとつ水害の原因となっているのが、道路の舗装化や宅地化である。かつては広大な面積の畑や水田が保水や遊水の役割を果たしていたが、それらが失われたことによって、降った雨は留まるところなく一挙に河川に集中するようになった。そして、河川へ排水しきれないものは、市街地のなかで溢れ出てしまうという構造なのである。

一方、人口が増えるということは、水を使って流すということで、しかも水を汚して流すと

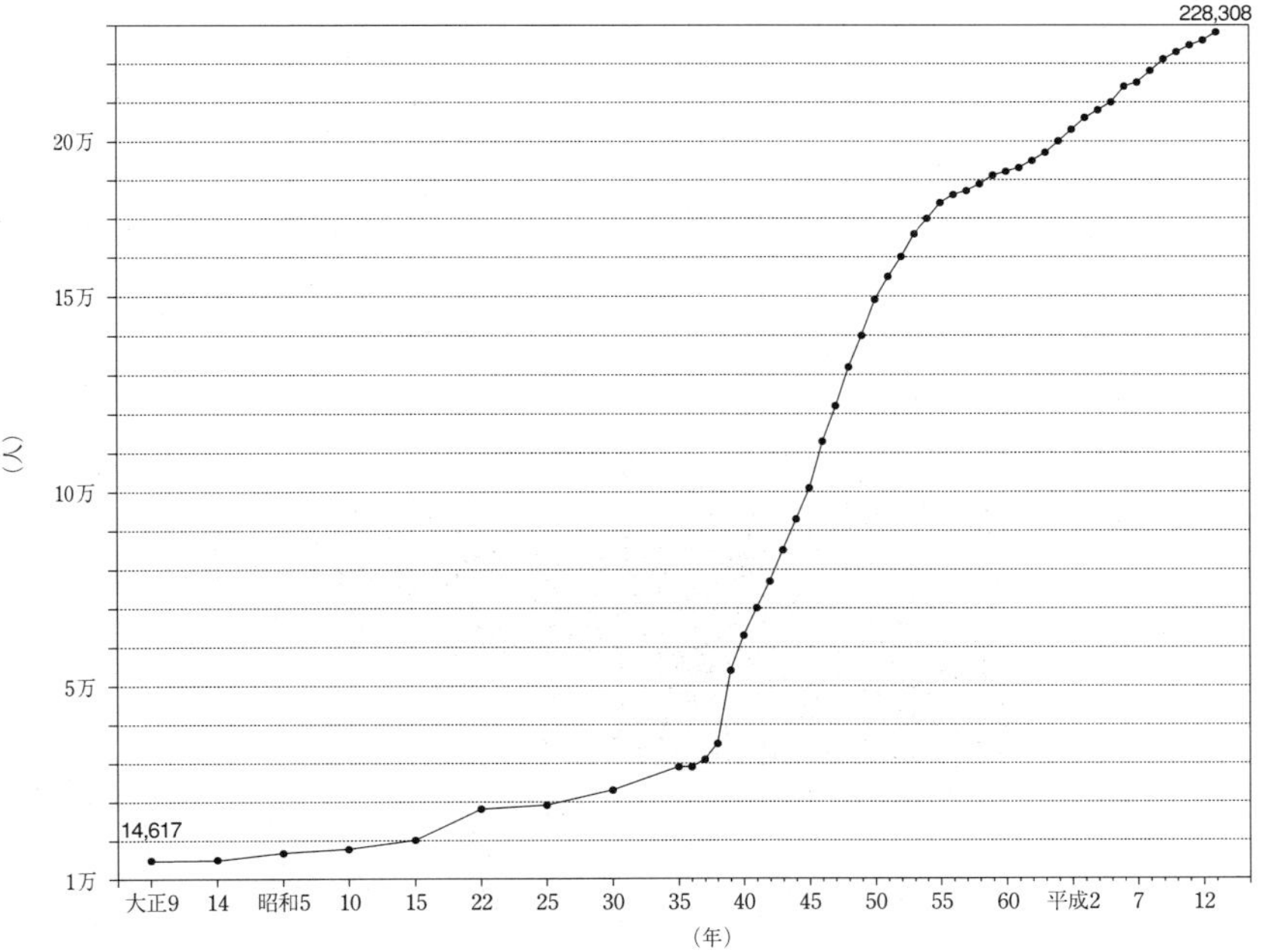

図2　草加市の人口推移（大正9年～平成13年）

〔出典〕大正9年～昭和35年：国勢調査、昭和36年以降：草加市統計課「草加市総人口」

いうことであり、瞬く間に河川の水質は悪化していった。それによって草加のシンボルともいえる綾瀬川は、昭和五五年（一九八〇）以来、建設省の直轄の第一級河川のうちで水質ワーストワンを記録（一時ワーストワンを脱却）する結果になってしまった。

現在、草加市では公共下水道事業が積極的に推進されている。また、綾瀬川放水路による浄化用水の導入と、平成一三年（二〇〇一）秋ごろには、地下鉄七号線の下に導入管を埋設した荒川からの浄化用水の導入により、綾瀬川の水質の改善が図られることになっている。

高度成長以来の急激な都市化によって、人と水の循環が絶ち切られてしまったのである。その都市化のつけが、すべて河川へと集中する中で川の負担はますます大きくなり、水害や水質の問題が表面化してきたと言える。

そこでこのような現状をなんとかして打破しようと、市長としての水との取り組みが始まったのである。

市長時代の取り組み

常々都市づくりにおいて、都市と河川の両サイドが共にもっと緊密な連携を保ち、水のこと河川のことを基本的にまちづくりの中に取り込んでいくことができないかと考えてきた。しかし実際は、河川、道路、住宅等は、それぞれが建設省（現国土交通省）の中でも河川局、道路局、住宅局等の管轄になっており、自治体はなかなか総合的な調整ができず受け身に

写真１　昭和56年台風24号による水害（松原団地付近）

なってしまうシステムになっている。

綾瀬川放水路は、綾瀬川の水が増水したときにポンプによって毎秒一〇〇立方メートルずつを中川へと持っていく方式をとっている。平常時は反対に中川の水を浄化用水として綾瀬川に入れるようになっており、これは東京外郭環状道路とともに完成した。中川へ放流した洪水は、三郷放水路を経て毎秒二〇〇立方メートルを、この地域で治水安全度が一番高い江戸川に強制排水されている。

当時草加市では、この東京外郭環状道路は公害道路と言われていたこともあって反対され続けてきた。「水の市長」と呼ばれていた私は、どうしても放水路を造らなければならない、放水路を造らないかぎり草加の水問題は解決しないのだと議会を説得し、昭和五二年（一九七七）に綾瀬川放水路の早期着工に関する意見書を決議した。これによって綾瀬川放水路は東京外郭環状道路工事と一体となって施工されたのである（平成八年（一九九六）三月完成）。これは、ある程度大きい事業として、道路局と河川局とが一体工事として取り組んだ画期的な事業ではなかったかと思う。

昭和五四年（一九七九）と昭和五六年（一九八一）、草加市は台風による水害によって多大な被害をうけたのであるが、これに対して「激甚災害特別対策事業」が適用されることになった。当時関東地方建設局の局長であった小坂忠氏が、綾瀬川の視察に訪れ、その日が偶然にも五四年の台風二〇号による水害の三日後だったのである。こうしたことが契機となり、昭和五五年（一九八〇）に中川・綾瀬川流域は総合治水対策特定河川に指定された。

総合治水計画とは、治水対策として河川対応だけでなく、都市部の中（河川流域）で保水・遊水機能を維持・確保することにも重点が置かれ、河川とその地域が一体となった総合的な対策を立てていくというものであった。これによって、綾瀬川総合治水対策特定河川事業が一〇年を費やして進められることになったのである。

この総合治水対策として、草加市では学校などを中心に雨水貯水槽を設置したり、校庭部分を他よりも低くしたり、あるいは周囲を堤にするといった校庭貯留を推進してきた。草加市の綾瀬川沿いにある新栄団地では、住宅の棟と棟の間を一段堀り下げて雨水を貯水する棟間貯留を行っている。その他、雨水浸透ますや透水性舗装なども実施している。総合治水ということで、ただ雨水をそのまま川に流すだけでなく、いったん溜めて流すというように意識も大分変わってきた。

中川・綾瀬川の総合治水は、鶴見川、寝屋川の総合治水と並んで典型的な事例と言ってもよいであろう。「本来治水というのは総合治水だ」と、それに気づかせてくれたきっかけが、中川・綾瀬川とも言えるかもしれない。関東学院大学の宮村忠教授もさかんに述べているように、本来「総合的でない治水はありえない」のである。それが近代化と共に、とにかく河川の水をポンプアップしてでもなんでもいいから海に流してしまえば済む、という発想によって忘れられてきたのである。

綾瀬川の河川環境と松並木

国や県による草加市の河川改修工事が始まってまもなく、市でも市独自の河川再生計画をつくることが、まちづくりにとって大きな意味があると考え、綾瀬川再生計画のプロジェクトチームをスタートさせた。

治水についてはプロである国や県の河川管理担当者の参加を得て、また、河川環境における景観や緑化の問題については市や市民、あるいは各分野の専門家の意見を取り入れるといった考え方で、河川管理者、専門家、住民が一体となったプロジェクトチームが編成され、昭和五七年（一九八二）と五八年（一九八三）の二カ年にわたって綾瀬川再生計画が検討された。

この再生計画の中身は、治水計画については河川管理者に任せるとして、河川環境に関することと水質浄化に関することが議論された。その成果としては、今までは河川の管理は河川管理者だけのものだと思っていたものが、良い河川環境をつくるためには市民レベルでやるべきことがたくさんあることに、全員が気づいたことであった。

この計画では、水に強いまちづくりを大前提として河川を利用した〝親水拠点と水辺のネットワーク〟をつくること、〝水質浄化〟をはかること、河川再生への〝市民参加〟を実現していくこと、以上の三つを大きな柱とした。

河川管理者によって河川改修が始まり、綾瀬川右岸沿いにある松並木周辺の改修のメドも立てることができた。しかし、現在の河川工事の方法によればコンクリート護岸になり、松並木のある部分についても松を切り、コンクリート化せざるを得ないのである。市側では、これではいかにも味けないものになってしまうので、せめて松並木のある部分の護岸は石垣にならないだろうかとの意見が出された。それに対して費用の関係もあり難しいということもあって、護岸に使う石は市民が購入し、寄付するという形でできないものだろうか、という話になった。

そこで、建設省がいろいろと知恵を出してくれた結果、結局は河川事業だけではなく道路事業の協力も得ることができた。つまり、道路も改修して、道路と堤防との間に自然石の箕石を積んだのである。実際には市民の寄付が入ることはなかったが、そうした市側からの働きかけがなければ、これは実現しなかったものなのである（写真2）。

この松原と呼ばれている松並木については、私がまだ青年会議所のメンバーだったころのエピソードがある。松原の松は、江戸時代の綾瀬川改修の際に記念樹として植えられた。しかし、昭和四八年ころには松は少なくなり、さびしい松原となってしまった。そこで四九年の夏、会議所のメンバーは一日のうちに一班四～五人で二班に分かれ、河川管理者である建設省の断りなしに勝手に松を植樹したのである。一班は千葉の知り合いのところに松をもらいにいき、もう一班は松原で穴を掘って植樹の準備をし、その日のうちに松を

写真２　松原の松並木と綾瀬川

植えてしまったのである。このときは建設省の出先機関から警告を受けた。しかし、これをきっかけに数年後には行政でも松を植えるようになり、その後、昭和五一年（一九七六）には「松並木保存会」が発足し、これがなんと昭和五九年（一九八四）に建設大臣表彰を受賞したのである。よくぞ松原を保存したというわけである。それ以降この一帯は「日本の道百選」の一つにも選ばれ、綾瀬川と松並木が織り成す自然空間として、現在市民にとっての憩いの場所となっている。

水と緑と文化の国際都市へのこころみ

『奥の細道』のなかには、芭蕉が草加にかかわりを持ったことが記されており、現在、河川改修記念「札場河岸公園」の入り口には俳聖松尾芭蕉のブロンズ像が立てられている。

もし生きて帰らばと定めなき頼《たのみ》の末をかけ、
その日やうやう草加という宿《しゅく》にたどり着きにけり

実は、昭和一八年（一九四三）、芭蕉と一緒に随行した曾良の『曾良旅日記』の一部が、『奥の細道随行日記』として紹介されたものがある。『曾良旅日記』は芭蕉の『奥の細道』とは違い、事実にもとづいたものであるといわれており、『曾良旅日記』には彼等が粕壁（春日部）に泊まると記されている。しかし、芭蕉は「ようよう草加という宿にたどりつきにけり」と残してはいるものの、泊まるとは書いていない。それまではずっと草加で泊まったということになっていたのである。

この芭蕉の文の解釈として、私は市長としていつもこう言っていた。〝芭蕉は千住で弟子と別れます。そこには多分悲しい別れと、これからいよいよ旅に出る決意とが入り混じっていたでしょう。そして複雑な心境のまま、草加の茶店に寄ったのでしょう。そこで、茶店のおばちゃんがすごく親切で、その上、そこで食べた草加せんべいがとてもうまかった。だから粕壁（春日部）ではなく、わざわざ「草加という宿にたどりつきにけり」という文を残してくれたのでしょう〟と。

これは市長の珍説だよ、とみんなに大笑いされるのであるが……。

ある説によると、『奥の細道』というのは、川の上流をたどる旅だといわれている。芭蕉は水に対する本能的なかかわりで上流をたどっていったのではないかというのである。『奥の細道』は、『万葉集』と『源氏物語』に並んで日本の三大古典と言われている。その三大古典のなかに草加の章があるのだから、水とのつながりの深い草加にとっては、この芭蕉の足跡を大切にしなければいけないということになったのである。俳句は今ではアメリカの小学校の教科書にもあるくらいで、国際的にも日本が誇れる文化といえよう。

草加市では、これからは国際的な視点が必要だということで、「奥の細道国際シンポジウム」を開催している。また、国際的なシンポジウムと合わせて、市の主催で「奥の細道文学賞」の募集を二年に一回行っている。選考委員として、芭蕉研究の第一人者である尾形仂さん、詩人の大岡信さん、国文学者のドナルド・キーンさんの三人にお願いしている。これは文学の世界では全国的に有名になっており、海外から応募者もあり非常にハイレベルな作品が毎回集まっている。

水というのは太古の時代から、人間とのかかわりとして永遠のものでもある。最近では、地球規模で水問題、水循環の問題が出ているが、例えば、アメリカの穀倉地帯の地下水の汲み上げによる水不足、チグリス・ユーフラテスの水争奪問題、さらに水を輸出入する国が出てきているなど、地球規模で考えるとそれこそ地球環境の問題であり、水循環の問題につながっていくのである。

そしてこの永遠のテーマに対処していくためには、地域の歴史や自然的地理条件をしっかり見つめ、そこに住む人々の知恵を結集すること以外、このテーマを推し進めていく方法はないと言えよう。水の恐ろしさ、水のすばらしさ、水の大切さ、水の豊かさを今日の都市生活の中で住民と行政が改めて見直し、認識するところからその第一歩が始まると考える。

本稿作成に際しては、草加市より様々な資料の提供を受けた。

著者プロフィール

今井　宏（いまい　ひろし）

昭和一六年（一九四一）、埼玉県草加市生まれ。昭和三九年早稲田大学政経学部中退。昭和四五年草加市議会議員当選（二期）、草加市議会議長を歴任ののち昭和五二年草加市長就任（五六年再任）。昭和五八年建設（現国土交通）省河川審議会専門委員。現在に至る。

主な著書

『知水のすすめ―水を知って　水を治める―』ぎょうせい（昭和六〇年）

草加せんべい

日本人の食生活にとって欠くことのできない米、和食の味付けにかかせない醤油。これらを原料として作られる「草加せんべい」の素朴な味わいは、まさに日本人の味覚の原点といってもよいでしょう。

「草加せんべい」の「草加」とは言うまでもなく、埼玉県の草加市のことを指していますが、実際には、硬くて丸い「せんべい」を総称して「草加せんべい」と呼んでいます。その知名度の高さは、東京に隣接する埼玉県の名産でありながら、東京の土産物として重宝されていることと無縁ではありません。

「草加せんべい」の発祥については、文献的な証拠がなく、いつ頃から作られ売られるようになったのか定かではありません。しかし、江戸時代、江戸から日光奥州へ向かう第二の宿として草加宿が置かれ、旅の保存食や土産物として地方にもたらされ、その結果「草加」の名とともに全国に知られるようになったということは十分に考えられます。また、草加は江戸の穀倉地帯として、せんべいの原料である良質な米や水、さらに、近くの野田から良質な醤油が豊富に手に入った等の立地条件にも恵まれていました。それがそのまま、味への信頼度として「草加」の名に残されたとも言えるかもしれません。

しかし、草加に隣接する越谷などでも古くからせんべい作りがなされていたようで、原料入手の点に関しては、決して草加にひけをとるものではなかったはずです。それなのに、なぜ草加のせんべいが有名になったのか。その理由には諸説ありますが、ここで重要なのは、江戸・東京との関係です。

現在草加市内には七〇件ほどのせんべい専門店があり、ゴマ入り海苔つきなど様々な種類や、ハート型やハーフ型などの趣向を凝らしたさまざまな形をしたものが売られています。しかし、せんべいと言えば、なんといっても、表面に醤油が塗られた、堅くて厚みのある丸い形の醤油せんべいが最も定番でしょう。せんべいに醤油を塗るようになったのは、幕末頃からでそれ以前は、塩を加えて作った塩せんべいが主流でした。また、草加にせんべいだけを売る専門店ができる以前から、東京にはすでにせんべいの専門店が幾つかあり、生地を草加から仕入れて店頭焼きをして「草加せんべい」として売る店があったそうです。つまり、「草加せんべい」の発展は、江戸・東京との繋がりを無視しては考えられないものと言えるでしょう。

平成一二年（二〇〇〇）一〇月一三日、宇宙から「草加せんべい」にまつわる、あるメッセージが送られてきました。それは、アメリカのスペースシャトル「ディスカバリー」号に搭乗した宇宙飛行士の若田光一さんからの電子メールで、「草加から送ってもらったせんべいを、ふわふわ浮きながら楽しく食べました」という内容です。このエピソードは、新世紀の私たちの生活と「草加せんべい」との新しい関係を予見しているのかもしれません。

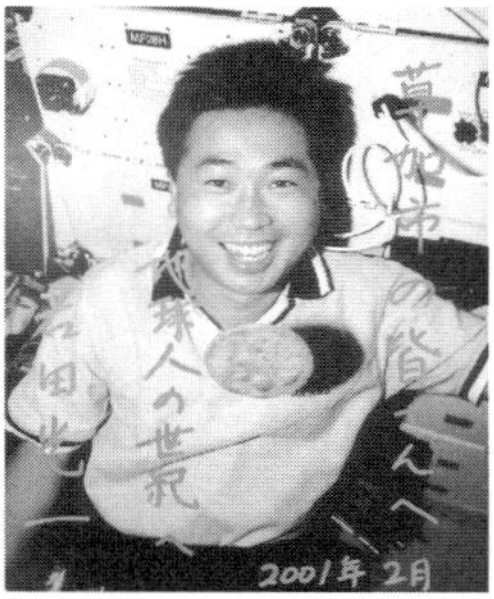

平成13年2月に若田さんから草加市に送られたサイン入りの写真パネル

（撮影：NASA／パネルは草加市伝統産業展示室に展示されています。写真提供：草加市）

利根川舟運と川湊 ―その来し方、行く末―

三浦裕二（日本大学総合科学研究所教授）

はじめに

豊臣秀吉が天下を統一した天正一八年（一五九〇）、徳川家康は江戸に移るが、当時の利根川は現在の埼玉県大里郡妻沼付近から、久喜と幸手の間を通り草加付近を抜け、現在の古利根川筋がその流路で、中川筋から隅田川を経て渡良瀬川とともに東京湾に流れていた。「母なる川」は時に自然の脅威をあらわにし、一六世紀中葉にはしばしば洪水となって人々を苦しめてもいた。一六世紀末から一七世紀中頃にかけて利根川の主流を締めきり、その流れを変え、新たに流路を開削して川を付け替える事業が行われた。いわゆる利根川東遷事業である。

一方、関宿から野田に至る台地を開削し（一六三五）、関宿を分岐点として利根川から江戸湾を結ぶ江戸川が完成する（一六四一）。自然を豊かに残す江戸川も、三六〇年前に造られた人工の川なのである。

このような半世紀以上に及ぶ利根川東遷と河道整備の目的は、しばしば発生した洪水から武蔵東部と江戸を守ること以外にも、新田開発と灌漑、舟運路の確保などであった。当時を考えれば、地先における治水や物資輸送のための舟運路の確保など、様々な目的で実施された事業が流路を東方へ変えてきたと見て良いだろう。こうした大事業にもかかわらず、一八世紀前半には洪水が江戸市中を襲っているが、一方で一七世紀末、松尾芭蕉の「奥の細道」が出版された頃には、利根川、江戸川、鬼怒川を軸に舟運の一大ネットワークが成立した。霞ヶ浦、北浦を含め、利根・江戸川流域はもとより、北関東につ

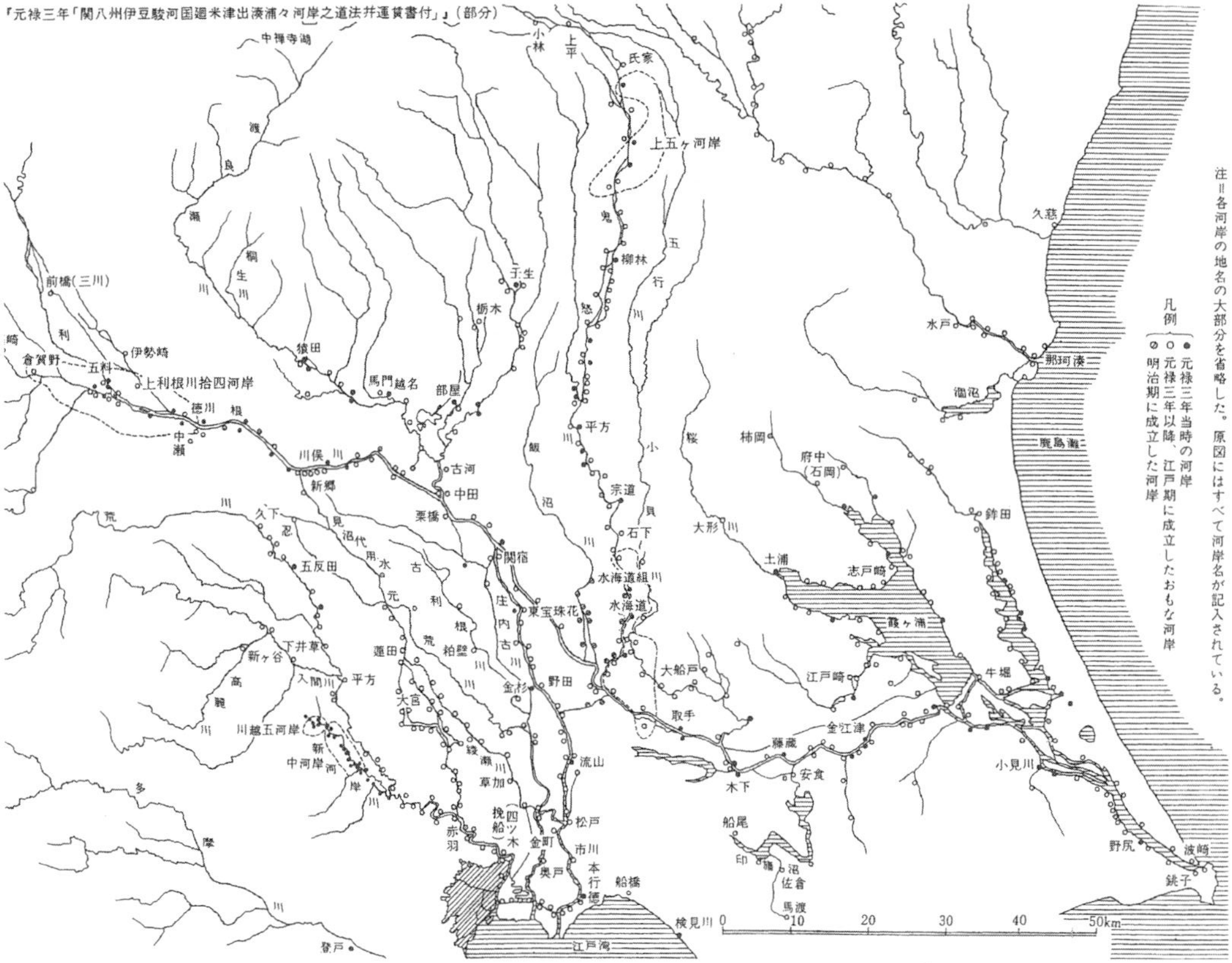

図1　関東の川湊（地方史研究協議会編「日本産業史大系4」東京大学出版会より）

ながる渡良瀬・鬼怒川流域からの物資が、舟運により大消費地の江戸に運ばれるようになった。川筋の物資の集積地には荷積み、荷揚げのための川湊が造られ、河岸が形成された。図1は、一七世紀末、元禄時代とそれ以降に形成されたおびただしい数の関東の河岸を示したものである。関宿をはじめとして、江戸期における各地の河岸の繁栄は、利根川東遷事業と舟運の発達によって支えられていた。

見沼代用水と通船堀

図1の中央やや左下に、利根川と荒川を結ぶ見沼代用水がある。今の浦和市三室付近は広い沼地であった。徳川吉宗の時代、享保一二年（一七二七）に幕府勘定所吟味役の井澤弥物兵衛により、干拓事業と利根川から灌漑用水を引き込むための開削工事が始められ、翌年完成した。その後改築が繰り返されるが、元荒川の下を菖蒲町柴山付近でくぐり、綾瀬川を水路橋で渡る延長九六キロメートル、灌漑面積一万五〇〇〇ヘクタールの一大農業用水路である。綾瀬川を渡ったところで、この用水は東・西に別れ、その間に芝川が流れている。享保一六年（一七三一）、この三水路は船を通すために約一キロメートルの運河でつながれた。したがって通船堀と呼ばれたのである。今の東浦和駅に近い浦和市八町付近にあたる。ここで特筆したいのは、用水と芝川の水位差が三メートルあり、船の航行のためにわが国最初の閘門が設けられたことである。閘門とは二つの水門を設け水位差を克服する施設で、その原理を図2に示す。この通船堀によって利根川と荒川が結ばれ、昭和初期まで農閑期には舟運路として利用され、埼玉各地から

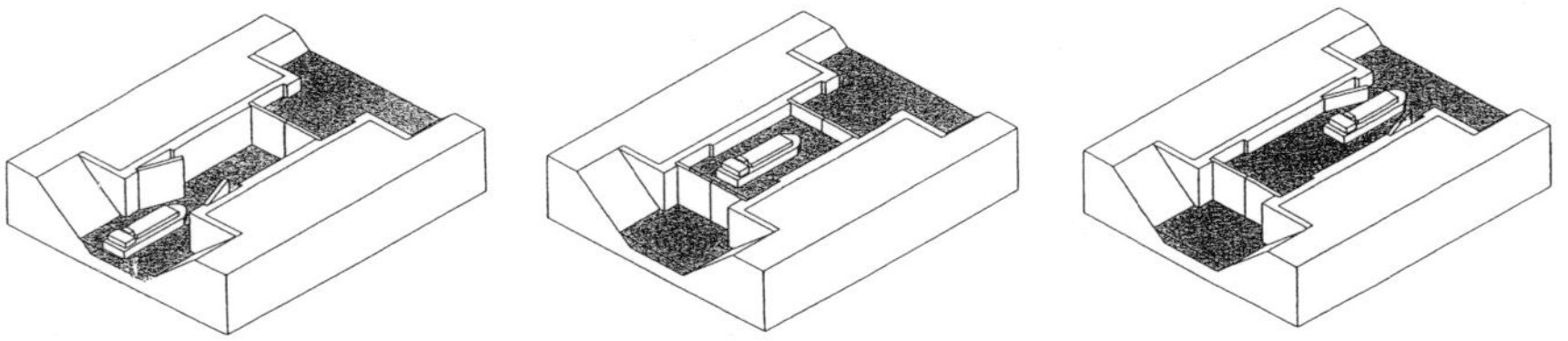

(a) 下流水門を開けて閘室内に船が侵入　(b) 下流水門を閉じて、上流水門注水口を開けて水位を上げる　(c) 上流水門を開けて前進

図2　閘門の仕組

米、野菜が江戸、東京へと運ばれた。

浅間山の噴火

天明三年（一七八三）夏、今の暦でいうと八月三日浅間山が大噴火する。さらに洪水も発生し、遠く北総地域に至るまで甚大な被害を発生させた。農作物は壊滅的な打撃を受け、当然利根川の状況も激変した。河床の上昇で河川は荒廃し、記録に残る天明六年（一七八六）の大洪水を始め、その後も氾濫が頻発することになる。噴火以後五年にわたり、いわゆる天明の大飢饉が全国的に続くのである。

舟運は各地で困難を極めることになった。当時、江戸の発展に欠かせなかったのが、仙台伊達藩を中心とした東北地方からの舟運による廻米である。川村瑞賢（一六一八〜一六九九）が開設した東回りの航路は石巻から荒浜、平潟、那珂湊、銚子、小湊を寄港地として、房総半島を周り下田を経て江戸に入るルートである。房総半島を迂回することなく、銚子から利根川を利用する安全な内陸舟運ルートを確保するためにも、利根川の水を治めることは幕府にとって急務であった。浅間山噴火と時を同じくして、幕府は印旛沼と江戸湾をつなぐ水路を開くことにした。幕張に河口を持つ現在の花見川がそれである。老中田沼意次を中心として幕府直営の工事に踏みきった。この工事は印旛沼と利根川につなぐ長門川を安食で水門により締めきり、印旛沼の治水、干拓と同時に、下利根川を含む内陸水路の改善を目的としていた。このルートの開発は、利根川を関宿までさかのぼり江戸川を下るルートを九〇キロメートル余り短縮するものであった。しかしながら、全水路の三分の二が完成した天明六年（一七八六）の大洪水で安食の水門が流され、さらには老中田沼が譜代門閥の保守派と松平定信による粛正により失脚し、完成を見ることなく中止されることになる。

その後も天保一四年（一八四三）には、老中水野忠邦による天保の改革の中で、沼津、庄内、鳥取、貝淵、秋月の五藩御手伝普請、つまり五藩が資金と人手を出して再度工事に着手することになる。外国船の来航も見られるようになった当時、奥州からの物資を安全かつ短時間で江戸へ輸送することは、幕府にとって重要な施策でもあった。工事にかけた費用の合計は二三万両余り、今のお金にすると二百億円にも達する。延べ人員一七万三〇〇〇人の人足が投入され、わずか九〇日にして大半が完成するのだが、御手伝普請を逃れるための陰謀や大名、旗本の不満も重なり、さらにその年の九月に老中水野の突然の罷免で、これまた中断してしまった(栗原、一九七二)。

その後一世紀を経て、戦後の食料増産のための干拓が農林水産省の事業として始まり、さらに昭和三八年(一九六三)に始まる建設(現国土交通)省の印旛沼総合開発により、現在の印旛沼が形成される。この事業は昭和四四年(一九六九)に完成した。現在の花見川(印旛沼放水路)は、その大半が天保時代の立派な遺構なのである。ただし、戦後の事業で舟運路の確保は見捨てられてしまった。すでに、モータリゼーションの時代に突入した当時であれば当然のことでもあった。

江戸期の舟運と河岸

話を江戸時代に戻す。河岸というのは単なる船着き場ではない。船がつけば多くの人が集まる。その人とは、船主、船頭をはじめ水主(かこ=乗組員)、急流部で船を曳き上げ、引き下ろす「おんまわし」「のっこし」と呼ばれた人足、内陸部と荷物を中継する馬持や手綱を引く馬子、商人、旅人とその休憩のための茶屋、旅籠や居酒屋などを営む人々である。さらに、その人々の日常生活を賄うための酒屋、荒物屋などの商業や鍛冶屋、船大工などの工業が立地する。つまり、地域によって大小の差こそあれ、都市を形成したのが河岸であった(川名ほか、一九七〇)。その最盛期は一七世紀末から一九世紀の末にかけて、およそ二〇〇年の永きに及ぶ。

利根川下流部に注目すると、関宿三河岸や境河岸をはじめ、取手近郊の小堀河岸、物資の集散と旅人で賑わった木下河岸、成田山詣での安食河岸、醸造業と米の集散地の佐原河岸、香取神宮の表玄関となる津の宮河岸、講談や浪曲で有名な「天保水滸伝」の舞台となる笹川河岸、遊郭も置かれ大いに賑わった利根川河口に近い松岸河岸などが主要な河岸である。小堀河岸が、高瀬舟から艀船（はしけぶね）に荷を積み替える基地としての役割があったように、それぞれが特徴を持つ河岸であった。特に木下河岸は、陸路江戸と結ばれる木下街道との結節点であり、物流の中継基地として、また三社詣での出航地として繁栄した。三社詣でとは、「木下茶船」と呼ばれた飲食のできる貸し切り、乗り合いの遊覧船を仕立て、香取神宮（津の宮河岸）、鹿島神宮（大宮津河岸）、息栖神社（息栖河岸）の三社を巡る参詣で人気を博し、文人墨客をはじめ多くの客を集めていた。神社参詣とはいえ、三社詣では観光的色彩の強いもので、時には足を延ばし松岸河岸で遊び、銚子へ出て磯遊びをすることも多かったようだ。また、境河岸から毎夕出る「夜船」は、翌朝江戸小網町に着くという便利さから多くの旅客を運んでいた（川名、一九八二）。

循環型社会江戸と舟運

元禄時代、ロンドン、パリを凌ぐ人口百万人を抱えた江戸は、世界に類を見ない衛生的な都市であった。それは江戸時代の下水道システムにも見られるが、大切なことは屎尿処理に内陸舟運がその力を発揮したことである。今話題の「循環型社会」が見事に成立してたことになる。つまり、都市住民が生産した糞尿は大切な肥料として農家により桶に汲み取られ、消費地である農村に舟や馬で運ばれていた。そこで生産された野菜などは消費者である都市住民へ循環していたのである。江戸の成長と共に野菜類の需要も増大し、生産向上のため農民は肥料を広く江戸市中に求めた。人出の多い場所には農民自ら辻雪隠、今でいう公衆便所を設け、そこからも集めた。しかも糞尿は有価物で、廃棄物ではなかった。つまり、農民は金を払って糞尿を集めたのである。武家方では出入りの農民から一定の代価を受け取り汲み取らせたが、町方では多くが共同便所であるため、家主が借家人の生産分まで自分の収入とし、年に二一～三〇両を得ていた（渡辺、一九九七）。有価物である糞尿は大名屋敷から出るものから、犯罪者の留置場から出るものまで五段階に等級が付けられ、それぞれ価格が決められていた（楠本、一九八一）。需要が供給を上回れば経済原則で値上がりする。やがて汲み取り運搬を業とする者が現れ、さらには仲買人までが出現し、糞尿は高値となる。困るのは農民で、値下げ運動も起きた。中でも下総の農民が連合し、汲み取り拒否という申し合わせに、困ったのは武家であり江戸町民であった。幕府が介入し、値下げさせたこともあった。

江戸で生産される糞尿の量は、四五万から五四万キロリットルであったようだ。六〇リットル入りの桶で八三〇万個という量になる。この膨大な量を消費するためには、広く関東一円への輸送が必要となる。馬で二桶、荷車で七桶、牛車で一二桶程度の能力で（庄野、一九九六）、そこに登場するのが内陸舟運である。一艘に百桶も積んで遠く武蔵や下総に運び、帰り船では野菜や薪炭が運ばれた。都市のエネルギーは薪炭で賄われていたことからみても、膨大な量であったことが予測される。中でも下谷の三味線堀が糞尿の積み出し基地であったことは、「いいこい（肥＝声）を三味線堀で鼻へきき」の句から特定できるが、他にも多々あったに違いない。江戸城内の汚物も道三河岸（今の大手町二丁目付近）から葛西船で搬出していたようである（花咲、二〇〇〇）。

江戸から明治へ

明治元年（一八六八）九月八日明治と改元され、江戸から東京に改められた。二三〇年に及ぶ鎖国が続いたとはいえ、確実に浸透していた西洋文明は一気に開花した。翌年東京・横浜間には電信が開通している。明治五年（一八七二）には東京・横浜間に鉄道が開通し、電信は大阪まで伸びた。舟運の改革も早く、帆走、櫓、櫂、棹、曳舟による航行から蒸気船の航行が出現する。明治四年（一八七一）、高橋次郎左衛門により深川万年橋に利根川丸会社が設立され、わが国最初の外輪船が、深川から江戸川、関宿を経て栗橋対岸の埼玉県中田まで就航している。行程八〇キロメートル、往路一一時間、復路六時間を要した。一方、電信や郵便馬車の発展、普及で職を失ったのは定飛脚仲間であった。今日でいう構造改革の波をまともに受けたわけである。その人たちが転業し創設したのが陸運元会社である。全国に郵便局が設置され、飛脚禁止令の出る前年の明治五年、東京の飛脚仲間から明治政府の駅逓寮（今の総務省）に出願され、営業が開始された。この会社は信書以外の貨物と旅客の輸送で、海運を除く陸路と湖沼、河川全般にわたり、政府の庇護もあって全国規模の会社に成長した。今の日本通運の前身である。

明治八年（一八七五）、陸運元会社は内国通運と改称し近代的河川舟運にも乗り出すことになる。そして翌年には、平野富二に払い下げられた幕府の造船所、石川島平野造船所（今の石川島播磨重工の前身）で外輪式の蒸気船「通運丸」が建造され、明治一〇年（一八七七）五月一日、深川扇橋から江戸川、関宿、栗橋を経て、古河の北、栃木県生井村までの航路を開設し運航を開始した。運航にあたっては事前に水深を調べ、浅瀬は自力で浚渫をするなど大変な努力が払われた。営業開始当日、小名木川の両岸は物見高い見物客で黒山の人だかりとなり、まさしく近代内陸水上交通の幕開けとして、文明開化の息吹を利根川筋に吹き込んだのである。以来、江戸川を経て利根川とそれに連なる渡良瀬川、思川、鬼怒川、小貝川、霞ヶ浦、西浦などを利用して航路が拡張された。蒸気船の保有数も明治一一年（一八七八）に八艘、その二年後に一四艘と増強され、大正八年（一九一九）に営業を停止するまでに四〇艘ほどが建造されたようである（山本、一九八〇）。

一方、銚子では明治一四年、岡本吉兵衛により銚子汽船株式会社が設立され、木下・銚子間で営業を開始した。内国通運にとっては手強いライバルの出現である。度重なる談合の結果、内国通運は東京から野田を、銚子汽船は三堀から銚子を受け持ち、野田と三堀は陸路を運ぶことで決着していた。しかし、内国通運や銚子汽船の人気を見逃す手はないと、東京では新たに複数の企業が進出し、利根川筋では資力のある船主がこぞって蒸気船を建造し投入してきた。当然過当競争が生まれ争いは絶えず、流血事件すら発生した。

図3は舟運が衰退期に入った明治四三年（一九一〇）に、起死回生をかけて汽船貨客取扱人連合会が刊行した「利根川汽船航路案内」で、各地の名所旧跡、旅館、料理屋、物産などを紹介した中の図である。蒸気船による航行の限界点を結んで鉄道が敷設されている（鈴木、一九八九）。

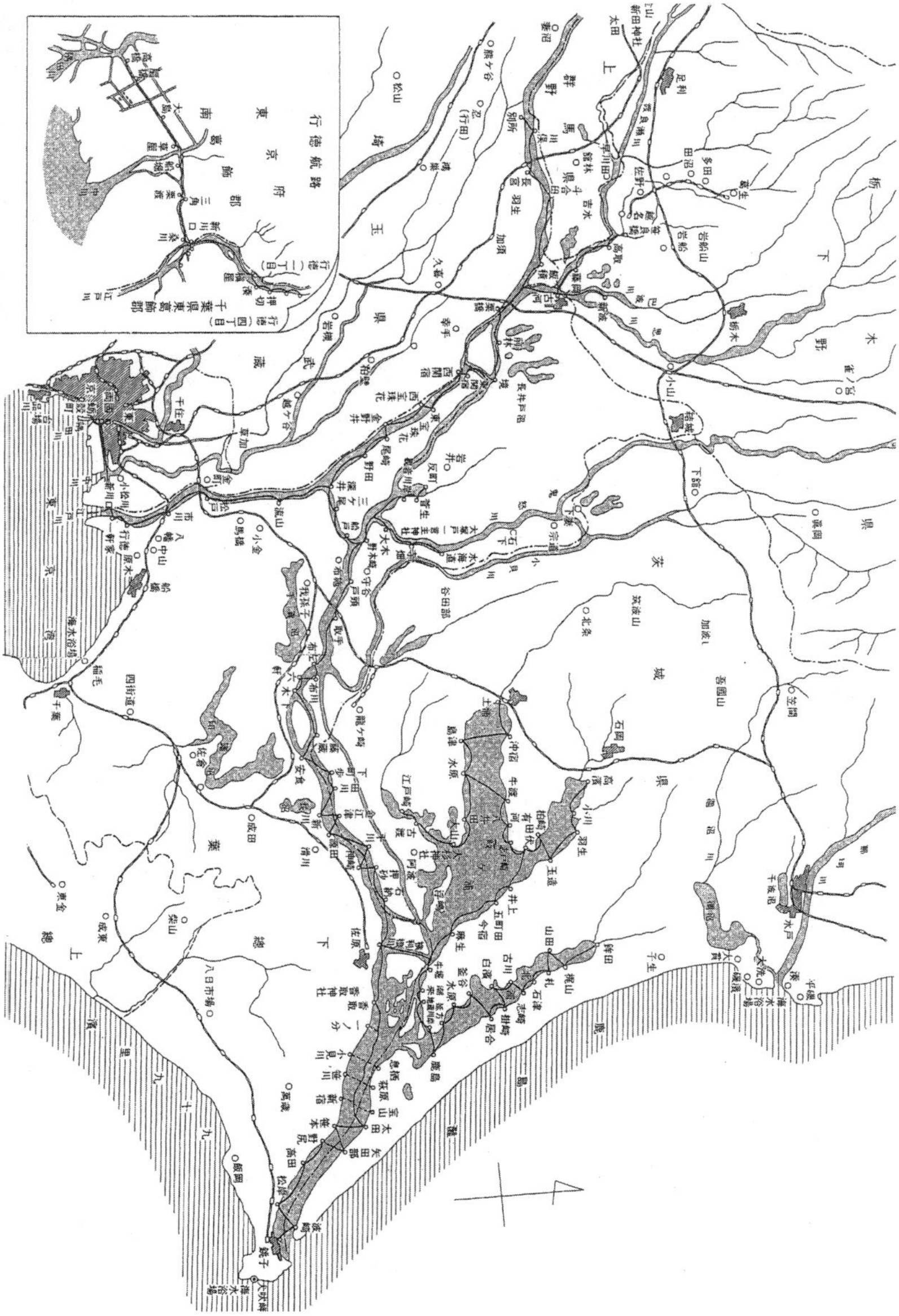

図3　利根川汽船航路図（「利根川汽船航路案内」汽船荷客取扱人連合会より）

利根運河の開通

鬼怒川筋あるいは銚子河口から利根川を遡り、関宿を迂回して江戸川を下り東京湾に出るのは、遠回りとなるばかりでなく、関宿から野田にかけての浅瀬が障害となり、大型船が航行できないこともあった。荷物は鬼怒川との合流点付近の三堀で陸揚げされ、江戸川の流山加村河岸まで悪路に悩まされながら陸路を運ぶか、航路が確保できるまで空しく停泊することもあった。困ったのは茨城県民である。

明治一四年、茨城県議会議員広瀬誠一郎が当時の茨城県令（知事）人見寧に利根運河の効用を説き、その建設を建議した。東京・銚子間の距離が四〇キロメートル短縮され、三日の行程が一日に短縮される計画である。県令から具申された内務省は、お雇い外国人技師オランダ人のデ・レーケに調査を命じた。デ・レーケはその後、関西の大事業であった琵琶湖疎水の担当となったこともあり、利根運河は後輩のムルデルが受け継ぎ、明治一八年（一八八五）「江戸利根両川間三ヶ尾運河計画書」が内務省土木局長三島通庸に出された。建設される場所は千葉県である。千葉県令の舩越衛は、この運河ができることによって関宿の人たちが職を失い、しかも莫大な費用がかかる上にフランスの軽便鉄道（ドコービール鉄道）建設計画もあることから反対した。この鉄道計画は地元民だけでなく、ほかからも舩越県令に建設願いが出され、これを受けた県令が明治一六年、政府に上申していたものであった。この計画は、利根川沿い今の大室花野井付近から江戸川の流山間を鉄道で結び、輸送の便を向上させる計画である。鉄道か運河か、大変な議論になったに違いない。結局、人見や広瀬の懸命な説得により、最終的に千葉県も共同して利根運河計画を進めることになった。なお、明治一三年、内務卿となった松方正義の交通政策は鉄道であった。さらに政府の地方分権政策で弱体化していた国の河川行政を、その後内務卿となった山県有朋が琵琶湖疎水と利根運河の計画を推進することで、内務省土木局の復権を図ったのも大きな力となったようである（北野、一九九九）。

政府および両県とも、計画を実行に移すには財政的課題を抱えていた。そこで広瀬は、民間事業として利根運河の建設に取りかかったのである。今でいう民間資金の活用、PFIである。東奔西走して有志を集め出資者を募集し、明治二〇年（一八八七）、資本金四〇万円で「利根運河株式会社」が発足した。翌年五月着工、丁度二年後の五月に完成した。江戸川深井新田から利根川船戸まで、全長八キロメートルの作業に従事した延べ人数は二二〇万人、総工事費は五七万円であった。

この利根運河の開通で航行時間は短縮され、輸送コストの低減が図られた。**図４**は利根運河の通行量の推移を示したものである（川名、一九八二）。民間経営の運河であり、勿論有料で、船室の大きさにより三円から一〇円程度であったようだ。経営状況は洪水被害や米価変動、日露戦争などで安定性は欠いたものの、明治三〇年代までは良好であったようである。なお利根運河の記録によると、化学肥料が運ばれるようになるのは明治三八年頃のようで、それ以降貨物は鉄道に奪われ経営は徐々に苦しくなっていったようだ。特に、自然の脅威にはかなわ

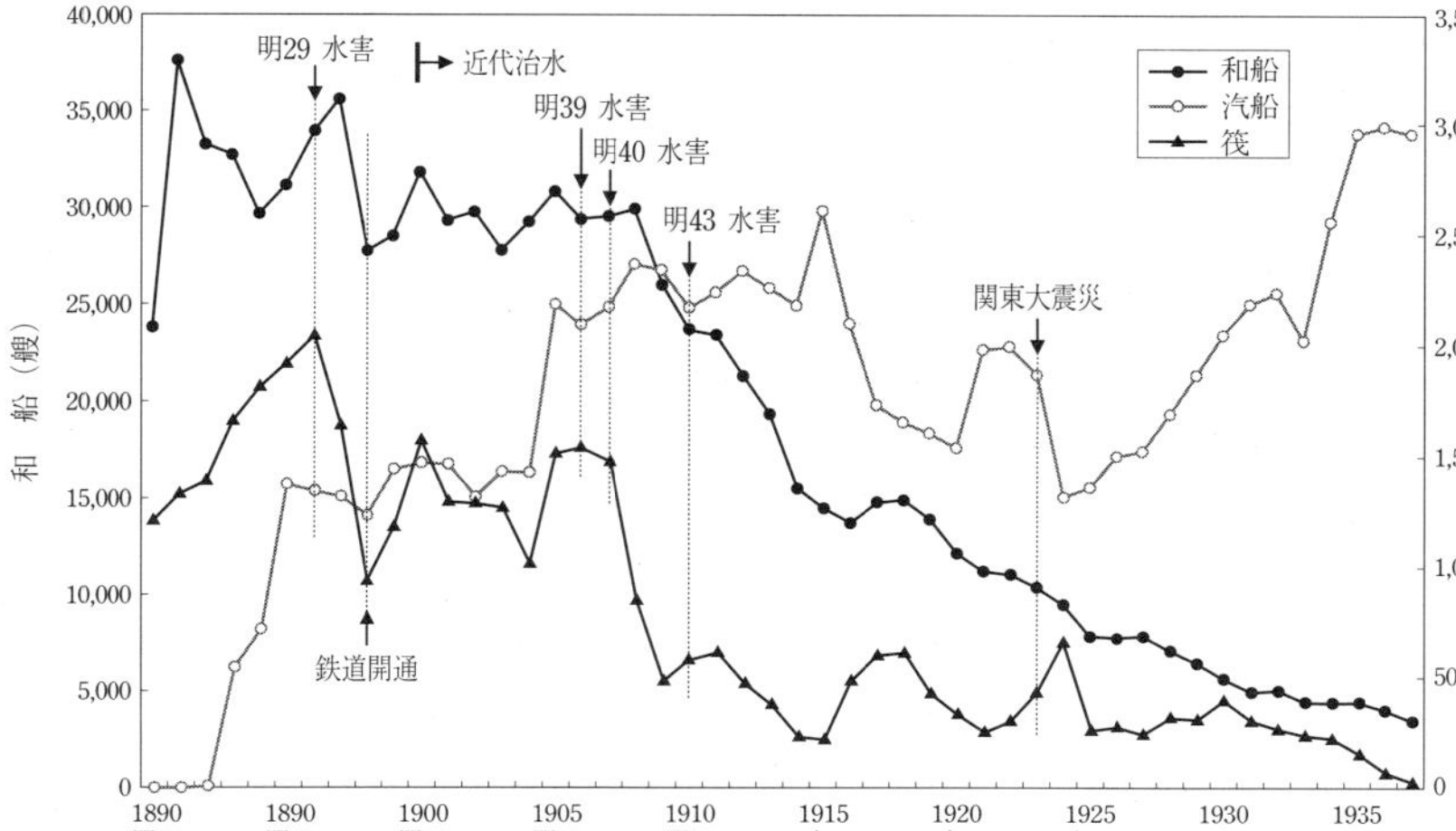

図４　年代別利根運河通船笹数

川名(1982)：「河岸に生きる人びと」の資料を図化し、水害等の事象を加えた。

ず、昭和一三年（一九三八）年の洪水に続いて、昭和一六年の大洪水が追い打ちをかけた。利根運河は壊滅的な打撃を受け、それに以前から起こされていた運河国有化運動もあって、政府はこの年に利根川の洪水を分流する名目で利根運河を買収する。買収価格は二一万五五五六円であった（北野ほか、一九八九）。

鉄道の台頭と舟運の衰退

明治政府の国造りの基本は鉄道網の整備であった。明治二二年（一八八九）に東海道本線と両毛線が、明治二六年（一八九三）には東北線が全通している。利根川流域にも鉄道敷設の波が押し寄せ、明治二七年（一八九四）総武鉄道によって市川・佐倉間に千葉県最初の鉄道が敷かれた。さらに三年後には、八日市場を経由して銚子まで延伸され、翌明治三一年（一八九八）になると、成田を経由して佐原まで開通した。また、一八九六（明治二九）年には常磐炭坑の石炭輸送のため今の常磐線が土浦まで開通する。こうして利根川の内陸舟運は完全に鉄道で包囲されることになった。蒸気船で一八時間かかっていた銚子と東京が五時間で結ばれたのである。すべての人がそのスピードに驚き、便利さに酔いしれたのは当然のことであった。人間だけでなく、味噌も醤油も、勿論米も鉄道に移っていった。鉄道の出現は、ドイツの詩人ハインリッヒ・ハイネをして、ものの見方も概念も、時間と空間の基本概念すら変えてしまうと驚嘆させた出来事であったのだから、明治時代の人々にとって蒸気船といえども、すでに時代遅れと映ったに違いない。その後も進む鉄道の普及と鉄道駅への集荷システムの整備は、舟運にとって致命的であった。鉄道だけでなく同業者同士で競合し、ダンピング合戦が繰り広げられた。のどかな風景と土地の味覚を楽しみながら旅をする、をキャッチフレーズに観光事業にも力を入れた。嵩高く、重たくて急を要しない物品は船の利用が経済的という宣伝もした。しかしながら再度浮上することはなく凋落を続け、大正八年（一九一九）、最大手の内国通運は利根川筋の舟運から撤退を余儀なくされた。

船の航行には水深の確保が欠かせない。川は上流から流れてくる土砂で浅くなる。そこで必要なのが浚渫工事であり、川底を安定させ流路を一定に保つ工事である。主に舟運のための工事で低水工事と呼ばれている。これに対し、洪水時の氾濫を防ぐ目的で川幅を広げ堤防を築く工事を高水工事と呼んでいる。輸送機能が川から陸に上がれば重要なのは洪水防御、つまり高水工事である。前にも述べたように利根川はしばしば洪水を起こしている。工事は明治三三年（一九〇〇）佐原の下流から着手された。利根川近代治水の始まりである。なお、明治四三年（一九一〇）には未曾有の洪水が襲い、氾濫を防ぎ洪水を速やかに流下させるために、利根川本流はもとより江戸川、中川を含めて計画が見直された。かといって舟運を排除したわけではなく、いまだ舟運の機能していることを配慮して水門を造り、水位差の生じる場所には閘門が設置された。しかし、河川整備の方向は舟運のための低水工事から治水のための高水工事へと転換していった。こうしたことも、船が川面から消えていった理由の一つとなった。

川に対する意識の変化

近代治水のお陰で洪水の心配は明らかに小さくなった。しかしながら、利根川の流れは万里の長城のような高い堤防の向こう側に隠れてしまった。人も物も鉄道と道路に流れ、人々の生活から川への意識が薄らいで行った。生活環境の向上で、蛇口をひねれば水がでるのが当たり前となり、汚した水をなんの躊躇もなく「水に流す」ことを恐れなくなった。意識から遠のいた川に汚れた水が集まり、汚れた所から人々は遠ざかる。本来、水道とセットであるべき下水道とその処理施設の整備が遅れたことは、身近な水環境を著しく痛めつけた。

明治末期まで東京とその近郊にはたくさん運河と小舟の通る水路があった。鉄道と道路の進展に痛めつけられながらも、昭和初期まで細々ながらそれらは生き延びていた。第二次大戦中も物資の輸送に利用されていたが、戦後半世紀の間に運河や水路は埋め立てられ、公園や道路になり、都心部では高速道路の橋脚にも占拠されてしまった。運河や水路は今でもないわけではないが、その機能を失ったり、機能していても使われなくなって、人々の意識がすっかり道路に向き、川や運河や小さな水路は気づかれない場末の存在になっただけなのである。

近年、下水道整備が進むと同時に、環境に対する市民意識も大きく変化してきた。汚れた川に背を向けてきた市民の中に、川と真正面に向き合う人々が現れるようになった。視界を遮っていた堤防は「スーパー堤防」という川沿いの土地全体をかさ上げする手法で、眺めの良い空間に生まれ変わってもきた。河川法も改正され管理の目的に環境が加わり、河川整備に住民の参加が制度化された。住民が参加し、水を治め、水を利用し、水に親しみ、さらに自然環境の学習の場、福祉の場として河川空間を利用するという、いったんは遠のいた川への再回帰である。

一世紀にわたる治水事業のお陰で、平常時安定している広大な水上空間を利用しない手はない。多様な船を浮かべ、ルールを守って船遊びを楽しみ、川を使って流域が交流する仕組みづくりが必要である。そのために必要なのが地元の人々の熱意と川湊、今様にいえばインナーハーバーである。関東大震災、近くは阪神大震災の時に舟運が活躍したことを思い出せば、災害時にも大いに役立つはずである。川筋の町には、街道筋にも引けを取らない厚い文化が集積している。それらを掘り起こしながら、川へ顔を向けた町づくりが進めば、やがてはかつて繁栄した河岸の賑わいが復活するはずである。こうした夢を持って、利根川下流では国土交通省利根川下流工事事務所を中心に六〇キロメートルに及ぶ流域の市民が集い、「利根川夢プラン21」を作り上げた。今後の発展が大いに期待されるところである。

おわりに

自然任せの風、人手、家畜に頼った力は、内燃機関による動力に置き換わった。大きな力を得たエンジンは、空気入りタイヤを駆動させ陸路を疾走させる。戸口から戸口へと高速で移動する自動車は魅力的でもある。道路輸送は、舟運は勿論のこと、鉄道をも駆逐して輸送機関の主流を占めるようになった。ところがトラック輸送の場合、一トンの貨物を一キロメートル運ぶのに消費されるエネルギーは、一一〇二キロカロリーと見積もられている。その時に排出される二酸化炭素と窒素酸化物の量は、それぞれ四八・三グラムと一・〇六グラムである。一方、舟運の場合一トンの貨物を一キロメートル運ぶのに消費するエネルギーは一二三キロカロリーで、トラックの約一〇パーセントと少ないのである。したがって、二酸化炭素と窒素酸化物の排出量も少なく、まさしく自然にやさしい輸送方法といえる。嵩高く、重量があり、時間価値が求められない物品は、川と相談しながら船で運びたいものだ。貨物はさておき、レジャーや水上交通に適した水域はあまた散在している。それぞれの地域からカヌーやボートで水上に出て、まずは陸地を見直すことが大切である。世間の耳目はITに集まり、人々はより早いことに価値観を見いだしている。二一世紀を迎えた今、一人でも多くの人がケイタイからしばらく離れ、ゆっくりと船旅で、あるいは利根川の悠久の流れを眺めながら過去に思いを馳せ、時間と自然環境について考えてみることが大切だと思う。

参考文献

鈴木理生（一九八九）＝江戸の川・東京の川、一三六‐二一一頁、井上書院
栗原東洋（一九七二）＝印旛沼開発史代一部（上巻）、三六八‐六五四頁、印旛沼開発史刊行会
豊田　武・児玉幸多 編（一九七〇）＝体系日本史叢書二四、交通史、第五節三、川名　登、三四九‐三六二頁、山川出版社
川名　登（一九八二）＝河岸に生きる人びと、一八五‐二〇九頁、三〇六頁、平凡社
渡辺信一郎（一九九七）＝江戸の生業事典、二二一頁、東京堂出版
楠本正康（一九八一）＝こやしと便所の生活史、七一‐七三頁、ドメス出版
庄野　新（一九九六）＝「運び」の社会史、一一九‐一二六頁、㈳東京都トラック協会
花咲一男（二〇〇〇）＝江戸厠（かわや）百姿、四六‐五〇頁、三樹書房
山本鉱太郎（一九八〇）＝川蒸気通運丸物語、崙書房
北野　進・是永定美（一九九九）＝利根川・人と技術文化、第四章、六九‐九二頁、雄山閣出版
北野道彦・相原正義（一九八九）＝新版　利根運河、一九八‐二一一頁、崙書房
建設省関東地方建設局利根川下流工事事務所ほか（二〇〇〇）＝舟運復活にかける利根川の第一歩
三浦裕二・高橋　裕・伊澤　岬（一九九六）＝運河再興の計画、一二‐五四頁、彰国社

著者プロフィール

三浦　裕二（みうら　ゆうじ）

昭和一一年（一九三六）生まれ。昭和三三年日本大学工学部土木工学科卒業、同年日本道路㈱に勤務した後同大学に採用され、理工学部教授を経て現在同大学総合科学研究所教授、都市環境研究会主宰。舗装工学、環境工学を専攻し、舗装全般及び環境デザイン、特に透水性舗装が都市環境に及ぼす効果について研究。通産省景観材料研究委員会や東京都建設残土再利用センター基本計画検討委員会の委員長をはじめ、土木学会ハンドブック編集副委員長、同広報委員長、県・市の各種審議会・委員会委員長・委員を歴任。

主な著書

道路建設講座（5）「道路舗装の設計」山海堂、「透水性舗装ハンドブック」山海堂、「地下水ハンドブック」建設産業調査会、「トランジットモールの計画—都心商店街の活性化と公共交通」技報堂出版、「運河・再興の計画＝房総水の回廊構想」彰国社、「早引き土木現場用語辞典」ナツメ社など多数。

醤油と利根川―むらさきの香りのする町

日本の伝統的な調味料といえば味噌・醤油が挙げられます。味噌は古くから自家製造されてきました。これに対して醤油は、専用の醸造業者と広範囲な流通により広く知られることになります。

利根川で代表的な醤油の産地は銚子や野田が有名ですが、佐原や館林など利根川・江戸川沿川で醤油は盛んに造られていました。これらの地域は現在でも醤油に関するトップレベルの企業が工場をいくつも持っています。野田のキッコーマン、銚子のヤマサ・ヒゲタ醤油、館林の正田醤油はその代表的なメーカーです。

利根川と江戸川に挟まれた野田のキッコーマン醤油製造は、今から四〇〇年ほど前、江戸幕府成立と同じ頃、本格的にはじまりました。

野田は、地理的に「醤油」造りに適した場所で、原料の大豆は茨城産の常陸大豆・水戸大豆を、小麦は埼玉県・群馬県産のものを、塩は浦安の行徳の塩が江戸川をのぼって運ばれていました。なんといっても野田の一番の地理的優位性は、江戸川を使えば、一日で大消費地である江戸の日本橋まで運べるということです。

もう一つの生産地と有名な銚子は、醤油作りに適した土地とは言えませんでしたが、東回り、西回り航路の停泊地でもあったため、東西から醤油の原料が集まりました。原料の大豆は福島県や岩手県から、塩は赤穂の塩を使っていました。こうして出来た醤油は、利根川東遷により、関宿を経由して江戸へ出荷するようになりました。

現在の野田の風景は、午後になると、醤油の匂いが立ちこめる「醤油の町」にふさわしい、なんとも不思議な町です。操業当初の町並みというわけには行きませんが、周辺の道路は、醤油を運搬するためのトラックが行き交っています。昔は船、いまはトラックとその風景は変わってしまいましたが、野田の町に立ちこめる「むらさきの香り」は今も昔も同じです。

〔参考〕キッコーマン醤油㈱＝「キッコーマン醤油史―会社創立五〇周年記念―」、昭和四三年九月
林　玲子＝「醤油醸造業史の研究」（一九九〇・一二・二五）吉川弘文館

都民が求める利根川の水

宇賀田　浩
㈱平野都市開発研究所顧問・
元東京都都市計画局参事）

はじめに

私がこの原稿の依頼を受けた昨年暮のその日は、偶然にも国の河川審議会で多摩川の河川整備基本方針が答申された日でもあった。改めてその内容に目を通したところ、一世紀にわたる東京水道の原水を求めるさまざまな過程がわかりやすく紹介されており、本稿のプロローグとしてふさわしいと考えた。そこで冒頭にあたり、まずその原文を一部引用することとする。

「……河川の利用に関しては、その歴史は古く、江戸時代から二ヶ領用水、羽村取水堰から取水された玉川上水などによって、沿岸および武蔵野の台地への灌漑用水や、江戸の生活用水として広く利用され、江戸の発展に寄与した。明治二六年には、飲料水の安全性の確保を契機として、多摩川中・上地域に位置する三多摩地区が神奈川県から東京府へ編入され、東京市によって上流域の水源林が管理されるようになった。明治末期になると増大する東京の水需要に対応するため、多摩川の水がさらに利用された。昭和一〇年から二〇年にかけての多摩川から取水される水道用水は、年平均三～四億立方メートルであり、東京全取水量の約八割を占めていた。昭和三二年には、さらに増大する水需要に対応するため小河内ダムが建設され、毎年五億立方メートル前後の取水が続けられた。その後いわゆるオリンピック渇水（昭和三九年）を契機に、人口集中等により多摩川で賄いきれなくなった水源を利根川に求めたことから、結果として現在では、東京都の水道用水全取水量に占める多摩川の水の割合は、二割程度になっているが、依然として都市活動や都市生活を支える重要な水源となっている。羽村取水堰では、河川流量のほとんどが東京の水道用水として取水されており、灌漑期のみ毎秒二立方メートルが堰下流に放流されていたが、平成五年からは、年間を通じ毎秒二立方メートルが放流されるようなった。（以下略）」

東京都は、昭和一八年（一九四三）太平洋戦争の最中に東京府、東京市（現在の二三区の区域）という二つの自治体が合併して誕生した。東京都の水道は、東京市水道の拡張の過程で形づくられ、昭和四六年（一九七一）にそれまで地下水源に頼っていた三多摩地域市町水道も含めて広域水道になった。

東京都の行政区域を河川の流域別に見ると、六〇パーセントが多摩川で、荒川二二パーセント、利根川四パーセントの順になる。この利根川は流域面積、流出水量ともに多摩川の一〇倍で、東京市の時代から利根川に水源を求める要望は強くあった。大正一五年（一九二六）の東京市議会で、「将来大東京実現の場合を予想し、水道事業の一〇〇年の長計を立て、将来の水道拡張の水源は利根川に求められたし」という決議から始まっている。具体的な事業計画は、昭和一五年（一九四〇）群馬県利根川河水統制事業（矢木沢ダム建設事業の前身）に参加して水源を確保し、上流の岩本地点で取水、トンネルで埼玉県の西部を通過させて東京に導水するという内容のものであったが、太平洋戦争のため着手するに至らなかった。また、昭和一三年（一九三八）に工事を始めた小河内ダムもコンクリート打ち込みの直前で、これも戦争のために中止せざるをえなかったことなどの困難の時代を経て、二〇世紀前半の東京市の先人達が多摩川、利根川に水を求めた願いは二〇世紀後半の都政に引き継がれ、ようやく実現の運びとなったのである。

今では東京都民の世代交代も進み、昭和三九年（一九六四）大渇水、いわゆるオリンピック渇水の経験者も少なくなった。その当時、利根川から水の援軍の輸送路として突貫工事でつくられた「むさし水路」も傷んで改築されようとする現在、来し方を振り返り、行く末に思いを巡らせることは意義のあることだと思う。また、東京都の水資源開発に長年にわたり専心

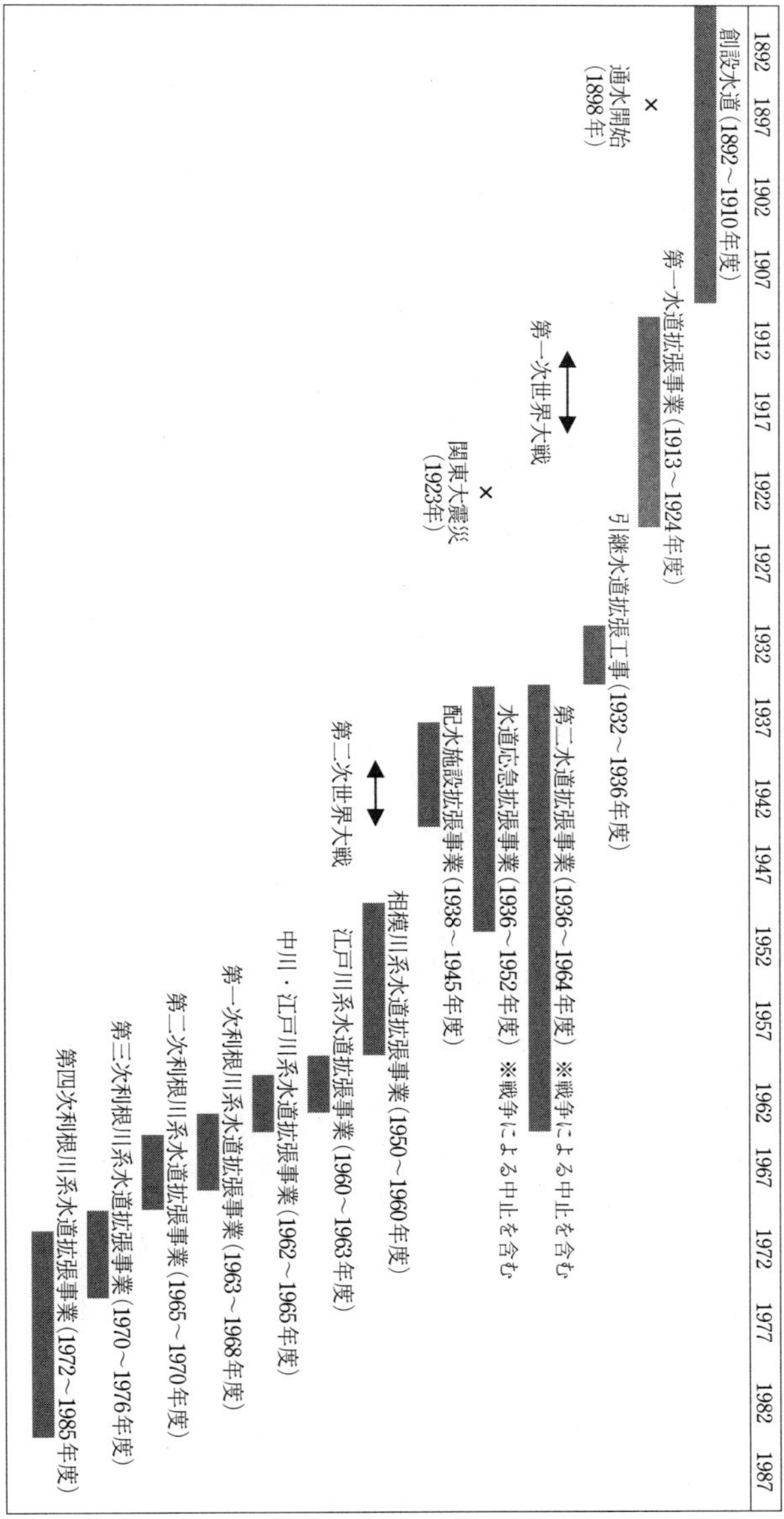
明30
明35
明40
大1
大6
大11
昭2
昭7
昭12
昭17
昭22
昭27
昭32
昭37
昭42
昭47
昭52
昭57
昭62
1892
1897
1902
1907
1912
1917
1922
1927
1932
1937
1942
1947
1952
1957
1962
1967
1972
1977
1982
1987
創設水道（1892〜1910年度）
×
通水開始（1898年）
第一水道拡張事業（1913〜1924年度）
第一次世界大戦
×
関東大震災（1923年）
引継水道拡張工事（1932〜1936年度）
第二水道拡張事業（1936〜1964年度）※戦争による中止を含む
水道応急拡張事業（1936〜1952年度）※戦争による中止を含む
配水施設拡張事業（1938〜1945年度）
第二次世界大戦
相模川系水道拡張事業（1950〜1960年度）
江戸川系水道拡張事業（1960〜1963年度）
中川・江戸川系水道拡張事業（1962〜1965年度）
第一次利根川系水道拡張事業（1963〜1968年度）
第二次利根川系水道拡張事業（1965〜1970年度）
第三次利根川系水道拡張事業（1970〜1976年度）
第四次利根川系水道拡張事業（1972〜1985年度）

図1　拡張事業の経過（東京都水道局“東京近代水道百年史” 平成10年より）

してきた私の経験や私なりに当時かかわってきた事実を改めて記述することで、東京都のこれまでの歴史を紐解き、そしてこれからも抱える水資源問題を考えていくうえで少しでも参考になればと願っている。

小河内ダムと東京砂漠

最近、ダムは一部では自然破壊の元凶のように語られ、ダムそのものを否定する議論があることを憂慮している。もちろん意味のない怠慢行政の産物であってはならないことは当然であるが、ダムはまた一方で、大都市東京の命の水源としての命題を立派に果たしてきたことも事実である。このことを認識した上で、自治形成の過程でダム建設という大規模公共事業のために水没した村落の方々のさまざまな思いのためにも、まずその実績を説明して、今後の水利用における議論の素材を提供しようと思う（図２）。

昔から河川は農業用水に利用し尽くされてきたこともあり、新しく水道用水がその水利用秩序に参加するためには、どうしても比較的水の多い時にどこかに引き込んで「溜める」ことと、それをならし、上手に使うという「管理運用」の術がきわめて必要になってくる。ダムは雨や雪の降り方を見ながら貯水の効率を高めることを考え、一年間をどうならして上手に使うかを課題としているが、さらに何十年に一回の渇水の安全装置としての課題をどうみるかによって、計画するダムの大きさが変わってくる。

多摩川からの水道原水の取水は、小河内ダムができる以前は羽村堰でその六割を取り入れた後、村山・山口貯水池（三千万立方メートル）で水量をコントロールし、現在の新宿都庁舎の場所にあった淀橋浄水場を経て市民に給水されていた。小河内ダムは昭和七年（一九三二）に計画されたが、利根川や荒川から直接水を引くことは農業用水と競合してとても難しく、まず地元の多摩川を最大限開発するという方針によるものであった。多摩川の渇水年を基準に、流量調節の役目をする容量を一億立方メートルと計算し、さらに何年もかけて貯留を続ける非常用の容積を地質地形の許す限り取り、一・八億立方

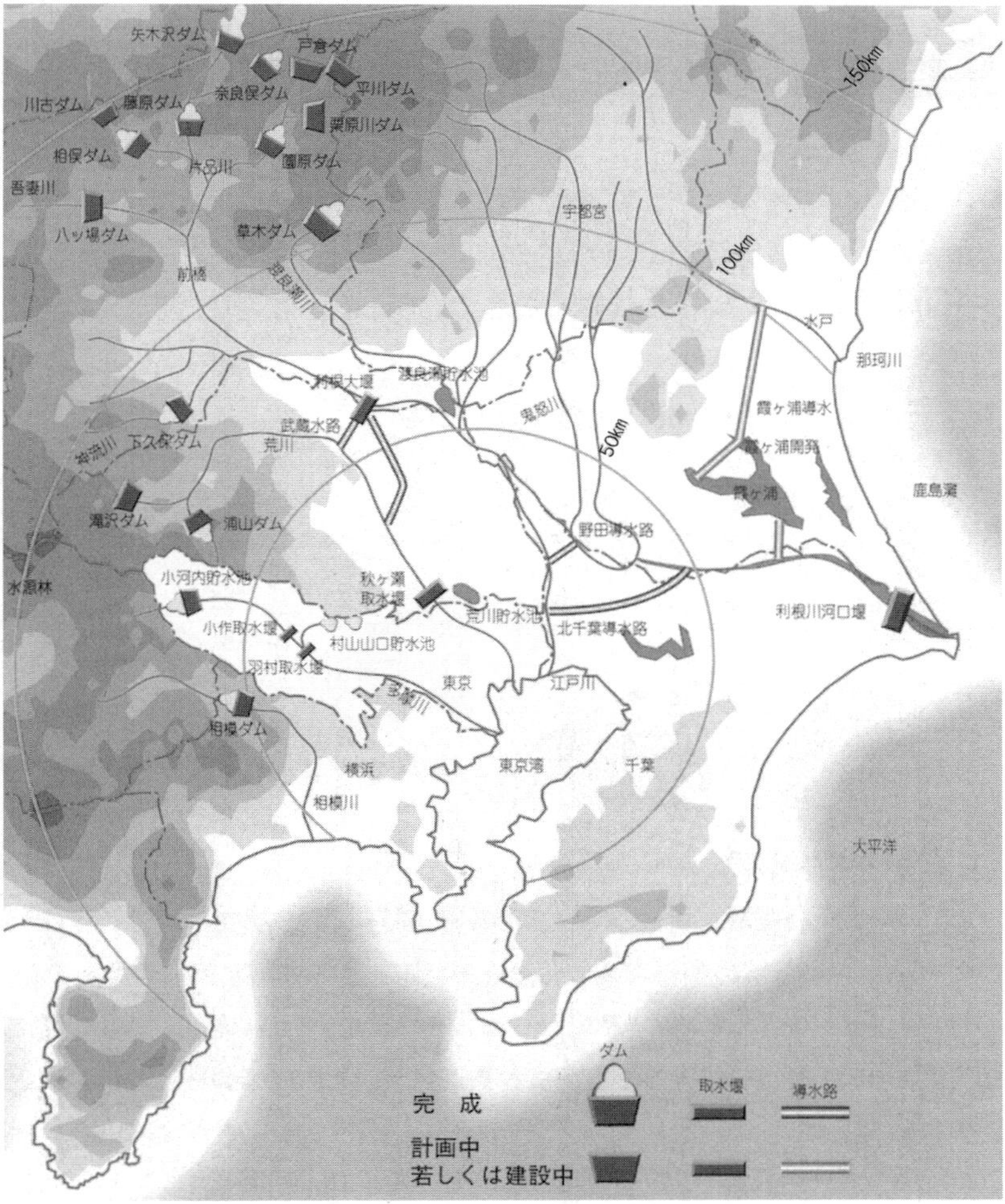

図２　**水源施設**（東京都水道局案内、平成11年）

メートルの大ダムが造られたのである。この非常用容量は、長い渇水の続く年に使うことを目的としたものである。平年は、夏の水利用のピーク時にダムの水は減少を続けるが、秋口の台風がもたらす雨などを蓄え、貯留量が一億立方メートルまでに回復して年を越すことができれば、まず次の年の給水見通しは青信号が灯る。それ以上の貯留水は、積み立て預金として渇水の続く年に埋め合せて使う予備軍となる。

昭和三三年（一九五八）には、狩野川台風、続く伊勢湾台風のもたらした雨量により、小河内ダムは早くも満杯になりほっとしていた。計画では渇水を一〇年とか二〇年に一回と見込むのだが、多摩川は昭和三五年（一九六〇）から四年間、これまで経験したことのない連続渇水に見舞われた。ダムからの引き出す水量が計画どおりに行われていれば、このような渇水も織り込みずみで、当時「溜まらないダム」と非難されることはなかったのである。仮に、昭和三五年以来計画どおりの貯水池の管理をしてきたとするなら、昭和三五～三七年の秋には満杯で、昭和三八年（一九六三）の四月に一億立方メートルとなり、計画に間違いはなかったのである（表1）。

しかし、このころの東京の人口は、毎年福岡市の人口がそのまま加算されるのと同じといわれるほど急増期で、水需要の増加も予想をはるかに上回り、一日に一〇〇万立方メートルも不足する事態になっていた。昭和三六年一〇月から都民の協力を得て給水制限をしながら綱渡りの水運用であり、区部の一日最大給水量は、昭和三七年制限給水中でも三〇〇万立方メートルで、昭和二五年（一九五〇）の二倍、施設の計画能力の五割増しとなっていた。このころの水道施設の規模は現在の三分の一で、水源は多摩川系統が七で江戸川が三の割合であった。多摩川系が主力で、西から東に向かう配水系統と、江戸川系金町から西に向かう配水系統が流末で連絡していた。幸いなことに江戸川に水があったので、金町では予備ポンプもフル稼働し、ここでも水利権の五割増しの水を取り（泥棒取水だと叩かれはしたが）、多摩川系統の配水管に押し込む工夫をしていた。さらに、中川と江戸川の流れの季節変化を上手にコントロールする新たな水の生み出し方により、金町から環状七号線道路の下を板橋の大谷口まで連絡管を通して、山の手界隈にも届くようになった。こうして能力を超えた水の出し

表1　昭和39年以降における渇水状況

年度		取水制限				給水制限等		
		制限期間	制限率等（%）	制限量（万m^2/日）	削減日数	制限期間	制限率（%）	日数
昭和	38〜39					38.11.5〜39.4.17	30	513
						4.18〜6.14	25	
						6.15〜7.8	15	
						7.9〜7.20	25	
						7.21〜8.5	35	
						8.6〜8.14	45	
						8.15〜8.24	50	
						8.25〜9.13	30	
						9.14〜9.30	25	
						39.10.1〜40.3.31	15	
	40	5.1〜5.18	相模川	2	18			
	42	6.1〜6.5	相模川	4	41			
		6.6〜6.7		6				
		6.8〜6.21		10				
		6.22〜7.7		18				
		7.8〜7.11		13				
	46	7.16〜7.1	相模川	2	48			
	47	6.24〜7.4	—	115	22	6.24〜7.4	10	22
		7.5〜7.15	—	155		7.5〜7.15	15	
	48	8.2〜8.15	不安定分	120	36			
		8.16〜8.20	10	150		8.20〜8.21	5（大口使用制限）	18
		8.21〜8.31	20	180				
		9.1〜9.6	—	90		8.22〜9.6	10	
	53	6.22〜6.28	不安定分	120	70			
		8.5〜8.9	不安定分	120		8.1〜8.10	節水呼び掛け	67
		8.10〜8.27	10	150		8.11〜8.27	7	
		8.28〜9.21	20	180		8.28〜9.21	10	
		9.22〜10.6	10	150		9.20〜10.6	7	
	54	6.22〜7.8	不安定分	40	58		節水呼び掛け	41
		7.9〜8.18	10	150		7.9〜8.18	10	
	55	7.1〜8.13	10	150	44	7.1〜8.13	5（自主節水）	44
	57	7.16〜7.19	不安定分	120	26			17
		7.20〜8.10	10	150		7.20〜8.5	5（自主節水）	
	59	（S60）1.21〜3.4	相模川	4	44			
	60	8.28〜9.13	不安定分	130	17			
	62	6.11〜6.15	不安定分	130	76			71
		6.16〜6.21	10	160		6.16〜6.21	5（自主節水）	
		6.22〜7.1	20	200		6.22〜7.3	10	
		7.2〜7.29	30	240		7.4〜7.29	15	
		7.30〜8.18	20	200		7.30〜8.25	12	
		8.19〜8.25	10	160				
		5.20〜9.28	相模川	10				
平成	2	7.3〜7.22	不安定分	125	65	7.3〜7.19	5（自主節水）	65
		7.23〜8.2	10	160		7.20〜8.2	5（自主節水強化）	
		8.3〜9.5	20	195		8.3〜8.14	10	
						8.15〜9.5	5（自主節水強化）	
		8.7〜8.10	相模川	10	4			
	5	6.25〜7.6	相模川	10	12			
	6	7.15〜7.21	不安定分	119	67	7.18〜7.21	節水呼び掛け	64
		7.22〜7.28	10	154		7.22〜7.28	5（自主節水）	
		7.29〜8.15	20	188		7.29〜8.16	10	
		8.16〜8.29	30	223		8.17〜8.29	15	
		8.30〜9.19	20	188		8.30〜9.19	10	
	7	（H8）1.12〜3.27	10	37	76	（H8）2.21〜3.27	5（自主節水）	36
		（H8）1.11〜2.20	相模川	10	105			
		（H8）2.21〜4.9		20				
		（H8）4.10〜4.24		10				
	8	8.13〜8.15	不安定分	119	44	8.13〜8.15	節水呼び掛け	41
		8.16〜8.19	10	154		8.16〜8.20	5（自主節水）	
		8.20〜8.22	20	188		8.21〜8.23	10	
		8.23〜8.30	30	223		8.24〜8.30	15	
		8.31〜9.25	20	188		8.31〜9.25	10	
		6.27〜7.4	相模川	10	27			
		7.5〜7.23		20				
		（H9）2.1〜3.25	10	37	53	（H9）2.1〜3.25	節水呼び掛け	

注1　取水制限期間には、一時緩和期間を含む。
　2　取水制限において、相模川以外は、全て利根川水系における取水制限である。
　3　取水制限における利根川と相模川の制限期間には重複している期間があるが、削減日数についてはそれぞれ単独の削減日数を示した。

（東京都水道局“事業概要”　平成12年版より）

入れで、東京オリンピックが行われた昭和三九年まで持ちこたえることができたのであった。

昭和三八年の冬から昭和三九年の春にかけて三〇パーセントの給水制限をしていたが、四月になるとダムには五〇〇〇万立方メートルの貯水しかなく、天気まかせの状況で当座の雨にしか頼ることができず、気象庁の予報に一喜一憂しながらの配水であった。しかも空梅雨で長い間まったく雨が降らず、猛暑の続く夏場に向かって給水制限が強められ、小河内ダムの底が見え出した八月には制限率五〇パーセント、断水寸前の危機に追い込まれていた（図3）。国からは都に対して都政なしと叩かれ、ジャーナリストをはじめ各方面からの風当たりも大変であった。八月二〇日未明からの干天に慈雨というか、連日の記録的な猛暑の生んだ熱帯性低気圧によるスコールにより、最悪の危機が回避されたときの喜びは今でも忘れられない。当時の小林重一水道局長は、「安全を見るあまり、あまり早くから制限を強化すべきかどうか。また制限を強化しないでいて、いた

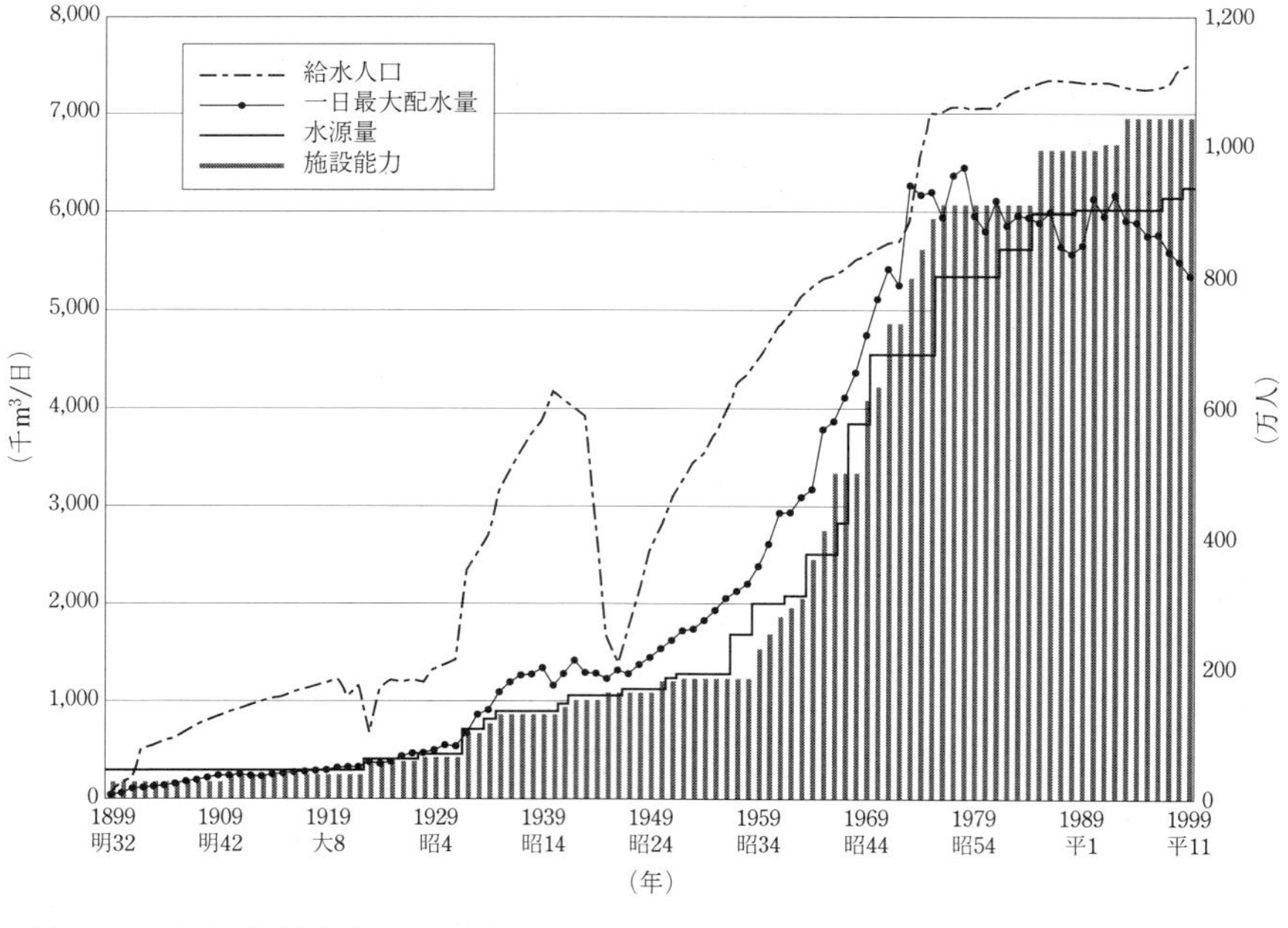

図3　水需要と施設能力・水源量（東京都水道局“東京近代水道百年史” 平成10年より）

ずらにこの先、水に対する不安を与えることがないかどうかを考えると、制限強化の時期の判断は極めて困難である」と、綱渡りの危機管理を述懐していたが、最高責任者の胸中には複雑なものがあったと思う。

今日でも小河内ダムが、利根川と深い繋がりを持って東京の中核的水源として重要な位置を占めているのは、このような限界に挑んで力を発揮した実績があるからである。

さて、新規水源の取り組みというと、太平洋戦争後の大規模な開発は、アメリカのＴＶＡ計画（テネシー河の総合開発公社）の刺激を受け、洪水調節、水力発電、農業用水・水道用水の確保などが一体となり、国の河川総合開発の中で行われるようになった。昭和三二年（一九五七）、国土総合開発法による利根特定地域総合開発計画の一環として矢木沢・下久保ダムの計画が閣議決定され、国の直轄工事として昭和三五、三七年に着工、それぞれ昭和四二、四三年（一九六七、六八）に完成の予定となっていた。その間、依然として東京への人口・産業の集中は猛烈で、水需要は急カーブを描いて増加の一途をたどっていた。昭和三五年、水資源開発のため国は立法措置を講ずることを決めていた。特に利根川、淀川水系の全体の需給計画をつくり、公団を新設して財政投融資の資金を使い建設事業のスピードを図ることを決めていた。しかし、当時の建設、農林、通産、厚生の各省がそれぞれの公団案を掲げて縄張り争いを続け、昭和三六年一一月難航の末、やっと水資源開発促進法が制定され、経済企画庁の監督のもとで水資源開発公団がスタートしたのである。そして、東京都の水需給計画はこの中に組み込まれることになった。

都では、ダム事業の早期完成を政府に強く要望していたが、これと並行して導水計画が問題になってきた。

利根導水路の建設をめぐって

東京の水道は、戦前から利根川の水を水質の良い上流で取水したいということ、多摩川系配水の拠点である東村山浄水場（さらには山口貯水池とも）と連絡したいという考えを持っていた。すなわち、矢木沢・下久保ダムで開発された水を利根川上流から取水し、埼玉西部をトンネルで通して導水する計画である。それを建設（現国土交通）省が取り上げ、公団案に掲げた。これに対し農林水産省は、下流農業用水より上流で水道を取水することはまかりならん、水を取る位置は見沼代用水の入口で水道も一緒にして（合口《ごうぐち》という）用水路を改修してここを通過させ、板橋区に浄水場をつくるという農業用水路併用案を中心とした公団案を掲げ、さらに厚生（現厚生労働省）、通産（産業経済省）もそれぞれ都市用水のための公団案を掲げるなど、争いは法律制定後まで尾を引くことになった。

　昭和三七年利根川水系の基本計画ができたが、矢木沢、下久保ダム建設が公団に引き継がれただけで、都の強い要請にもかかわらず未調整のままであった（このときの公団の行動力は敬服するものがあり、各省から派遣された人達の知恵と寄合い世帯の長所が遺憾なく発揮され、導水路計画が急ピッチで進められることになった）。結局、オリンピックを控えての工事期間、農業用水との競合を避けるため、合口という方法を採らざるを得ないということから現在の路線が提案され、これが利根導水路*の原案になった。そこで、給水制限を始めた都水道は、一刻も早く利根川の水を多摩川系の東村山浄水場に到着させるという方針に絞り、上流からの取水を断念し、将来の増加需要に応えられるよう余裕を見込んだ規模の水路を希望することになった。なお、利根導水路は多目的水路であり、一つの水路事業にもかかわらず農林、建設、厚生、通産の各大臣が工区長のように監督大臣を担っていて、水利調整の難しさを物語っていた。

　昭和三八年度から公団は建設工事に着手し、まず朝霞水路に取り掛かるのだが、都水道局はこれと並行して朝霞・東村山浄水場間の原水輸送パイプの突貫工事を進めた。当初の計画では昭和三九年一〇月通水であったが、八月に前倒の完成となり、埼玉県の全面協力により、待望の利根川取水の先達ともいえる荒川の水が朝霞経由で東村山に到着したのである。

　大渇水のさなか、神奈川県からの応援分水、多摩地域市町水道の応援給水、陸上自衛隊の「災害出動」による応援給水の

*利根導水路とは、利根大堰、農業用左右岸連絡水路、武蔵水路、秋ヶ瀬取水堰、朝霞水路の総称。

支援等、各方面からの暖かい協力に感謝の気持ちでいっぱいであったが、この通水が今も一番印象に残っている。当時、河野一郎国務大臣の鶴の一声で、利根川の水が流れたと報道されていたが、長い歴史的な経過をたどり、新旧の水利調整の難しい条件を何とか乗り越え、多くの人々の知恵と苦労の蓄積がこの時点で強力に結集した見事な成果であったことを付記しておきたい。そして、全体工事が終了したのは昭和四三年（一九六八）であった。

この導水路の特徴は、一カ所で各種の用水が同時に取水する公平性を持たせたことと、将来の需要を予想しその導水に備えて余裕を持たせて計画にしたことである。もちろん、この増加経費は東京都が一般会計予算で負担することとなったが、当面は河川浄化用水を流し、その後の利根川の新規水資源開発水量の導水、また暫定導水に大きな力を発揮することになった。東京は、この大渇水の経験を貴重な教訓として、朝霞・東村山浄水場の原水輸送パイプで、多摩川と利根川の水の相互乗り入れができるような施設をつくり（図4）、利根川の水を水利権の範囲で極力取り込み、小河内ダムの貯水量をなるべく温存する作戦をとったのである。

その後、平成一〇年（一九九八）に利根川下流と江戸川を結ぶもう一本の北千葉導水路が完成し、利根川河口堰を水源とする東京分は、正規

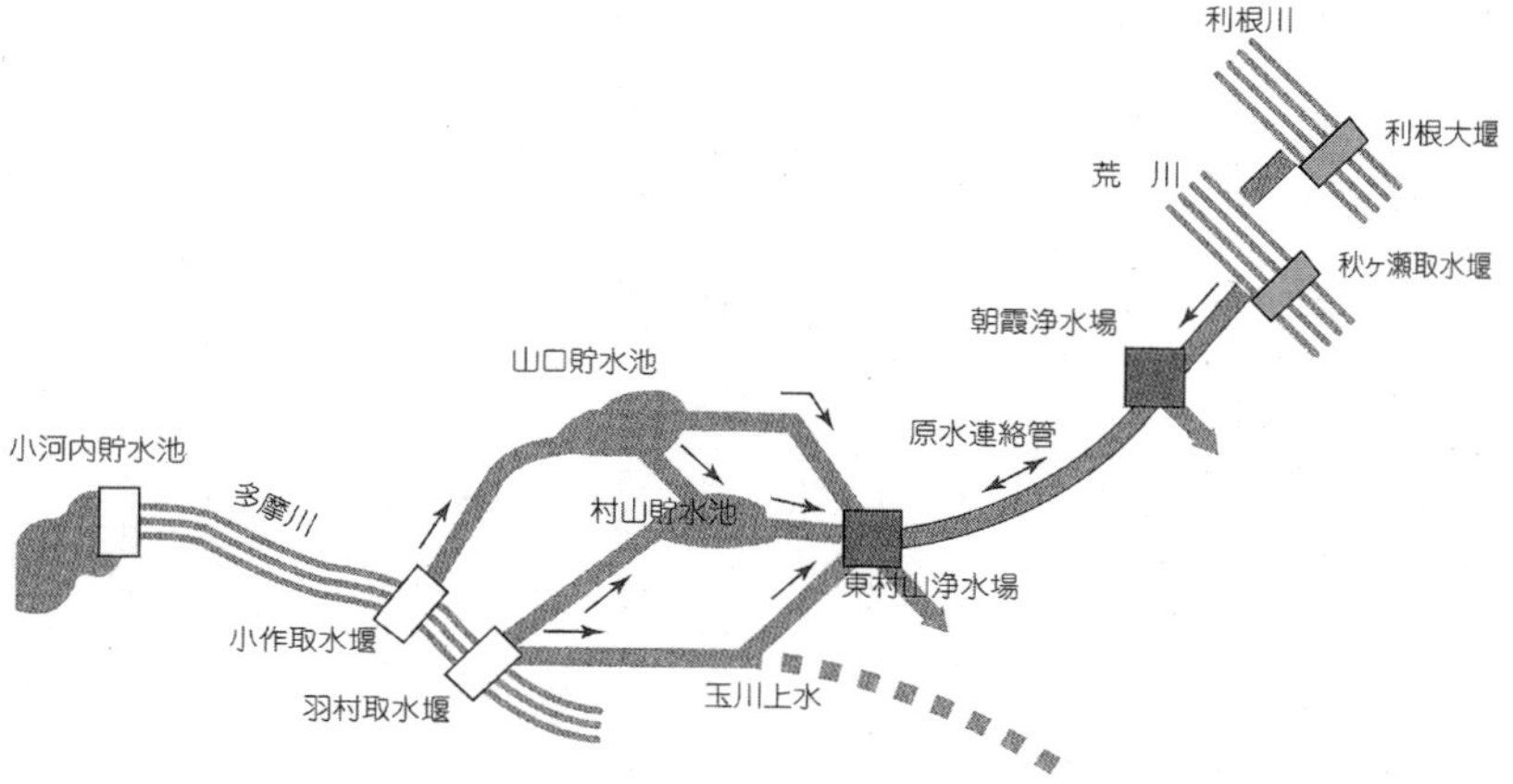

図４　利根川と多摩川との連絡施設（東京都水道局案内、平成11年）

の道を通すことになった。利根導水路計画の際は、都の利根川取水分はすべて、この余裕断面を通すことになっていたが、その通水直前になって国は方針を変え、利根川下流部からの導水路建設を前提に、暫定水利として利根導水路経由を認めることになった。そのため、利根川の渇水が予想されだすと、いち早くこの分の取水を取りやめ、給水の制限をせず小河内ダムからの引き出しに切り替えていた。

平成四年（一九九二）九月、東京都は多摩川の水質改善など水辺環境の改善を図るため、一年を通じて常時羽村堰から毎秒二立方メートル放流することを決めた。冒頭の引用文にその記述があるが、小河内ダムの建設計画の際、下流農業用水との水利紛争が長期化し、内務省の斡旋でようやく昭和一一年（一九三六）、「ダムの完成後は毎年五月二〇日～九月二〇日の間、羽村堰より毎秒二立方メートル放流すること、農業用水の改修費二三〇万円を負担する」ことで、最終決着したのである（この水利紛争にまつわる当時の状況は、芥川賞作家の石川達三氏が、長編の作品「日陰の村」で、実によく調べ、克明に描写している）。このような経緯のあった毎秒二立方メートルであったが、行政の環境管理計画上の決断としても、安定水源に不足のあるこの時点で、よく削減に踏みきったものだと思った。だからこそ、平成六年（一九九四）夏の利根川渇水の折、「都は小河内ダムの水を多く使って利根川からの取水を遠慮し、その分を他県に回せ」という声に、当時の鈴木都知事が「先人の努力で確保した権利。一二〇〇万都民の水を確保するためにも、そう簡単に差し上げますとはいえない」（朝日新聞平成六年八月二〇日朝刊）と発言したことが話題になった。単純計算すると、この夏まで二年分の八〇〇〇万立方メートルがダムの空き容量に溜められたわけである。もし小河内ダムの放流量を増やすなら、利根川の流れが豊かさを取り戻した際に、武蔵・朝霞水路の余裕断面を使って超水利権（豊水時の利用）の水を空き容量の分に補給して、安全度の低下を早急に回復させる措置をするといった提案が出ても不思議ではなく、雨降って一件落着の議論ではさびしい限りである。

現在利根川の利水安全度は、利根上流にあるダム約六億立方メートルの容量操作で五年に一回の渇水に対応するといわれているが、水に色がついているわけでもなく、農業用水、都市用水、発電、漁業、など各種水利の権利が輻輳するなかでの渇水時の水利調整はなかなか難しいものがある。利根川では、幾多の渇水経験を経て現場の関係者の知恵をしぼり、ある程度のルール化が進んでいるとはいえ、危機管理に事前事後の情報公開が必要である。安全度は、技術的にどうこうということでなく、もちろん環境問題を含めて社会経済的な観点から、関係都県の市民がどう判断するかが極めて重要であり、施設における余裕、ゆとりの持ち方、地域差を縮めることが、今後の課題になると思われる。

水源地域対策

利根川水系全体の長期的水需給計画が立てられるようになってくると、供給施設の中心になるダムの建設計画の場所は、山奥ばかりでなく人里に近づき温泉街も対象に含まれることもあり、地域の実情によっては大きな違いが出てくる。起業者となる建設省、水資源開発公団が建設事業費の中で補償交渉を行うことになるが、財産に対する評価の金銭補償が原則であり、生活保障のない画一的、硬直的な手法では、水没により他の場所に移転する人々の生活再建や、地域に残る人のコミュニティの維持が極めて困難になる。住民からのいろいろな行政措置の要請で、地元の市町村は好むと好まざるとにかかわらず、その対策の中心に引き出されることになるからである。特に利水問題では、上流・下流の受益と被害の関係が際立つため、その調整は流域全体の広域行政の課題となっている。

昭和四二年（一九六七）、美濃部都知事が就任したその年の八月、戦前からの懸案であった矢木沢ダムが、翌年には利根導水路、下久保ダムが相次いで完成した。幸い、このころは新水源の利根川上流一体に大雨がありダムは満杯になり、また小河内ダムも満杯、東京都民にとって水不足を忘れさせる一時でもあった。しかし、相変わらず増加する需要に対し、新規水源がないまま東京の水道は依然として三〇パーセントの過剰操業を続けており、知事を始め関係者は皆、水資源開発の遅れに危機意識を持っていたのであった。

昭和四四年（一九六九）、東京、埼玉、千葉、神奈川の三都県は、利根川水系水資源開発促進協議会を立ち上げ、起業者をバックアップする行動を起こした。当時考えられていたことは、関西の先例に習い、感謝料や見舞金といった補償の上積みをどうするかということであった。当面は、ダム予定地域の人達に先進ダム地域を視察してもらったり、生活再建のための相談といった対応で進み、利根川荒川水源地対策基金の設立の裏方役を果たしていた。

利根川の水資源開発で、フルプランという言葉を耳にすると思うが、これは和製英語で、利根川全体の水需給の基本計画の通称である。昭和四五年（一九七〇）に昭和五〇年目標の第二次フルプランが決定され、本格的な需給計画が国から示されたが、まず各都県とも安全度のとり方で不安を感じていた。

水道需要量は、第一次フルプランでは夏のピーク時で計算したが、二次では年平均需要で計算するようになり、自分で水量調整施設を持たなければ夏場の不足はまぬがれない、またダムの適地が少なくなり開発単価が急上昇する、等で後発需要の水源確保は難しくなる。そのため、開発水量の配分を有利にするための過大需要想定に発展しないかと心配していた。第二次フルプランは、いろいろな課題をかかえていた。開発水源が不足し、供給の計算に固有名詞は出ないが八ッ場ダムの開発水量が予定されており、河川水の不足の穴埋めに農業用水の合理化、下水処理水の再利用、水の循環利用が入っていた。そして、水源地域対策の推進が強調された。昭和四八年に水源地域対策特別措置法が制定され、生活環境と産業基盤などを整備する制度ができ、水道、道路、小・中学校、老人福祉センター等の事業補助金の嵩上げや、下流受益者の負担ができるようにした。しかし、補助率も期待よりハードルが高く生活再建も努力義務に終わり、これだけでは水源地域の人々の納得は得られなかった。そこで、昭和五一年（一九七六）に利根川荒川流域の関係都県は基金を設立し、補償、水特法事業を補完して木目細かな対応をしようとし、特に水没地域の人々の地元定着化と、経済的に弱い人々の所得減収、高齢生活安定対策に主眼をおいたほか、地域振興施設整備事業の援助等も考えることにした。東京都は、積極的に基金の設立と運営に参画して、水源県と需要都県が同じテーブルで自由意見交換と討論が行えるような努力を続けた。まず、基金事業の具体的なメニューと助成の基準づくりを始めたが、それぞれ県内事情もあり、抽象的基準にとどめようとする不拘束論、感謝料期待論、歯止め論、予想される地元要望対策の処方箋論等、あらゆる考え方が具体的な形で提起された。各都県の部長、課長、担当者の会議が頻繁に行われ、真剣に議論された検討過程は、オブラートに包まれた基準そのものより、その後の基金事業の展開に良い結果をもたらしたと思っている。私はこのような水資源開発問題の合意形成にあたっては、日頃から実情について の情報交換や忌憚のない意見交換を行いながら、お互いの立場の境界を取り払って共通認識の巾を広げて調整に参画する自覚が必要なことを痛感したのであった。

水問題、なかでも水源地域対策は息の長い仕事であり、一過性のものではないという認識が必要である。こうした積み重ねが、流域全体の人々の連帯意識の輪を広げていく原点になるのだと思う。

おわりに

現在の東京都の水道用水は、年間一七億立方メートルを河川から取り入れているが、その七〇パーセントにあたる一二億立方メートルを利根川に依存（利根川の年間流出量の一割に相当）することで、大都市としての活動を維持している。

戦後の東京は、世界でも珍しい人口・産業の集中現象を呈し、都市生活様式の変化による水需要の急激な伸びに、都市施設としての水道は水源確保が追いつかず、苦しい水運用を続けてきた。しかし、内部努力の節水、水の循環利用に努め、現在は需要の落ち着きもあり、それに見合う水源が計算上は確保されている。

しかし、これからの水資源の今後の安定確保を論じるとき、現在の行政事情や環境問題の観点から、ダムなどの大規模な水源施設の建設を想定することは困難である一方、河川からの導水についても（例えば、利根川にしても）、安定した水源確保を将来も維持することは容易ではないと考えられる。つまり、これからの「水源確保」問題は、地方公共団体の枠を超えた公平と融通の論理が、いわゆる「広域行政」の課題の一つとして展開され、多くの人々の経験、洞察から生まれた知恵による相互の協力にますます依存することとなると考えられる。一面からの価値判断だけではない多面多様な角度からの論議およびそれに対する解決がなされ、適切な水資源の開発と確保が実現されることを祈念しないではいられない。

参考文献

建設省河川局（二〇〇〇）＝多摩川水系河川整備方針（案）
宇賀田浩（一九九五）＝水を求めて―水源対策から見た都政五〇年、都市を創る―シリーズ東京を考える⑤、三九一‐四三九頁、都市出版
小林重一（一九七七）＝東京サバクに雨が降る（非売品）
本山智啓（二〇〇〇）＝東京水道における水源開発のあゆみ、水道協会雑誌第七九一号

著者プロフィール

宇賀田　浩（うがた　ひろし）

昭和三年（一九二八）、東京都生まれ。東京農林専門学校（現東京農工大学）農業土木科卒業。昭和二四年都庁に入り、農業水利担当、水道用水との水利調整に携わったのにはじまり、同三五年以降首都整備局、都市計画局の課長、主幹、参事を歴任。首都の水資源行政一筋の希有な経歴を持つ。昭和六一年退職し、東京建物株式会社入社。現在、平野都市開発研究所。

土地問題に対応し、水問題はライフワークとして続け、平成五年から現職で都市開発に取り組む。

ビールと利根川

利根川流域には、大手ビール工場が三ヶ所もあります。場所は、群馬県邑楽郡のサントリービール、取手のキリンビール、守谷のアサヒビールの計三ヶ所です。

この三ヶ所の中で一番古い工場は、昭和四五年（一九七〇）に出来た、キリンビール取手工場です。ここでは、霞ヶ浦導水から工業用水として水を引いてビールを製造しています。以前は、工業用として小貝川から水を取っていたため、灌漑期に田畑への水が不足してしまう事がありました。不足分は、工場が小貝川の近くに井戸を掘り、そこから地下水を汲み上げ、田畑へ水を送りました。

平成四年（一九九二）以降は、霞ヶ浦導水の完成により、田畑への水不足の心配もなくなりました。

小貝川、鬼怒川に挟まれた場所にあるアサヒビール茨城工場は、平成三年完成のもので、敷地面積、約四二万三〇〇〇平方メートル、年間生産量は約七億本（大ビン換算）、世界トップクラスだそうです。アサヒビール茨城工場は小貝川の水を使用して、水海道の浄水場より水を引いてビールを製造しています。

ここの工場の目玉の一つは、地上六〇メートルの展望接待館から広大な利根川を含む関東平野の景色を眺めながらの試飲が出来ることです。

群馬県邑楽郡にあるサントリービール工場は、おいしい水を求め、ここに工場を建設しました。それはこの地に利根川水系の地下水が豊富にあるため、工場内に専用の井戸を掘り、地下二〇〇メートルより汲み上げています。

各工場とも、利根川沿川に工場を建設した理由について、「水」「工場用地」「交通の利便性」を挙げています。

「水」は、おいしいビール造りの条件として、一番大切な条件です。つまり、どの工場でも使用している利根川水系の水は、「おいしいビール」を造るために必要不可欠ということです。

次に「工場用地」ですが、ビール工場は広大な敷地を必要とします。守谷にあるアサヒビール工場は東京ドーム九個分の広さがあります。これだけの敷地を得るためには、首都圏ではなく郊外に工場を建設することになります。特に、守谷では工業団地の一部にアサヒビールがあります。利根川流域には、それだけの広大な敷地があるということでもあります。

「交通の利便性」は、工場で製造されたビールが、少しでも早く消費地となる首都圏へ運搬できるよう、アクセスに関係する条件です。ビールの原料となる「ホップ」と「二条大麦」は、そのほとんどを海外からの輸入に頼っています。このように、「ホップ」や「二条大麦」など、原料を輸入に頼っているものは、海外から船で日本へ運ばれ、主に東京港や横浜港で荷揚げされて、工場まで運ぶ必要があります。「交通の利便性」はここにも生きてきます。

各社工場の主な出荷先は、東京、埼玉、千葉、茨城、神奈川の一部です。「水」「土地」「交通」などの条件が満たされている利根川沿川は、関東一円の人達へ日々ビールを供給しているわけです。

〔参考〕キリンビール社史編纂室＝「麒麟麦酒の歴史　戦後編」昭和六〇年三月

利根川と葛西用水の歴史

三ツ林 弥太郎（葛西用水路土地改良区理事長）

葛西用水は、利根川の右岸中川水系にあって、江戸時代初期に羽生市本川俣地先で利根川より取水以来、古利根川および元荒川両川を連絡利用して、埼玉平野東部を潤す一大用水として幾多の変遷を経て今日に至っている（図1）。この用水路を築き、そして守るということは、時代の変遷とともにいろいろな困難な課題を克服してきたことであり、次代への道を切り開いてきたことでもあった。その中で、いつの時代でも洪水への対応、治水対策が最も困難な課題の一つであった。この治水のことから話を始めてみよう。

利根川治水同盟

現在の古利根川、元荒川は、かつては利根川・荒川の本流が流れていた。そして、徳川幕府が江戸に入府以来、利根川の東遷・荒川の西遷とも言われている工事によって、現在の流路になってきたといわれている。しかし、利根川はこの元の本流を思い出すがごとく、江戸時代以来幾度となく氾濫を繰り返し、肥沃な埼玉平野東部地帯を襲ったのである。

昭和二二年（一九四七）九月一六日のカスリーン台風では、利根川の本堤三五〇メートルが決壊した。ちょうど、戦後間もないときで、国民が戦争で負けて大変な時代でもあった。この時私は災害対策本部に入ることになった。当時埼玉県の副知事であった福永健司氏が対策本部長で、その下で私は県の農業会の農業課長をしていた。決壊によって溢れ出た水は、中川のいわゆる島中領に押し寄せてきた。現場で竿をさしてみたところ稲のあるところまで届かず、この一帯の家々は屋根の上まで浸水したのである。そして、濁流は中川沿いに足立区と葛飾区まで流れ込んでいった。

利根川のこうした大洪水を経験したことから、昭和二五年（一九五〇）に一都五県で「利根川治水同盟」を作ることになった。この利根川治水同盟というのは、地元民間の立場として、建設省（現国土交通省）や政府、そして世論に対して、利根川の治水事業の必要性を訴え、その事業促進のため活発な運動をしていくことを目的に作られた。

中川沿いの治水問題も大変大きいものがあり、昭和二三年（一九四八）に水利組合を始め関係機関が結合して、中仙道以東治水協会が結成された。これは戦前からあった中川治水協会の活動を継承したもので、中川改修の早期実施を請願、活発な運動を展開したのである。昭和二七年（一九五二）

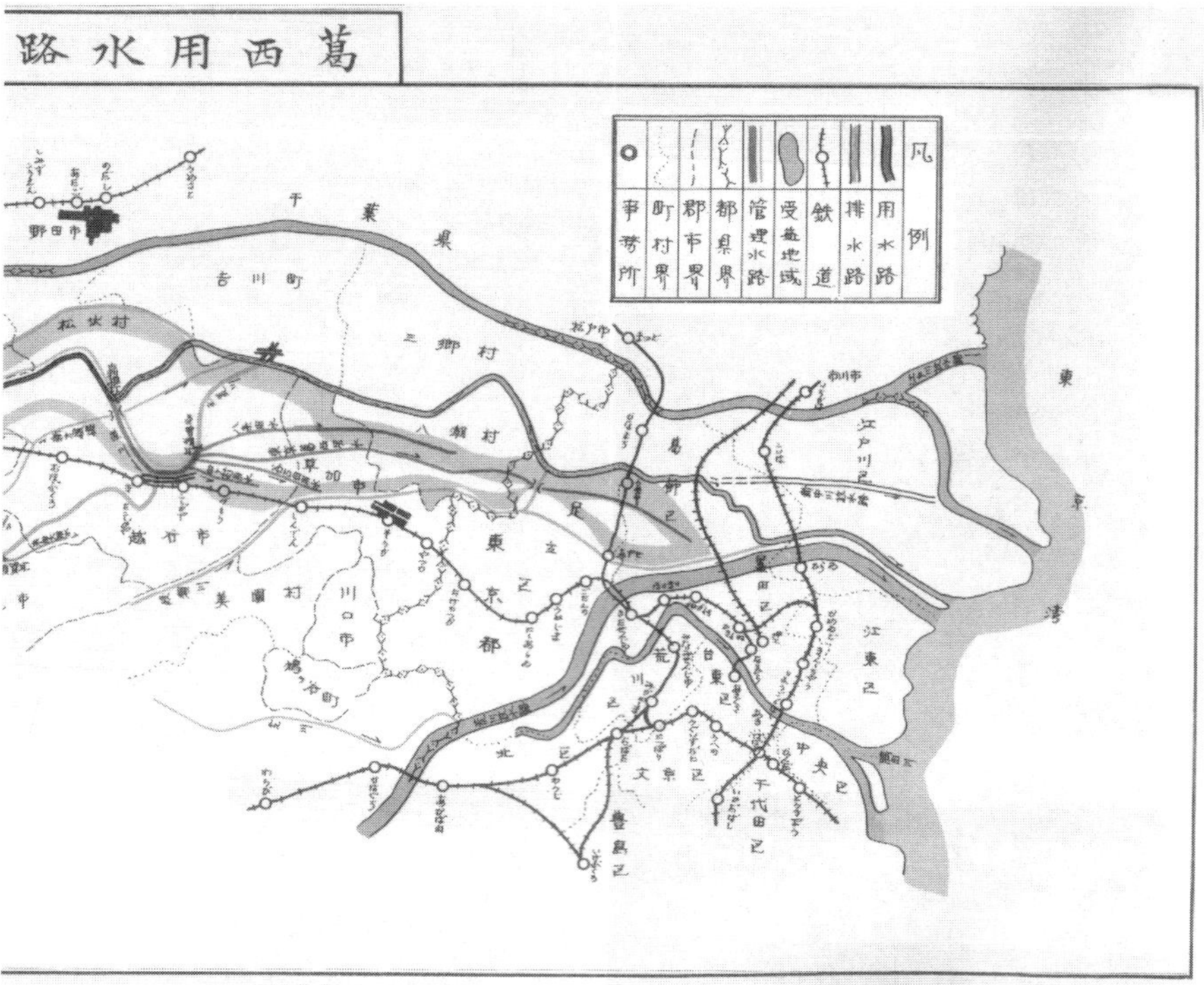

〔出典〕葛西用水略誌（1960）

水利組合は土地改良区へと組織変更し、治水協会も再編されることになり、そして活動も利根川治水同盟とともに歩むことになった。昭和三四年（一九五九）には、その名称も埼玉県治水協会と改められた。その活動が権現堂調節池や大島新田調整池等の新設に大きな役割を果たした。現在では、埼玉県下の一六土地改良区、二四市町村が会員として加わり活動を展開している。

　最近では、昔大日川といった江戸川に排水する幸手放水路の拡幅工事などの事業が推進された。さらに、中川の水を江戸川に入れる三郷放水路の工事があり、これは東洋一の大工事と言われている。現在埼玉県では、首都圏外郭放水路事業が進行している。この事業は、中川、綾瀬川流域の中流部における治水対策として、中川と倉松川と大落古利根川の各河川と江戸川を地下放水路で結び、洪水時にこれらの河川の水を

図１　葛西用水路区域図

江戸川に排水するものである。工事は、国道十六号に沿って春日部市から庄和町までの地下約五〇メートル下に直径一〇メートルのトンネルを通し、五本の立坑、排水施設を建設するという大規模な事業である。平成五年（一九九三）から工事が開始され、現在第五立坑の工事が行われており、平成一四年（二〇〇二）で概成の予定である。

こうした治水事業の推進を利根川治水同盟が支えてきたのである。これからも、治水の重要性は高まるばかりであり、こうした民間の活動が治水対策に大きな役割を果たしたことを決して風化させてはいけない。風化することが一番こわいことである。

葛西用水と伊奈氏関東流

徳川幕府は、江戸入府直後より新田開発のための用水を整備してきた。武蔵国は天領が多かったため、関東郡代伊奈氏をおいて支配させた。初代の伊奈備前守熊蔵忠次は、慶長九年（一六〇四）に備前渠を開削した。これは、当時の烏川から水を引き、埼玉北部の灌漑用水としたのであった。

利根川では会の川の締切（一五九四）、新川通の開削（一六二一）、江戸川の開削（一六四一）および拡幅等の大きな事業が進められた。

そして万治三年（一六六〇）、四代伊奈半左衛門忠克は、幸手領の用水を得るために川俣村本川俣（現羽生市）地先から幅二間の水路を開削して利根川に水源を求めた。これが葛西用水である。葛西用水路は、本川俣から手子林を経て南篠崎で利根川の故道会の川筋を流し、古利根川を利用して用水を送るもので、そのところどころに堰をつくって溜井とし、それから上流の排水や余水を集めてふたたび用水として利用するものである。この溜井には、琵琶溜井、松伏溜井、瓦曾根溜井がある。このような伊奈氏代々の治水および用水の方式は、伊奈流あるいは関東流と呼ばれている。

葛西用水とともに埼玉平野を潤す二大用水のひとつが見沼代用水である。見沼代用水は、同じく利根川に水源を得て、荒川に注がれている。伊奈氏三代目伊奈半左衛門忠治は、寛永年間（一六二四〜四三）、芝川の上流の浸食谷を八丁堤と称する締切堤で堰止め、これを見沼溜井とした（現浦和・川口境界付近）。この見沼溜井の灌漑区域は二二一カ村に及んでいた。享保元年（一七一六）には八代将軍吉宗が迎えられた。吉宗は幕府財政立て直しのため「享保の改革」を実行したが、その一つが新田開発であった。吉宗は享保七年、新田開発政策を推進するため紀州の勘定添奉行であった井沢弥惣兵衛為永を登用した。井沢は、当時用水不足が激しく訴えられていた見沼溜井において、代用水として利根川に水源をもとめ、利根川右岸下中条（現行田市）地先に元圦（取水口）を設けた。この元圦から新たに開削された用水路の総延長は約二万九五〇〇間（約五三・一キロメートル）で、享保一三年（一七二八）に完成した。途中用水路は星川の流路を利用し、また蓮田市から東縁・西縁両用水に分かれ、旧見沼溜井の東西両縁に沿って流下している。一方、見沼溜井の干拓排水は見沼中悪水路によって行われ、これが芝川である。こうした井沢氏の工法は紀州流と呼ばれている。

写真１　琵琶溜井畔の葛西神社

葛西用水では関係者により伊奈氏を奉るために一番中心地である琵琶溜井に〝葛西神社〟を建立した（昭和五八年）（写真1）。一一月二一日が例祭日、二三日が新嘗祭である。神社にある約二反歩の田（神饌田）で収穫された米は、「神様のお米」として関係者に配られ、大変喜ばれている。

現在の松伏町・吉川町から三郷市周辺までは「二郷半領」といわれ、早場米の産地として知られている。〝早稲田（旧早稲田村）〟の地名も残っているが、これは台風・洪水と大いに関係している。早稲は四月の中旬には田植えをし、八月の下旬からは収穫となった。二郷半領という領名は、「二郷」と「下半郷」という名が合わさり、〝領〟の成立にともなってできた名称のようであるが、俗説では天正のころ伊奈忠次が家康よりこの辺りを一生支配するように命じられたため「一升を四配すと云意にて二合半」と呼ぶようになったともいう（三郷市史、一九九五）。伊奈家は代々この早稲を一番に徳川に献上したと伝えられている。

利根大堰

昭和三八年（一九六三）から五年をかけて、利根川の見沼代用水の取り入れ口に利根大堰が建設された。利根大堰は、利根川総合開発の一環として実施された「利根導水路事業」の合口連絡水路、武蔵水路、秋ヶ瀬取水堰、朝霞水路の五事業の一つである。

利根大堰からは合口連絡水路が建設された。これは、利根川からの取水が不安定な各用水の改善を図るものであり、もちろん見沼代用水、葛西用水も含まれ、今まで各所で利根川から取水していたものを、一カ所にまとめた（合口）ものである。しかし、この利根大堰には、他にもう一つの大きな目的があった。それは、上流の矢木沢ダムや下久保ダムなどから放流された開発水をここで取水して東京都・埼玉県の都市用水として利用するために導水しようとするものである。

利根大堰地点での総取水量は毎秒一三六立方メートル、葛西や見沼などの既存の灌漑用水が八七立方メートル（葛西用水二五立方メートル、見沼代用水四五立方メートルなど）、東京都上水道用水一六・六立方メートル、埼玉県上水道用水一・六立方メートル、埼玉県工業用水一・八立方メートル（図2）である。

東京都へ水を送るために、武蔵水路を造り荒川に落とし、秋ヶ瀬取水堰で取水して、朝霞水路を経ることになった。

東京オリンピックが開催された昭和三九年（一九六四）、外国からの多くの来客に際して河野建設大臣は、『隅田川をきれいにしよう、テームズ川くらいにきれいにしよう』と発案した。それによって、利根大堰から毎秒三〇立方メートルの水を新河岸川・隅田川の浄化用水として導水することになったのである。その後、隅田川は屋形船が出て遊覧できるほどきれいな川になった。このことは、利根大堰に負うところが大きい。この利根大堰からの三〇立方メートルは現在一〇立方メートルとなり、二〇立方メートルは東京都の都市用水になっている。利根導水路事業の導水ルートについては、決定までにさまざまな案が出され議論が紛糾した。その経緯について少し述べてみたい（図3）。

昭和三三年（一九五八）、利根川の水を都市用水として東京へ導水するために、当時の建設省は利根川開発計画の中で、見沼代用水の取水口の上流の本庄あたりに取水口を設け、埼玉県西部山側を通って東村山まで送水させるという延長六三キ

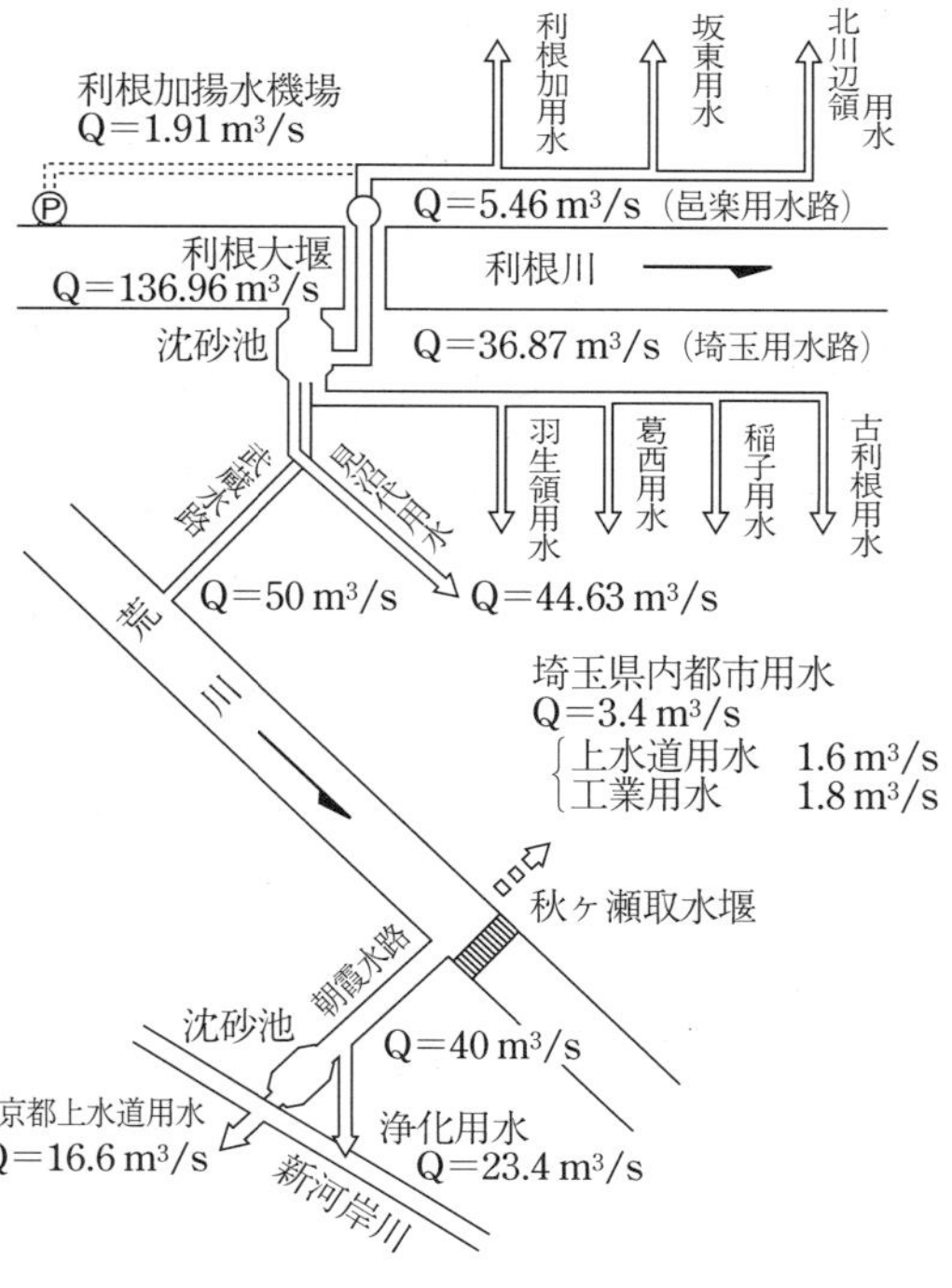

図2　利根導水路用水系統模式図

〔出典〕利根川百年史

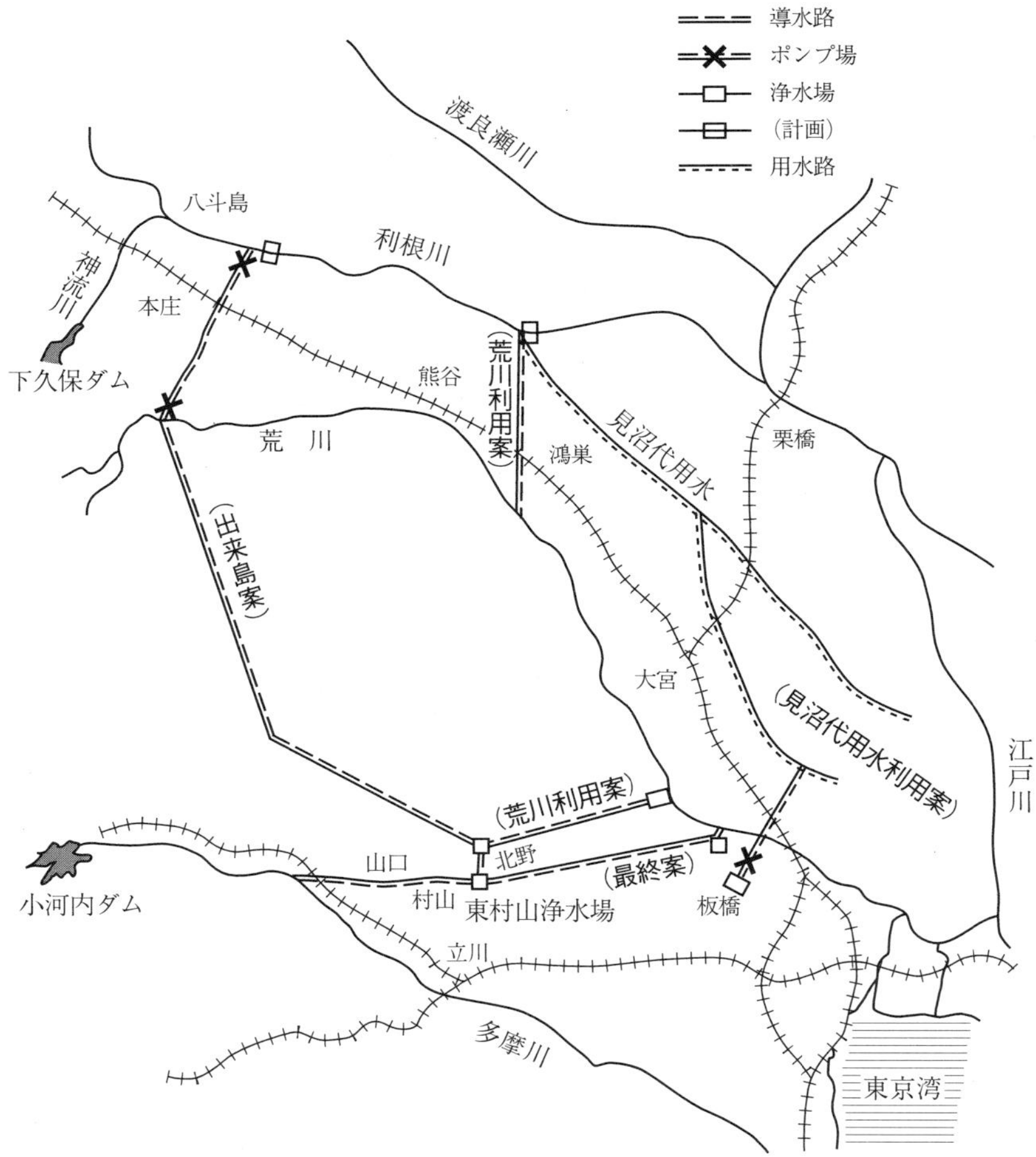

図３　利根導水路各案比較図

〔出典〕利根導水路政策決定過程、人事院公務員研修所（1960）

ロメートルの水路を新たに作ろうという案を発表した。これが「第一幹線案」（出来島案）と呼ばれたものである。

これに対して、葛西用水路土地改良区と見沼代用水路土地改良区、農林省は断固反対をした。農林省は、昭和三六年（一九六一）六月、利根川農業水利調整協議会の答申に基づいて埼玉合口事業計画を作成し、その中で建設省の「第一幹線案」に対して、都市用水についての対策案を発表した。それは見沼代用水を改修し、見沼代用水取水口付近に合口堰を建設し、ここから取水導水した水のうち都市用水については板橋北部へ送水し、板橋付近に浄水場を新設して東京に給水しようとする案で、「見沼代用水利用案」と呼ばれている。これは、新たに水路を作るのではなく、見沼代用水の一部を拡幅し延長するというものであった。つまり農林省側では、建設省の「第一幹線案」は都市用水の取水堰を見沼代用水取水口の上流に建設するものであり、下流農業用水に対する優位性を持つので、平等の原則に反するものである、と指摘し対抗したのである。

そこで、三六年夏以来水不足に悩まされていた東京都は、将来最も水需要が増大するのは都の西部であり、利根導水路は東村山系統に結合させるべきで、板橋付近への導水は給水系統を混乱させるという主張をしてきた。建設省でも、農林省の「見沼代用水利用案」は治水の面から許容できないとして、この案に反対した。

そうした経緯の中、同年水資源開発促進法という法律ができ、さらに水資源開発公団が設立された。発足したこの公団は、最初の業務として利根導水路関係の調査に取り組むことになった。公団側は、利根導水路と合口堰計画とをできるだけ合わせて考えるという基本に立ち、翌年、水路として荒川を利用するという「荒川利用案」を提案した。

この「荒川利用案」はその後、各省庁、東京都、埼玉県の意見を取り入れながら改良され、三七年（一九六二）十一月に合意されることになった。

農業用水合理化事業

利根大堰を作った当時八六〇〇町歩だった葛西用水の灌漑面積も、その後の都市化の進行に伴い、現在では五〇〇〇町歩と減少しており、見沼代用水も同様に、一万八〇〇〇町歩から九〇〇〇町歩に減少している。

昭和三〇年代から四〇年代の高度成長期、東京を中心とした都市部では、都市用水の急激な増大・水不足に悩んでいた。そして、激しい都市化の波に襲われたこの中川水系でも、都市用水のほとんどを地下水に依存していたことから、地盤沈下が進行してきた。地盤沈下は昭和三〇年代に現れ始め、昭和五〇年ころには越谷市で累積沈下量一三〇センチメートルをみるまでに至ったのである。そこで地下水揚水規制を行い、水源の表流水への転換が求められた。こうして、葛西用水をめぐる社会情勢は、「農業用水を都市用水に転換」するという強い要請となった。

利根大堰が完成した昭和四三年（一九六八）、中川水系農業水利合理化事業が五カ年の歳月と二〇億円をかけて実施された。この事業では、利根大堰から取水し、埼玉用水路を経て流れ込む葛西用水路と北側用水路の整備がなされ、また、権現堂用水区域を葛西用水系に取り込み、従来の権現堂川の農業用水を都市用水に転用することによる農業用水の合理化が図られた。いわば、これが第一次合理化事業と言える事業だったのである。

これを契機に、農林水産省により農業用水合理化対策事業が補助事業として制度化され、昭和四八年（一九七三）より第二次の事業として農業用水合理化対策事業が着工されることになった。

県内では地盤沈下などによって支派川用水路網が機能低下しており、用水は末端のほ場まで万遍なく行きわたらなくなっていた。そこで、地盤沈下や水質障害を克服し、公平に水を分配する手段として用水路のパイプライン化が検討され、さらに用水の損失防止を図ることを目的として、都市用水への転用も合わせて計画された。

農業用水合理化対策事業は四八年から一五年の歳月をかけて昭和六三年（一九八八）に竣工した。ここでは権現堂川・中郷および南側の各用水路の整備と、末端ほ場に至る用水をパイプラインで送水し、給水栓による配水が行われた。つまり、用水路については、従来土水路である農業用水路をコンクリート三面舗装水路に改修し、水位調節堰を設け、水田には蛇口を備えたパイプライン方式を導入した。灌漑面積は約二六〇〇ヘクタール、総工費二一〇億円余りに及ぶ国内でも屈指の画期的な一大事業であった。この事業によって農業側は水利施設が近代的に改められ、用水管理の合理化、省力化が図られ、同時に水質汚濁の防止も可能となった。

一方、都市側は急激な人口増により需要の急増している都市用水の水源を確保することができるようになったのである。

このように、農業用水合理化対策事業は限られた水資源の効率的利用配分を図り、農業と都市の調和ある発展を期するものであった。

利根中央事業

さらに、平成四年（一九九二）に利根中央事業を起業した。この事業は農業用水の再編成を主目的に用水路を狭くし水位を高めて、生み出された余剰水を都市用水に転換するというものである。

利根川左岸地域は邑楽用水路によって、利根川右岸の利根大堰掛かりの地域は埼玉用水路、葛西用水により従来のルートで配水される。一方、江戸川の河床低下、ミオ筋の移動などにより、現在の二郷半領および新田の各揚水機場の施設では用水の安定的な取水が困難なため、これらの施設を廃止し、用水源を利根大堰に求め、用水は埼玉用水路、葛西用水を経由していったん大落古利根川に注入し、これを新設の二郷半領揚水機場で取水し、二郷半領導水路によって従来の用水路に配水しようとするものである。なお、金野井用水掛りの地域は、金野井揚水機場を改築して従来のルートで配水することになる。

葛西用水を中心とするこの地域には五つの土地改良区がある。上流は平成一三年度を完了年度とする水資源公団による羽生領と島中領であり、下流はこの葛西用水、二郷半領および江戸川右岸用水である。

農林省直営工事ということもあって、現在一〇〇〇億円を越える事業費を計上しているこの利根中央事業は、葛西上流から下流まで水路に沿って新しい道も整備され、ハイキングやロードレースができるようになっており、平成一五年（二〇〇三）に概成する予定である（**写真2**）。

経緯を説明すると、この事業は利根川東部の土地改良区で利根中央事業促進協議会を組織し、私が会長になっているが、それぞれの理事長と共に合併工作を行った。いわゆる農協の合併と同じように、土地改良区も合併した方がよいということもあって、利根中央の合併工作をはじめたのである。

上流の水資源公団事業分は、会の川を境に分かれている。行田や羽生市等の工業団地を通った会の川の水は葛西に入るようになっているが、この悪水である水が葛西用水に流入すると、稲作にとっては窒素過多になることが問題となっていた。そこで利根中央事業では、会の川を中川につないでこの悪水が葛西用水に流入しないようにしている。これをしないと下流の水田の稲は全部だめになってしまうからである。

こうした事情もあって下流の方は合併する運びとなり、現在、予備契約を終えたが、合併にあたってはさまざまな問題があった。例えば、職員の給与一つとっても各々に相違があり、調整は容易ではなかった。

長年農業用水を都市用水に転換するという仕事に携

写真２　改築された葛西用水路（2001年7月撮影）

わってきたが、この仕事には誇りを感じている。水の既得権など問題は種々あるが、現在、七〇〇万人の人口を抱える埼玉県のこうした事業は、社会的に大変有意義で重要な仕事なのである。

内水面漁業・魚市場

中川などの内陸河川等には内水面漁業協同組合があり、養殖や稚魚の放流などをしている。ある時、漁協の監視員が釣りをしている子供に入漁料を請求したところ、その子供が釣り竿を落として大問題になったことがあった。昔からこの辺りの子供たちにとって、川で釣りや魚をとることは日常の遊びだった。その後、この漁協に土地改良区からも代表が出るようになり、用水管理者の立場から橋を架けたり、護岸のコンクリートを廃止したり、魚道をつくるようにして、ナマズや生き物が棲める環境づくりを指導している。

また、我が県は海がなく、いままでは大宮等の料理屋には銚子のほうから魚が入ってきていたが、一般住民が魚を買う場合には不便をきたしていた。そこで大宮、上尾、川越などに魚市場を作ることにした。

野菜や花卉栽培

最近、農業では大変深刻な問題がある。

農業用水合理化対策事業により、春日部から幸手までの水田二三〇〇ヘクタール余にパイプライン施設を施行したことから用水管理が容易になったが、これによって生じた余剰労力が、裏作としての作物に向けられないのである。例えば、兼業農家では平日は勤めに出ているので、以前は五月の連休中に田植えをする人が多かったが、最近では連休前に田植えを終え、連休中は休養をとるようになった。このような状況で、今年は四月一一日から用水路に水を流しているが、実際に農業を営む人にとっては中国などから安い輸入野菜が出回っていることもあって、経済的な面からも裏作に労力を注ぐ意味がなくなったようである。

五年ほど前は埼玉県の農業粗生産額は二七〇〇億円あったが、今では二三〇〇億円に減少している。生産される作物の筆頭は野菜、次が花で、最近では洋蘭などの花の鉢物がよく出ている。鉢物の拠点は深谷と鴻巣であり、鴻巣には二つあった花の市場を一つにして埼玉園芸をつくった。しかし、シクラメンならシクラメンばかりが生産されるというように、一定の花に偏る傾向があり、過剰になった鉢物が叩き売りされているような状況である。

以前、深谷の藤沢では養蚕が行われ、約一〇〇万貫の繭を生産していたが、蚕の衰退によって今ではユリを生産している。こうして特産品もその時々で変わってしまっている。また、深谷で言えばネギなども中国産のものが安く入ってきており、最近の埼玉の野菜生産農家も大変である。

生き残るためにいろいろなことが試みられている。例えば、高価な〝新潟のこしひかり〟に代表されるように、銘柄も重要な要素であることから、関東では群馬の板倉のキュウリが有名なので、板倉のキュウリとして販路を広げようとするところもある。

後継者の育成を

現在、埼玉県では環境優先ということで環境問題に力を入れはじめた。そこで私も水環境整備保全事業に取り組みはじめた。

最初は、子供たちに大落古利根川や元荒川など、利根川の支流の名前を知ってもらうために、各河川にそれぞれ看板を立てようという提案があった。川筋に看板を立てるといっても、少ない補助金で全部の河川に設置することは容易ではない。しかし、子供に「この川はナントカという川で、利根川から来ているんだよ」というように憶えさせていくということだけでも、環境教育としては大きな仕事である。このことは今後是非、大々的に市町村民の協力のもとに押し進めていきたい。

農業用水の合理化による都市用水への転換という大事業を経て、最近の農作物の輸入による問題など、これからも農業は今まで考えもしなかった問題に立ち向かわなければならない。そのためにも、私が五〇年努めてきた「葛西用水路土地改良区」、「利根川治水同盟」などの後継者の育成がなによりも大切だと考えている。

私たちは利根川、そして利根大堰を大事にしなくてはいけない。これは大きな水源であり、貴重な水なのだ。

参考文献

葛西用水路土地改良区（一九六〇）＝葛西用水路三百年祭「葛西用水略誌」
葛西用水路土地改良区（一九八八）＝「農業用水合理化対策事業竣功記念誌」
葛西用水路土地改良区（一九九二）＝「葛西用水史通史編」
三郷市史編さん委員会（一九九五）＝「三郷市史第六巻通史編1」
利根川百年史編集委員会編（一九八七）＝「利根川百年史」
山本三郎（一九九三）＝「河川法全面改正に至る近代河川事業に関する歴史的研究」

著者プロフィール

三ツ林　弥太郎（みつばやし　やたろう）

大正七年（一九一八）、埼玉県生まれ。埼玉県農業会、県指導農協連経営課長を経て、昭和二六年から県議四期、三九年県会議長。四二年衆議院議員に当選、六一年科学技術庁長官に就任、平成一二年引退。

現在、埼玉県土地改良事業団体連合会会長、葛西用水路土地改良区理事長、利根治水同盟会長、埼玉県治水協会会長、埼玉県園芸協会会長等を務める。平成一〇年勲一等旭日大綬章。戦後一貫して治水利水および地域の振興に尽力してきた。

主な著書

『21世紀へのかけ橋 ― 三ツ林弥太郎科学技術庁長官全記録』埼玉新聞社制作（昭和六三年）

吉川のナマズ

五月快晴、土曜日。利根川歴史研究会のメンバー一五名は、埼玉県吉川市、中川の吉川橋のたもとにある老舗「福寿家」に到着しました。

利根川歴史研究会とは、利根川の歴史を学び、利根川で〝遊ぶ〟ことを目的とした民間のグループで、この日二〇代から六〇代というバラバラの「若者」が参加しました。

利根川およびその周辺地域は、昔から川魚料理が盛んで、各地に専門の料理屋があると聞いています。参加者の多くはあまり川魚料理には馴染みはなく、〝ウナギをどこそこで食った〟程度のもので、ナマズのコース料理を食べたという人は、このメンバーにはいませんでした。

福寿家に着くと、御主人から「近くに、この店にナマズを卸している養殖場があるから行って見てみてはどうか」と勧められ、早速マイクロバスで一〇分足らず、吉川市三輪之江にあるナマズの養殖場に行きました。周辺は水田地帯、丁度田植えの真っ盛り。「福寿家の御主人から連絡ありました、ナマズの池を御案内しましょう」と農事組合法人吉川受託協会専務理事宇野克己さんが出迎えてくれました。

宇野さんのお話しによると、ナマズの養殖は、埼玉県水産試験場の指導のもと平成八年（一九九六）から本格的に始めたとのこと。休耕田を利用して、三年目で出荷。体長約三〇センチメートル以上。池の大きさは、三〇〇平方メートル以上が必要で、水深最低五〇～七〇センチメートル。ここでは、一五アールの水田を一面三アール（三〇〇平方メートル）の養殖池に改造しています。ナマズは池の底にいるためか、覗いても見えず。宇野さんが、料亭などから注文を受けた出荷用のナマズを入れてある「食用魚蓄養網いけす（長さ四メートル、幅二メートル、深さ一・五メートル）」を上げて見せてくれました。なんといっぱいいること、一〇〇尾以上か。網の中には生きのよいナマズが跳ねています。そして、プーンと泥臭さが広がります。

以前は、鯰《ナマズ》は、川や田んぼのどこにでもいて、コイ、フナ、ドジョウ、ウナギなどと同様に一般家庭でも沢山食べていたそうです。埼玉県農林総合研究センター水産支所（旧水産試験場）の福田稔支所長に聞きますと、一九六〇～七〇年代、河川の水質の悪化や、農薬の影響等により生息環境が悪化して漁獲量が激減したことから、ナマズの養殖技術の開発が強く求められ水産試験場で取り組みを始めたそうです。ナマズは、仔魚期（ふ化から四〇日から六〇日）に共食いをするため、他の淡水魚に比べて養殖技術の開発には大変な苦労をなされたようです。ミジンコと配合飼料の連続給与により、仔魚の共食い問題も解決され一九九六年から本格的なナマズの養殖事業が始まりました。

養殖ナマズは、取り上げ後すぐ食用にすると泥臭さが残るため、餌止めして、きれいな井戸水に七～一〇日間蓄養するそうです。先程見たナマズがそれです。

宇野さんによると、今は田植えで忙しく、ナマズの方はこれから採卵・ふ化作業に入るそうです。吉川受託協会は、水田の受託事業をしながらナマズの養殖に取り組んでいるそうです。隣の池では餌のミジンコを育てていました。

ナマズの養殖池

利根川歴史研究会のメンバーは、ナマズ養殖池を後にして、〝泥臭くないだろうか〟と一抹の不安を抱きながら、福寿家に戻りました。

五時近く。福寿家に着くと、二階の中川が目の前に見える一室に。既に、メンバーの一人、地元吉川の浅井さんが、ナマズコース料理「鯰懐石〝古利根〟」三、〇〇〇円、飲み物代等を含めて会費五、〇〇〇円（勿論各自自腹）を予約済みです。さきほど、養殖場を紹介してくれた福寿家の御主人小林政夫さんがお話しに来てくれました。

吉川は、昔から川魚料理が盛んで、多くの料理屋があるそうです。その料理方法も昔ながらの方法と、若い女性にも食べやすいようにいろいろ工夫をしているものがあるようです。ナマズ料理については、天然のナマズの安定入荷が難しく、一人のお客様に沢山使うことが無理だったようです。ところが、最近では養殖ができるようになり、このようなコースも出せるようになったとのことです。

コース料理〝古利根〟は、先附、薄造り、西京焼き、天婦羅、タタキ、ご飯、味噌汁、シャーベット。まず、先附は酢味噌和えにしたもの、しこしこして全く泥臭くなく美味。御主人によると、これをイタリア風のドレッシングを和え〝カルパッチョ〟とネーミングして出すこともあるとのこと。薄造り、ナマズの刺し身が食べられるとは思いませんでした。すきとおっていて、いきいきしてます。西京焼き、もっと脂ぎっているかと思いましたがまぁまぁです。天婦羅、白身魚と同じ淡白でさっぱりと美味しい。ナマズ料理ではこの天婦羅が定番で、三枚下ろしにした切り身を使うそうです。この地域では、以前はもっと厚く切り、皮をつけたまま揚げたそうです。御主人は、皮っ際が美味しいといいます。ただ、こ

鯰懐石“古利根”

料亭福寿家の御主人

の皮っ際がちょっとクセがあるので今は皮を全部引いて正味にして出しているとのこと。タタキ、これが面白く、美味しい。ナマズの頭を骨も全部タタイテ、味噌等を入れ団子にして揚げたものです。歯応えがあり、ナマズを丸ごと食べた、という気になります。このタタキには、味噌のほか、しょうがや季節の野菜なども入れるそうです。各家庭でもいろいろな合わせ方があるようです。各料理屋でも工夫していて、合わせる材料と量は〝企業秘密〟。味噌汁にも勿論ナマズが入ってます。シャーベットは、ナマズの型どりがしてありました。これは愛敬。

このコースの他のナマズ料理には、「蒲焼き」、「おすいもの」、「スッポン煮」、「ひっこき鍋」などがあるそうです。冬場は、地元の漁師さんがよくたべている「ひっこき鍋」が美味しいそうです。味噌汁に、ナマズを生きたまま入れ、フタをしてコトコト煮る、バタバタ暴れるがそのまま全部火が完全に通ったところで、端を取って〝ひっこく〟と骨は全部取れる、そこに野菜、お豆腐、大豆をつぶしたものなどを入れて煮込み、コクをつけて食べるものです。

吉川は江戸時代以来、川で栄えた町で、江戸から米問屋が大きな舟で中川をのぼり、米を買付けにきました。地元の地主は、小さな舟で上流の中川や元荒川、古利根川などを使い米を集め、この吉川で取り引きしたそうです。そこに、多くの料亭が立ち並びました。吉川は、旧二郷半領で早場米の産地です。この福寿家も江戸時代後期に創業し、御主人で七代目だそうです。吉川市は『ナマズの里』として今〝売り出し〟ています。

御主人の話を聞き、仲居さんの昔話しを楽しんでいるうちに日が沈み、部屋の障子戸を開けると、なんとも見事な夕日が輝いていました。手前に中川が流れ、

ナマズのコース料理に大満足の利根川歴史研究会一行

夕日の沈む正面からは元荒川が合流しています。
そこで、一行の〝御意見番〟(すいません)、吉川さんが一句、

ちゅん川の
川辺で
鯰を
舌づつみ

また、冬になったら「ひっこき鍋」でも食べに来ようかと思います。

◇福寿家＝JR武蔵野線「吉川」駅、約一キロメートル
電話〇四八九‐八二‐〇〇一九

〔参考文献〕田崎志郎・金澤 光 著(二〇〇二)＝「マナズの養殖技術」、(社)新魚種開発協会発行

福寿家から望む夕日
(手前が中川、正面から合流する元荒川)

河川敷を滑走路に

◇花盛りのスカイスポーツ◇

井出隆雄（ジャーナリスト・元朝日新聞記者）

昭和三五年（一九六〇）ごろまで大都市の河川敷は、上流にダムが少なく治水も不十分。毎年のように冠水した。河川敷の使用も大まかで、広い滑走路を必要とするグライダーが、飛び立つ姿を見ることも珍しくなかった。しかし都市および周辺への人口集中が進むと、治水力も向上し冠水の度合いも減った。河川敷はより多くの人が利用する場所へと変質した。その結果、グライダーを始めとするマイナーなスポーツは、都心から遠く離れた地に活動の場を求めざるを得なくなった。関東地方では、利根川とその支流の河川敷に、スカイスポーツ愛好者が隼まり、「メッカ」の様相を呈し始めた。裏を返せば他の屋外スポーツ愛好者にとっては不便で、あまり魅力的でない場所ということである。知られざるその素顔を紹介する。

○妻沼滑空場

ひな祭りの三月三日、埼玉県妻沼町葛和田の利根川河川敷は、暖かい陽気に恵まれて一日中大勢の人出で賑わった。四日から始まる第四一回全国学生グライダー競技選手権大会（主催・日本学生航空連盟、朝日新聞社）を盛り上げたい、と町が主体で開いた「めぬまグライダー・フェスタ」。今年で七回目を数える。

早朝、花火打ち上げを合図に、町民有志による一時間半かけての会場までの行進が始まった。会場では、小学生たちが

写真１　妻沼町・秦小学校の生徒が描いた人文字「ＧＯ２１」

写真提供：(財)日本学生航空連盟

写真２　第41回全国学生グライダー
競技選手権大会会場

「GO21」の人文字を作り始めた。L字型に張った青いビニール製防風カバーの中側では鍋物・むすび・甘酒その他の無料サービス。餅つき、うどん、焼き鳥の出店、野菜・果物の直売、さらにはグライダー搭乗抽選会など、様々なイベントが開催され、訪れた約三〇〇〇人が楽しいひとときを過ごした。

財団法人日本学生航空連盟（以下、学生連盟と略称）もこれに合わせて、戦前から現代に至る世界の名機やヘリコプターを展示する傍ら、エンジンが付いているので、無風でも飛べるモーターグライダーとヘリコプターによる祝賀飛行、グライダーでの曲技飛行、町民の体験搭乗招待などを実施した。

今年、曲技飛行をしたのは、モーターグライダーで欧州から日本まで飛行したり、車輪ではなくソリで着地する南極越冬隊の飛行機操縦士を務め、今は北海道で飛行機とグライダー操縦の指導をしている加藤隆士さん。高い所から急降下して得たスピードを利用した反転、宙返り、キリ揉みなどを歯切れよく、しかも凄い迫力で披露する度に、観衆から大きなどよめきと、拍手が沸き上がった。

続いて選手権大会の開会式。各地区の予選を勝ち抜いた一二大学四六人の選手が自己紹介し、大会への抱負を述べた。「フェスタも年々盛んになっています。わが町は去年、県からも出資してもらい、一二〇〇万円のグライダーを一機購入しました。自前の機体に自前の指導者を持ち、活動できるようになったので、クラブ員だけでなく、一般町民の関心も一段と高まってきたようで」。グライダーでのまち興しを目指す高橋茂妻沼町長も、満足そうである。

同町は東を羽生市、西を深谷市、南は熊谷市、北は利根川を挟んで群馬県太田市、千代田村と接している。日本の女性医師第一号の荻野吟子、メヌマポマードの創始者井田友平の出身地で、左甚五郎作と伝えられる彫板と、縁結びが売り物の聖天山歓喜院長楽寺社が有名な、人口約二万九〇〇〇人の純農村地帯。

昭和三七年（一九六二）の秋、滑走路探しに東奔西走していた原田覚一郎さん＝元学生連盟訓練部長、七月四日に八九歳で死去＝のもとに、青山学院大学の学生かち、「妻沼と太田市を結ぶ刀水橋の下流に、だだっ広い河川敷がある」という連絡があった。

さっそく町役場を訪れ、助役の案内で現地を見た。ちょうど河川敷の土を削って土手を築く工事を終え、国土交通省に引き渡すところだった。一〇〇〇メートルぐらい平らで草も生えていない。橋が近くにあるが、これだけ長い滑走路があれば、未熟な学生も安心して離着陸できる。地元民や関係機関を歴訪、学生連盟の設立目的、活動内容を説明した。

河川敷は地元の人々が丹精して野菜を作り、名産品になっていたので、交渉は難航が予想された。しかし対岸の太田市には戦争中、海軍の飛行機を量産した、中島飛行機の工場があり町民の中にも、従業員として働いた人がかなりいる。このため空に対して理解が深く、何とか支持を取り付け、借りることができた。

「最初に出会った助役さんは、その後、連盟の一番の理解者となり、宿舎から食事まで面倒を見てもらった。野菜を作っている土地を貸すのには反対だった農民たちの長老は、懐に飛び込んだら意気に感じたのか、仲間の説得に奔走してくれた。国土交通省の出先の出張所では、自分の出身校が連盟に加入しているから、と申請書類作りを親切に指導する人に出会えた。人の縁のありがたさを痛感させられた」と、三十数年後に原田さんは当時を思い出して語っている。

学生連盟は昭和五年（一九三〇）に創立された。第一時世界大戦後、飛躍的に発展した航空界に刺激され、日本でも学生の間で飛行機熱が高まった。最初は軍から払い下げを受けた機体が主流だったが、民間のメーカーからの寄贈も相次ぎ、加盟校も当初の八校から二年後には二四校に急増した。新聞輸送の必要から民間航空の先駆けとなり、東京―大阪間の定期航空路まで開設した朝日新聞社が支援することになった。

三五年にグライダーの神様といわれたドイツのヒルトが来日、各地で模範飛行や指導をした。その結果、日本でもグライダーへの関心が急速に高まり同年一〇月、学生連盟の中にグライダー部が設置され、飛行機と二部制になった。三八年八月には霧ヶ峰で、第一回全日本学生競技大会を開いた。

最初は太いゴム索を二手に分かれてV字型に引っ張るパチンコ式。飛び出した機体は諏訪湖の辺りに着陸、それを牛車で回収という、のどかなものだった。その後、加盟校、競技者とも急速に増加し、種目も高度、滞空時間、距離など多彩になり、レベルも上がった。

一流選手が集まった昭和一五年（一九四〇）の日本選手権では富士山五合目をスタートし、神奈川県藤沢市まで飛んだ人もいた。学生連盟は戦争が激化すると改組され、軍隊に組み込まれた。そして終戦と共に解散の運命を辿った。

話は横道に逸れるが、日本が誘致を図った同年の東京オリンピックでは、グライダーも競技種目になる予定だった。参加各国は同一設計図を基に「オリンピア・マイゼ」という機体を製作、持ち寄って競うことになっていた。以来六〇年、否これまで一度も競技種目になっていないが、欧米始め先進諸国に愛好家が多く、五大陸で飛行している。

例えば、長距離飛行記録が作りやすいといわれる南アフリカ共和国には、毎年暮れから正月にかけて各国選手が集まり腕を競う。特に冬季は飛べないヨーロッパ勢にとっては格好の練習場である。ニュージーランドは高度記録を狙う人たちにとって憧れの場所。これまでの最高は一万二〇〇〇メートル。日本の市川展選手もここで一万一〇〇〇メートルに達した。距離でも高い山並みを縫うようにして飛び、二〇〇〇キロメートルという記録が出ている。隣りのオーストラリアは気象、地形的条件に恵まれているので、初心者から上級者までが、それぞれの楽しみ方を満喫できる。日本の学生、ＯＢたちにとっても、よい訓練場になっている。

アメリカ合衆国では広大な砂漠地帯を舞台に、高度、指定した場所との間を往復する時間を競う種目などが盛ん。先発地欧州では、バイクで十数分走れば滑空場がある、というドイツを始め、フランス、オランダ、イギリス、スエーデンなどのレベルが高く愛好家も多い。

アジアでは日本が一番盛ん。しかし広い滑空場用地はそうそうない。それに一機一〇〇〇万円という値段、置場所の問題もある。それでも最近は学生だけでなく、一般人のクラブの活動も盛んになりつつある。北海道、九州などで新しい飛行ルート開発の計画も動き出したので今後が楽しみ。中国にも少数だが、外国人を受け入れる滑空場がある。

従って、グライダーはオリンピックの競技種目として採用される可能性を、相変わらず秘めている。

一九五一年、講和条約を締結した日本は、航空活動を再開した。学生連盟の復活を期待する声も高まり、翌年六月に二十数大学、約四〇〇人で再スタートを切った。以来、紆余曲折があったが現在は、関東、東海、関西、西部の四支部があり、関東は妻沼と関宿、東海・関西は木曽川と福井空港、西部は久住高原と白川を中心に練習している。加盟大学は六三。専門学校一。最盛時には二〇〇〇人を超えた学生数は、少子化、運動部敬遠、部活動費用負担の多さなどが原因で、最近は約八〇〇人と大幅に減少している。

合宿入りした学生たちは朝六時半ごろ起床、体操、朝食を済ますと、上昇気流の発生まで気象学、無線通信訓練、機体整備などに打ち込む。初心者には国家試験で指導者の資格を取得した人が同乗する。その後次第に経験を積み、単独搭乗を重ねてレベルをアップし、各種大会への出場権を目指す。

グライダーが大空を舞うには二つの方法がある。一つは飛行機曳航。もう一つは機体を繋いだワイヤーを、凧糸を手繰り寄せる要領で巻き取り、適当な高さで切り離すウインチ方式。飛行機曳航は四、五〇〇メートルまで上げるのに、五分はかかるうえ、一度に一機という制約がある。ウインチは最近、四機を一分半間隔で続けて引き上げ可能のものが開発された。競技会のように、できるだけ同じ気象状況でスタートさせたい時に便利なだけでなく、経費も少ないので学生たちの間では、こちらが主流。

上空で切り離されたグライダーのパイロットは、地表で暖まり発生する上昇風（サーマル）を探す。風の弱い好天の日なら四季を問わず発生する、渦巻き状のこの風には大小、強弱があるが、強いのに当たれば一分間に三、四〇〇メートルぐらい高度を上げるのは、そう難しいことではない。

今のグライダーは機体が一〇〇〇メートル下がる間に、ほぼ三〇キロメートル先まで行ける（これを滑空比三〇という）。そこで出発地周辺で一〇〇〇メートルぐらいの高度を取れたら、次の目標地点目がけて飛び出す。途中で強い上昇気流を見つけたら、それを利用して再び高度をかせぐ。これを繰り返しながら目的地にできるだけ早く到達するのが、距離競技である。

といっても風に色が着いているわけではないから、それを素早く探せるかどうかが、上手下手の決定的な分かれ目ともいえる。一年中空気が乾燥していて上昇気流が発生しやすいオーストラリアは、学生たちにとっても気軽に行ける格好の練習場。上級者になると三〇〇、五〇〇キロメートル飛行した証明書を土産に帰ってくる。日本でも気象状況のよい日には仙台—東京間を二往復（計五〇〇キロメートル）する人がポツポツ出始め、つい先日は九五〇キロメートル飛んだ人が現れた。

妻沼でもまだ機体性能がそうよくない三〇年前に、二〇〇〇メートル近く上昇し、途中で高度を適当に稼いで千葉県銚子の浜辺まで（約一四〇キロメートル）飛んで行ったり、群馬県高崎市の奥の石ころだらけの河原に不時着した剛の者がいた。高度は宇都宮大学ＯＢの原和夫氏が二〇年前に那須の上空で記録した約九〇〇〇メートルが国内最高。

しかし冬の妻沼は日が差しても地面が暖まるまで時間がかかる。そのうえ利根川の上流から北の強風が吹くので、せっかくの暖気も四散しがち。このため三月上旬に開催される学生競技大会は、オーストラリアで直前に五〇〇キロメートル飛行してきた選手が、妻沼—太田—館林—妻沼間の最長五〇、最短三三キロメートル、好天なら離陸からゴールインまでの所要時間が、三〇分ぐらいのコースに悪戦苦闘することも珍しくない。「この時期の妻沼は数キロ毎に気象状況が激変する。オーストラリアでの状況とは違い過ぎて、恐怖感を抱くことさえあった」と、何人かのＯＢが述懐している。

それなら大会の時期を変えればよさそうなものだが、そう簡単に行かない。連盟に所属する学生たちの半数以上が理工系。実験が多いので長期間は休めない。他の競技会も、ほとんどは学校が休みの時期。選手の練度も最終学年になって向上、出場資格をギリギリになって取得するケースが多いのが実情だそうだ。

現在、日本には全部合わせても三〇ぐらいしかグライダー滑空場はない。利根川と支流沿いには、その三分の一が集まっている。妻沼はその代表的な存在で、長さ約一〇〇〇、幅約一五〇メートルの滑走路が二本ある。宿舎の定員は約一〇〇人。

雨季を除いて一年中、どこかの大学が合宿している。

九六年に生まれた町民グライダークラブは、会員二五人。うち女性五人。最年長五六歳、最年少二四歳。月二回の搭乗訓練を目標にしているが、これまでは学生連盟や他のクラブの機体を借りていた関係で、どうしても遠慮がち。まだ単独飛行を許された人はいない。「でも自前の機体が持てたので、練習にも一段と身が入ります。みんな秋には独り立ちする積もりです。これまでも、学生連盟の協力で夏休みに、町内の小学校五年生を対象に親子グライダー教室を開いていました。今年からは中学二年生の希望者を対象の教室も開設したい」。クラブのまとめ役を務める小林義一町秘書室長も、張り切っている。

約二〇キロメートル下流の羽生市でも、一昨年八月、スカイスポーツ協会が発足、グライダー、モーターパラグライダーなどを楽しむ人が増えてきた。四八年に関東地方を襲ったカスリーン台風は、同市内で利根川の堤防を決壊、溢れ出た水は東京の東部一帯に大被害をもたらした。建設省はこの地点をアキレス腱と見て、スーパー堤防化を進め三年前に完成した。

同市はその一部を利用して幅六〇、長さ一〇〇〇メートルの滑空場を設置、スカイスポーツ愛好者に解放した。協会は現在、グライダー主体の羽生ソアリングクラブ、熱気球で活動するバルーンクラブ夢飛行、モーターパラグライダーを楽しむスカイウエイクラブの三者計約一二〇人で構成されている。会員は入会費三万円（羽生市民は一・五万円）年会費三・六万円（同、一・二万円）を払い、主として週末、祝日に利用している。とりわけグライダーは会員が八〇人。自前でクラブハウスも設け活動も多彩。市民スポーツの新しい在り方の好例として、関係者も注目しているが、地元の人が少ないのに比べ、地元以外の利用希望者が多く、調整が必要なのが気掛かりという。

○ホンダエアポート

羽生市の西北約一五キロメートル、埼玉県川島町荒川河川敷には、本田航空の飛行場がある。滑走路は幅二五、長さ七二〇メートル。本田技研の創設者本田宗一郎氏が、スカイスポーツの将来性に期待して昭和三九年（一九六四）に開設した。フライングクラブには約四〇〇人の会員が所属、計一二機の飛行機、ヘリコプターの操縦を代わる代わる楽しんでいる。

会社の方は操縦士養成と航空機からの写真撮影、遊覧飛行などが主体。半年毎に数人のパイロットが生まれている。また県の防災ヘリ二機の運行管理も引き受けている。

○板倉飛行場

羽生市の北約一〇キロメートルの群馬県板倉町、渡良瀬川堤防内にある板倉練習場は、四月半ばから秋口まで全面を緑に覆われる。中でも初夏のころ、アルミパイプとビニールネットで作った簡易ベッドに寝そべり、涼風になぶられながら見上げる紺碧の空に、こだまする楽しそうな話し声や笑い声は、のどかでまさに別天地の趣がある。

時折、一〇人前後のスカイダイバーを乗せて離陸する飛行機や、グライダーを曳航するプロペラ機がけたたましい音を響かせるが、堤防の外への影響はあまりない。幅二五、長さ一〇五〇メートルの滑走路を取り巻く環境は、こじんまりしたよい雰囲気を保っている。

ここは強い上昇気流に恵まれており、二千数百メートルまで簡単に到達できる。眼下に流れる利根川は雄大だが、それにもまして目を引くのは、ハートの形をした渡良瀬第一調節池。瑪瑙のような深い緑色が印象的だ。この場所を借りている日本グライダークラブは、早くから町民を対象に「飛行」についての講座を再三開設、希望者の中から抽選で体験搭乗も重ねている。その結果、町と町民のグライダーへの理解が深まり、境界を接する埼玉県北川辺町と共同で、第二板倉練習場開設も計画している。

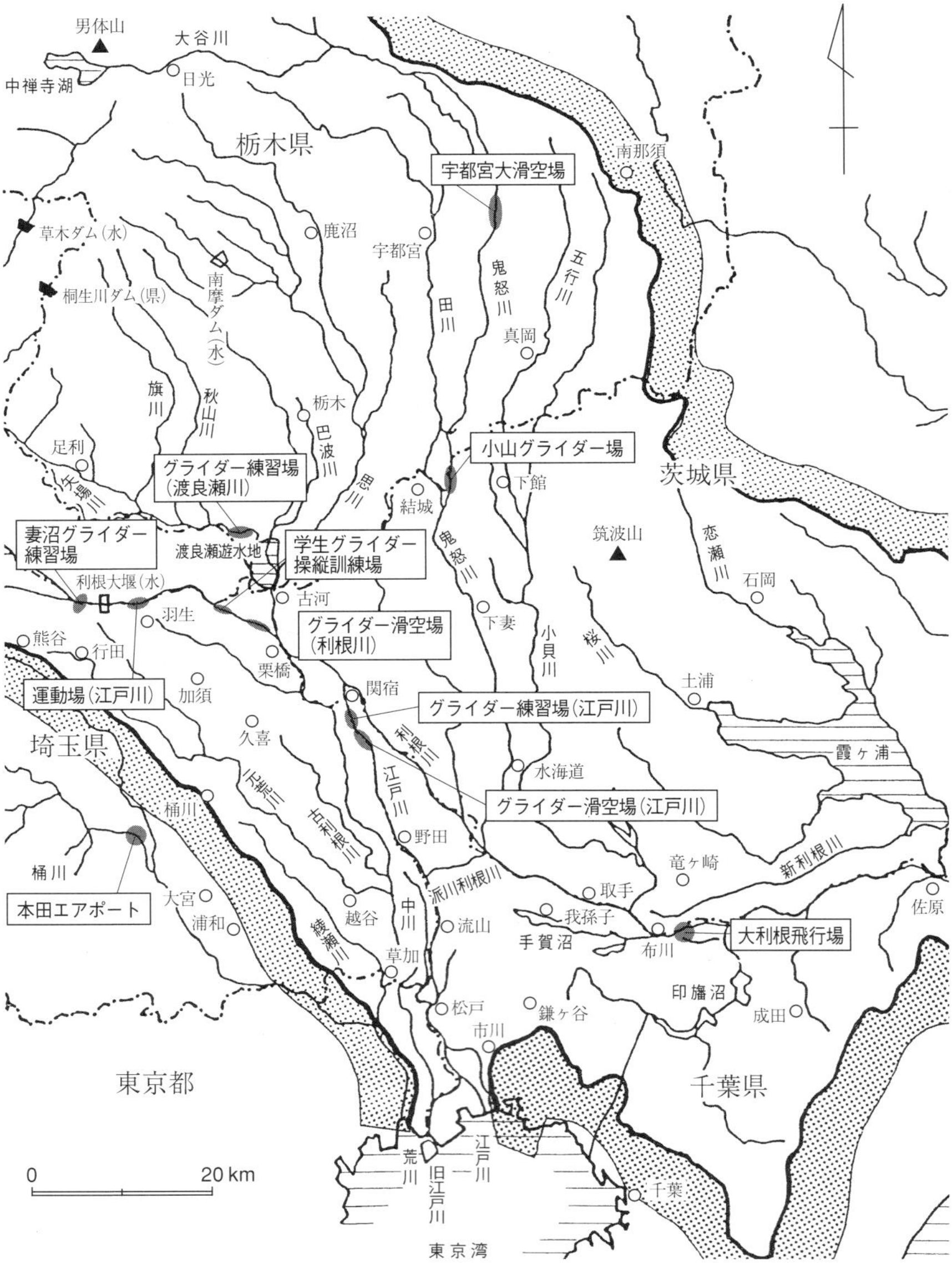

図１　利根川流域のグライダー滑空場

○大利根滑空場

羽生市から利根川を約一〇キロメートル下がった埼玉県大利根町にあり、滑走路は幅九三、長さ八〇〇メートル。かつて読売新聞社が主催していた学生航空連盟のOBたちが、週末に集まり練習している。これは学生が個人で参加する組織で、東京・二子玉川の多摩用河川敷を活動拠点としていた、六〇年代前半までは地の利もあって活動も盛んだった。一〇年ぐらい前には日本選手権の開催地にもなったが、最近は細々と続いている感じで少し寂しい。

○宝珠花滑空場

利根川の支流・江戸川右岸の埼玉県庄和町にあり、主として明治大学航空部が利用している。幅六〇、長さ一〇〇〇メートルの滑走路を持っている。数年前、新しい宿舎が完成、コーチ陣は六、七人と豊富だが、ご多分に漏れず学生数は一六人と少ない。同大学は戦後、日本学生航空連盟と袂を分かち、東北地区の大学と交流していたが、最近は連盟所属の大学と合同合宿をするなど、関係が密になりつつある。

○関宿滑空場

宝珠花の斜め下流、千葉県関宿町にあり、東北高速自動車道路の向こう側に、明大機が上昇する様子がよく見える。日本滑空界の中心的存在で、朝日、京浜両ソアリングクラブや本田航空技術研究会など社会人四〇団体と東京理科大、東京工業大始め数大学が練習の本拠にしている。

昭和四八～五〇年（一九七三～七五）にかけて日本航空協会と滑空協会が八〇〇〇万円を投じて六〇機分の格納庫と、一五〇人収容の宿舎を建設、昨年開設三〇周年を迎えた。毎年四月には全日本選手権の会場になり、国立七大学戦も開かれる。収容している機体は、世界的にもトップクラスのものがそろっている。

幅一〇〇、長さ一五〇〇メートルの滑走路はフルに使っても、週末は利用希望者を捌き切れない状態が続き、地元の人々との交流まで手が回らなかった。「最近、他の滑空場へ移る団体が増え、少し余裕が出てきたので、そうした方面への配慮も考えたい」と、関係者。

○大利根飛行場

小貝川と利根川が合流する千葉県布佐町から、さらに下流へ一〇キロメートル。茨城県河内町の芦原の中に日本飛行連盟が主管する幅六〇、長さ約一〇〇〇メートルの舗装した滑走路がある。単発の飛行機、モーターグライダー各三機があり、いずれかの操縦免許を取得したい人を訓練するほか、体験搭乗も有料で受け付けている。

○宇都宮大学グライダー場

栃木県上河内町、鬼怒川右岸にある滑空場は幅三〇、長さ一〇〇〇メートル。宇都宮大学が占用しているが、上昇気流が発生しやすいので、練習環境としては最適。東大などが時々一緒に使っている。

これまで見てきたように、スカイスポーツは広い空間を必要とする。中でもグライダーの場合は、一〇〇メートル四方の野球場を一〇個並べたような土地を、僅かな人数で占用する。離発着時には時速七〇キロメートルぐらいなので、翼などに触れれば死傷する可能性が大きい。このため訓練場への立ち入りを制限するのだが、日本のように平地の少ない国では、ある意味でぜいたくなスポーツといえる。

そうした空地が都心に近い所に残されているわけがない。利根川とその支流の滑空場、飛行場所在地は添付した表でもわかる通り、最寄りの駅が空欄のところが多い。

ホンダエアポートを例に取ると、JR高崎線桶川駅から途中までバスを利用しても、それから徒歩三、四〇分。大利根飛行場もわかりにくい道を車で延々走らねば行き着かない。このため周辺に人家はなく、爆音も気にならない。

駅からタクシーで一〇分足らずの場所にある板倉は例外的存在だ。しかし、そんな便利な所は周辺に人家が建ち始め、段々エンジン音が疎まれるようになる。かなりの騒音を撒き散らす羽生市のモーターパラグライダーも、堤防内はともかく人家の近くでは、歓迎されざるものになりつつある。「放置すれば荒れ果てる河川敷を大切に管理するのだから、これからもスカイスポーツへの貸与は増えるはず」。愛好者の中にはこんな楽観論もある。しかし管理を最小限に留め、できるだけ自然に近い状態での保全を主張する人が増えている。

借り手は地元の人々の理解と協力を得られるよう、絶えず配慮すると同時に、貸してもらっていることに感謝する気持ちと、行動が大切である。そして今は週末に集中している利用形態が平日にも広がれば、利根川流域は

表1　利根川近隣のグライダー場（図1参照）

河川名	グライダー練習場	許可受者名	当初許可日	占有面積（m^2）	滑走路の幅（m）	滑走路の長さ（m）	最寄り駅等
渡良瀬川	グライダー練習場（板倉町）	日本グライダークラブ	S 44.10.31	26,300	25	1,052	東武藤岡駅より2km
利根川	学生グライダー操縦練習場（板倉町）	財団法人日本学生航空連盟	S 44.10.31（建設省の当初許可）	181,206	40	1,230	最寄駅なし
					88	1,500	
〃	運動場*（埼玉県羽生市）	羽生市	H 10.12.7	76,800	60	1,000	東武羽生駅より約8km
〃	グライダー滑空場（埼玉県大利根町）	学生航空連盟	S 44.2.24	74.215	93	800	JR・東武栗橋駅より約3.5km
江戸川	グライダー練習場（埼玉県庄和町）	学校法人明治大学	S 40.6.3	60,000	60	1,000	東武野田線南桜井駅より約7km
〃	滑空場（千葉県関宿町）	財団法人日本航空協会	S 44.12.20	150,000	100	1,500	東武野田線川間駅より約5km
利根川	大利根飛行場（茨城県稲敷郡河内町）	社団法人日本飛行連盟	S 41.4.2（建設省の当初許可）	63,005	約60	約1,000	対岸の安食駅
鬼怒川	宇都宮大学滑空場	宇都宮大学	S 46.3.31	64,020	30	1,000	対岸のJR・東北線氏家駅
荒川	本田エアポート	本田航空	S 43.6.10	5,594,353	25	720	最寄駅なし

国土交通省調べ

華やかさを増し、日本のスカイスポーツもマイナーの域を脱することができるのだが……。

著者プロフィール

井出　隆雄（いで　たかお）

昭和一三年（一九三八）、東京都生まれ。早稲田大学大学院政治学研究科修士課程終了。昭和四〇年朝日新聞社に入る。名古屋本社社会部、西部本社社会部、整理部、経済部を経て四八年東京本社内政部。四九年から定年退職した平成一〇年までの間、通信部、航空部にも出向したが、大半を社会部記者として過ごす。旧建設省、国土庁、環境庁など中央官庁の取材が長かった関係もあり、都市、道路、河川、防災、環境、省エネといった分野が専門。このほかＮＧＯ、自動車事故死者減少対策などにも関心が深い。

退社後、著述、評論、コーディネイト中心の「シンク・アクト・イデ」を主催する傍ら、ＮＰＯの政策提言型シンクタンク「地域交流センター」副代表を務める。著書に「荒川ワンダーランド」、共著に「日本人の余暇」がある。

江戸川の「大凧あげ祭り」

江戸時代の庄和町は、養蚕産業が盛んで大いに繁栄しました。

庄和町の「凧あげ」は、江戸時代後期に、蚕の豊作占いとして紙凧をあげることを僧侶が伝え、それを聞いた町の人々が、凧をあげて繭の値段を占ったり、養蚕の繭収穫前に人足を集めるため、凧をあげ、賑やかにお祭りを始めたことが、「大凧あげ祭り」のはじまりといわれています。

また、端午の節句に周辺の男子出生者のお祝いとして、各戸では子どもの名前、紋章を書いた大凧、小凧を作りあげました。一部では、凧合戦も盛んだったようで、その頃から凧の形も自然に大型になり、多くの人が共同であげるようになりました。

この「大凧あげ祭り」は平成三年、国の無形文化財に指定されました。

凧の種類は主に大小二種類あり、大凧が縦一五メートル、横一一メートル、重さが約八〇〇キログラム。解りやすい目安は畳で百畳分と同じです。小凧は縦六メートル、横四・五メートル、重さが一五〇キログラムあります。明治の初期には現在の大凧の半分くらいの大きさだったそうで、中期には現在の大きさになりました。

この凧は庄和町にある「大凧会館」に四張展示してあります。

「大凧会館」は庄和町でも大きな建物で、江戸川堤防の上からでも一目でそれとわかります。圧巻なのは、この会館の中央展示室が4階まで吹き抜けになっており、そこに展示してある「大凧」です。館内には大凧を含め国内外の凧四五〇点も展示してあります。また、庄和町は「凧の町」にふさわしく、大凧会館の来場者へ凧のレンタルも行っています。

会館の目の前にある江戸川河川敷までは徒歩で五分程度です。連凧や変わり凧などもあり、たまに童心に戻り、河原で凧あげを楽しむこともできます。

百畳もある大凧をあげるためには、大勢の人と天候、立地条件が必要となります。その条件を満たす場所が、江戸川の河川敷でもあります。

それは、江戸川の堤防の上に立ってみると理解することが出来ます。上流から下流まで見渡す限り、障害物が無い広い河川敷が眼下に広がります。しかし、それだけでは大凧をあげることは出来ません。一番の条件は江戸川河川敷が作り出す「風」です。

大凧をあげるためには、揚力を生み出す風が必要です。江戸川堤防の上に立つと、風が下流から上流側に強く吹いているということが解ります。その風が庄和町を江戸川河川敷を抜けるときがちょうど五月の上旬頃が強くなります。

川から吹き付ける風は、江戸川堤防にぶつかり上へと巻き上げられ、上昇気流となり、大凧をあげる手助けとなります。

このように江戸川の河川敷は、凧をあげるための条件が揃ってるわけです。

「大凧あげ祭り」は、江戸川河川敷で毎年五月三日と五日に開催されます。この凧あげを見物に、両日併せて、一〇万人近くも江戸川河川敷に集まります。大凧あげは、庄和町を南北に分けた「上若」と「下若」の二組みで行われます。風の状況が良いと、大凧の横で小凧をあげ、上空は大凧、小凧で同時に飛び交うまさに凧の競演となります。

豪快に大空に舞い上がる大凧の勇姿は、庄和町の歴史と伝統が多くの人々により継承されてきた証とも言えるでしょう。

大凧会館＝北葛飾郡庄和町西宝珠花六三七
電話　〇四八－七四八－一五五五

〔参考〕大凧会館発行パンフレットおよび聞き取りによる。

江戸川河川敷であがる大凧とそれを堤防から見る観客（写真提供：庄和町大凧会館）

伊能忠敬と佐原

小島一仁（日蓮宗浄国寺住職）

忠敬の生涯

関東平野を東流する利根川は、銚子市のところで太平洋に注いでいる。その河口からおよそ四〇キロメートルほどさかのぼった利根川の南岸に、人口約五万の千葉県佐原市がある。現在の佐原市の中心部は、江戸時代には下総国《しもうさ》香取《かとり》郡佐原《さわら》村といわれていた。

一九世紀の初頭に、日本全国の沿海を実測して精密な地図をつくり上げた伊能忠敬《いのうただたか》（図1）は、この村から世に出たのである。といっても、忠敬は佐原村で生まれたのではなく、延享二年（一七四五）、上総《かずさ》国山辺《やまべ》郡小関《こせき》村（現在の千葉県山武《さんぶ》郡九十九里町小関）の網元の家に生まれ、幼名を三治郎といった。三治郎が六歳のとき母が亡くなり、婿養子であった父は離縁になって生家に帰った。残された三治郎は、一〇歳になって、父の生家の武射《むさ》郡小堤《おんずみ》村

図１　伊能忠敬画像

（高橋景保の手附下役青木勝次郎の作といわれている）

（山武郡横芝町小堤）の神保《じんぼう》家に引きとられた。そして一七歳の時、佐原村の伊能家の婿養子に入ったのである。このときから三治郎は、通称を三郎右衛門と改め、諱《いみな》（実名）を忠敬と称することになった。

伊能家は大百姓で米穀売買や酒造業なども営む資産家であり、また、代々名主をつとめる名家であったが、二〇年ほど前から不幸が続き、当主が定まらぬような状態であった。忠敬の妻となった伊能家の娘ミチは、前に一度婿を迎えたことがあったのだが、まもなくその夫が亡くなってしまったため、忠敬を二度目の婿として迎えたのである。このとき、ミチは二一歳、前夫との間に生まれた男児が一人あった。

忠敬は入夫してから三二年間、伊能家の主人として働いて財産を増し、その間に村の名主もつとめた。そして、四九歳で隠居して通称を勘解由《かげゆ》と改め、家督を長男景敬《かげたか》に譲り、翌寛政七年（一七九五）五〇歳で江戸に出て、幕府天文方《てんもんかた》、高橋作左衛門至時《よしとき》の弟子となった。天文方というのは、天文・暦学・地誌・洋書翻訳などをつかさどる役で、高橋至時は、大坂の下級役人からこの役に抜擢された西洋流暦学のエキスパートであった。

忠敬は、師の至時から本格的に西洋流暦学の理論や天体観測の方法などを学びとることができた。そして入門してから五年後の寛政一二年（一八〇〇）、蝦夷地《えぞち》（北海道）の測量を行うことになった。

当時、至時や忠敬は、暦学者として子午線一度の長さを実測してたしかめることを学問的課題としていた。子午線一度の長さがわかれば地球の大きさがわかり、正確な暦をつくることができるからである。ところが、ちょうどこのころ、ロシアの勢力が北方から日本に迫ってきていたため、幕府は蝦夷地の地図を必要としていた。至時は、この情勢を見て、幕府のために精密な蝦夷地の地図をつくることを進言して許可を得、この機会に、子午線一度の長さを確かめようとした。そして実際の仕事をする測量隊長には忠敬を選んで幕府に推薦したのである。至時は忠敬の学問的技術的実力を信頼していたばかりでなく、財力があり、しかも自費をつぎこんでも惜しまない気持ちをもっている忠敬ならば必ずこのしごとをなしとげることができると思ったからである。

こうして忠敬は、蝦夷地東南海岸を実測して、その地図を幕府に提出したが、図らずも、これが全国測量の糸口となったのである。忠敬は蝦夷地測量以後も幕府の命を受けて東日本各地域の測量を行い、享和四年（一八〇四）からは正式に幕吏に登用され、西日本の測量におもむいた。そして、文化一三年（一八一六）までに蝦夷地西北部と沖縄を除く日本全国の海岸線の測量を終えたのである。

伊能測量隊は、一七年間に前後一〇回にわたる測量行に出たのだが、その旅行距離は約四万八〇〇〇キロメートル、地球を一周して余りあるほどのものであった。

この間、忠敬は各地域の測量を終えるごとにその地域の地図をつくって幕府に提出したが、全国の測量を終了すると、その集大成として、間宮林蔵の蝦夷地西北部測量の成果も加えて、「大日本沿海実測全図」の作製に取りかかった。しかし、残念ながらその完成を見ずに、文政元年（一八一八）、江戸で死去した。七三歳であった。

「大日本沿海実測全図」は部下や弟子たちの協力によって、その三年後に完成され、幕府に提出された。

忠敬の業績

忠敬の地図には、特別のものを除いて、大図（縮尺三万六〇〇〇分の一）、中図（二一万六〇〇〇分の一）、小図（四三万二〇〇〇分の一）の三種がある。また、作製時期や測量条件等の違いによって描き方に多少の差はあるが、共通の基本的特色が見られる。

その第一は、海岸線と実測した街道が極めて精密に描かれていることである。ただし、現在の地図と違って内陸部が描かれておらず、土地の高低も示されていないが、その精密さはそれ以前の地図（絵図）とは比較にならない。

第二は、実測にもとづく正確な緯線が引かれていることである。忠敬の地図には経線も引かれているが、残念ながらこれは正確なものとはいえない。当時の日本の技術水準では、経度を正確に測定することはほとんど不可能に近かったのである。

しかし、忠敬の地図は右のように画期的な精密さをもっていたので、明治以後、日本地図作製の土台となり、その影響は、最終的には一九二〇年代にまで及んでいるといわれている。

では、そのような地図をつくるのに、忠敬はどのような測量方法を用いたのであろうか。

まず、距離を測るには、蝦夷地測量の時にはほとんど歩測で通したが、以後は間縄《けんなわ》を用いるのを原則とした。間縄というのは、六〇間《けん》（一間は約一・八メートル）の縄に一間ごとに印をつけたもので、これを実際に土地にあてて距離を測ったのである。縄の材料には、できるだけ伸縮を小さくするために鉄鎖などを用いた。

方角を測るのには方位盤を用いた。方位盤というのは方角を示す目盛りを刻み、視準器を取り付けた金属製の盤に磁針をセットしたものである。

忠敬の測量方法の基本は、このように間縄で距離を測り、方位盤で方角を測定して記帳しながら進んでいくことであったが、この方法だけだと、いくら正確に測量したつもりでも長い間には大きな誤差を生むことは避けられない。そこで、誤差を修正するために、各地点で遠山の頂や高い樹木など目立つ目標をとらえて、その方位を測定し、その地点の位置を確かめるようにした。このような測量方法は既に行われてきたことで、決して目新しいものではないのだが、忠敬は非常に丹念にそれを行ったのである。

しかし、忠敬はもう一つ大事なことを行った。昼間はこのような地上の測量を行って宿に着き、夜になると象限儀《しょうげんぎ》（図2）という器械を用いて北極星やその他の恒星の高度を観測し、その地点の緯度を算出した。このことは、暦学上の課題であった子午線一度の長さを測定するためにも、また、地上測量の誤差を修正して精密な地図をつくるためにも極めて重要なことであり、忠敬は精力的にこれに取り組んだのである。そして第三回測量の時までに、子午線一度の長さを二八・二里（約一一〇・八キロメートル）と算出したが、その誤差は一〇〇〇分の一程度にすぎないといわれている。緯度の測定がいかに正確に行われたかがわかるであろう。

さてそれでは、忠敬が全国測量と精密な地図の作製という偉大な業績を達成することができたのは、どうしてなのだろうか。

忠敬の生涯を振り返ってみると、その要因としてまずあげなければならないのは、高橋至時との出会いであろう。忠敬が精密な地図をつくることができたのは、至時から西洋流暦学の理論や天体観測の技術を学び、緯度の測定などを正確に行うことができたからである。また、全国測量への道が開かれたのも至時のおかげであった。このことを大きな目で見れば、忠敬の業績は江戸時代の鎖国体制の中においても、新しい学問である洋学（西洋の近代科学）が、ようやく広がりはじめたという歴史の流れの中で生み出されたものであったといえるだろう。

図2　象限儀

しかし、それだけでは下総佐原の酒造家の主人であった忠敬が、どうして暦学に関心を持つようになったのか、また、至時から教えられた西洋流の暦学は極めて高度の学問であったのに、どうしてそれを受け入れることができたのか、などの疑問が残る。それらの疑問を解くためには、佐原村と伊能家、そこで生活した青壮年期の忠敬のことなどを、もう一度詳しく調べてみる必要がありそうに思われる。

『商業都市』佐原村

忠敬が一七歳から四九歳まで三二年間生活した佐原村は、下総ではもちろんのこと、関東でも指折りの大村であった。一般に江戸時代の村というのは、現在の市の中の一つの町、町・村の中の大字《おおあざ》にあたる範囲のもので、家数一〇〇軒、人口五〇〇人に満たない村がいくらもあった。ところが佐原村は、忠敬が伊能家に入夫してから六年後の明和五年（一七六八）の記録によると、家数一三三二軒、人口五〇八五人を数えている。当時、城下や宿場でもないただの村で、人口五〇〇〇人を越える村はざらにはなく、下総では、佐原村のほかには現在の銚子市の中心部にあたる海上《うなかみ》郡飯沼《いいぬま》村しかなかった。

佐原村は、その中央を利根川支流の小野川が南北に貫流していた。その東岸を本宿《ほんじく》、西岸を新宿《しんじく》といい、新宿の方には一六世紀末の天正年間（一五七三〜一五九二）から六祭の市が立てられていたが、江戸時代、一八世紀に入るころには、小野川にかかる大橋（現在の忠敬橋）を中心として、本宿側にも新宿側にも常店が軒を並べ、町場を形成するようになった。佐原村がこのような『商業都市』として発展した要因は、利根川の水運にあったといってよいだろう。

利根川の本流は、以前は江戸湾に注いでいたが、江戸時代初期からの数度にわたる河川改修工事によって流路が東方につけかえられ、現在のようになったのである。この流路の変更によって、下利根川の水運は江戸と直結して急に活発になった。下利根川の中心的な河岸場《かしば》（河港）である佐原村には、近隣の天領・旗本知行地から上る多くの年貢米が集められて高瀬舟に積み込まれ、利根川を関宿《せきやど》（千葉県東葛飾郡関宿町）までさかのぼり、そこから江戸川を下って江戸に運ばれた。酒、醤油、薪なども佐原河岸から積み出された。また、佐原の高瀬舟は、しばしば銚子に回漕され、海路で奥州から運ばれてくる御城米をここで積みかえて江戸へ運んだ。忠敬が伊能家に入ったころ、佐原村には酒や醤油を醸造する家が三七軒もあったが、それも水運の刺激によることが大きかったためであろう。

しかし、佐原村は経済的に繁栄したばかりではなかった。

地元の古文書を見ると、佐原は「気楽な土地柄」という表現に出会う。これは、商業活動が盛んで人の往来が激しいうえに佐原は城下町ではなく、ふだんは武士が一人も住んでいなかったので、〝自由〟な雰囲気があったということであろう。また、佐原村には〝自治〟的な傾向もあった。というのは、佐原は村であるのに、その中に現在の町内《ちょうない》の原型である、たくさんの町々を含んでいたからである。本宿側には上仲町・下仲町・寺宿・田宿など、新宿側には上宿・下宿・上新町・下新町など、合わせて二〇以上の町々があり、それらの各町は寄合で役員を選び、現在の町内会の規約のような町法によって〝自治〟的に運営されていた。

このように、佐原村が経済的に繁栄し、〝自由〟、〝自治〟の活力をもつ村であったことは、江戸時代後半期になって、この村から多くの学者、文化人が出たことと無関係ではあるまい。忠敬の先輩としては、賀茂真淵門下の四天王の一人といわれた国学者の伊能魚彦《なひこ》、忠敬の後には、国学者・歌人の伊能穎則《ひでのり》、永沢躬国《みくに》、漢学者の清宮秀堅《せいみやひでかた》などが出ている。忠敬もまたそれらの人々と同様に佐原村で育てられた人物だったのである。

商人的合理主義

これまでに書かれた忠敬伝の多くは、〝佐原時代〟の忠敬について、ひたすら家のため村のために尽くしたことを讃えている。しかし実は忠敬は佐原村と伊能家の生活から、後の彼の業績を可能にするためのさまざまな人間的資質や能力を身につけることができたのであった。その中の重要なものの一つに、商人的な合理主義ともいうべき考え方がある。

忠敬は隠居する三年前に、家訓（図3）を書いて長男景敬に与えた。

第一　仮にも偽をせす孝悌忠信にして正直たるへし

第二　身の上の人ハ勿論《モチロン》身下の人にても教訓異見あらは急度相用堅く守るへし

第三　篤《トク》敬謙譲とて言語進退《シンタイ》を寛裕に諸事《ショジ》謙《ヘリクダ》り敬ミ少も人と争論《ソウロン》《アラソイ》など成《ナス》べからず

江戸時代の旧家の家訓というのは形式的で、何カ条もある長たらしいのが普通であるが、忠敬の家訓はわずか三カ条の簡潔なものである。ふりがなを付けているのも実用的である。そして、特に「第二」には、合理的な考え方がそのまま表れているようだ。

忠敬は、商人として無駄金を使うことを極端に嫌った。忠敬は、家人に宛てた手紙の中で、「米でも薪でも、あきないものを買い入れるようなことは決してしないよう、金子は出さずに、ともかく貯めることが大切です」と書いている。ただこれだけ見ると随分けちだと思われるかも知れないが、有益だと思われる場合には、大金を投じても惜しまなかったのである。

忠敬が四一歳のとき、いわゆる天明の飢饉で米価が高騰し、江戸では打ちこわしが起こって、幕府もなかなかこれを抑えることができないでいた。このとき、佐原村でも打ちこわしが起こるおそれがあり、裕福な商人の中には江戸の地頭所（旗本津田家）から役人を派遣してもらって、これを抑えようという意見も出た。しかし忠敬はそれに反対し、資産家たちに呼びかけて連日米や銭を出して窮民たちに施した。それで、佐原村は一人の餓死者も出さず、打ち壊しもなく飢饉を切り抜けることができたのであった。

このような合理的な考え方は、後に忠敬が測量事業に携わるようになったとき、多額の自費をつぎ込んでもやり遂げようとしたことに表れており、また、科学者としての実証精神の土台ともなったのである。

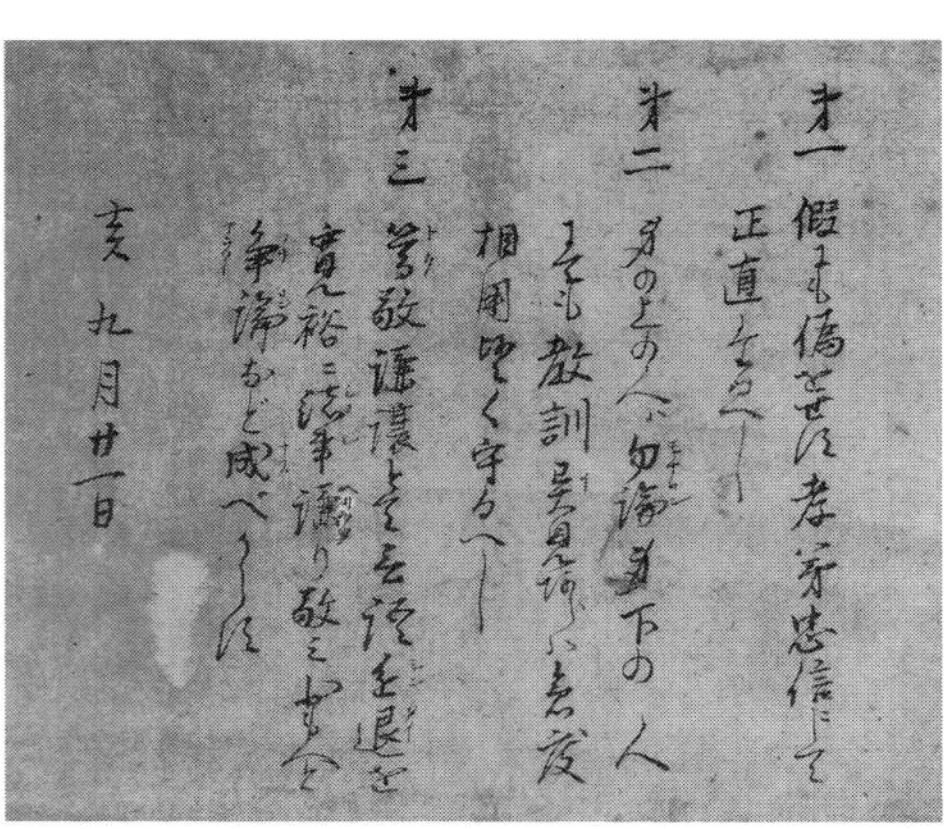

図３　忠敬自筆の家訓書

測量術から暦学へ

また、忠敬は、佐原村と伊能家の生活の中で、測量術・数学から暦学の基礎までを学びとることができた。それは、伊能家だの資産家・名門というだけでなく、古くから測量と地図作製の伝統をもつ家柄であったためである。

佐原村は利根川の水運によって栄えたが、その反面、地元の文書に「一夜洪水の所」と記されているように、しばしば利根川の洪水にいためつけられた村であった。洪水によって堤防を破られ、田畑や家屋敷まで押し流されることも稀ではなかった。洪水の後では、堤防の修築や田畑の境界の復旧などを行わねばならず、それには測量はつきものである。ことに、工事の指揮・監督にあたる名主には、多少とも測量に関する知識が必要であった。そういうことから代々名主をつとめる伊能家の主人の中には測量の心得をもつ者が多く、中には地図を作製した人もいた。忠敬の妻ミチの祖父にあたる景利《かげとし》は、幕府の元禄国絵図作製の際に地頭所の命を受けて佐原村の測量を行い、村絵図をつくって提出したほどであった。

忠敬は、このような伝統をもつ伊能家の主人として生活し、名主もつとめたのだから、測量術や数学・地図作製などに関心をもち、その知識を身につけるようになったのは、自然の成り行きだったといえるだろう。

天明三年（一七八三）、三八歳のとき、忠敬は利根川堤防修築のために働いた。そして、おそらく四十歳を過ぎてからかと思われるが、忠敬は暦学に関心をもちはじめた。当時、暦学と数学とは学問上で兄弟のような関係にあり、すでに測量術と数学にかなりの実力をもっていた忠敬が、暦学に興味をもったとしても少しも不自然ではない。しかし、暦学に深い関心を寄せ、ただの楽しみでなく、やがてそれを自分の仕事にまでしようとまで思うようになったのは、当時、暦の誤りがしばしば世間の話題となっていたことと関係があるようだ。

忠敬が佐原で生活していたころの暦は、それ以前の貞享暦《じょうきょうれき》という暦に誤りが目立ってきたために、宝暦四年（一七五四）に幕府が天文方に命じて「宝暦甲戌暦《ほうれきこうじゅつれき》」というものをつくらせたが、これも改暦にあたった天文方の観測技術や計算が未熟であったためにやはり誤りが多く、世間の物笑いになる始末であった。そこで幕府は実際の必要からも権威を保つためにも、またまた改暦を行わねばならぬはめに陥ったのである。幕府の世襲天文方が無能であったのにひきかえ、民間では有能な学者が現れていた。特に評判が高かったのは、大坂で町医者をして生計を立てながら暦学を研究していた、麻田《あさだ》剛立《ごうりゅう》であった。剛立は、西洋流の暦学を漢訳の書籍から学びとるとともに、精密な天体観測を行って日本に新しい暦学を打ち立てようとしていたのである。改暦のために幕府が大坂から呼びよせて天文方の役につかせた高橋至時は、麻田剛立の高弟であった。この人が忠敬の師となったことは前に述べた通りである。

暦をめぐるそのような情勢の中で、忠敬は暦学に対する関心を次第に強め、当時盛んに出版されるようになっていた暦書を江戸や京都から取り寄せて、独学で研究をはじめるようになったのである。

伊能景利の遺業

しかし、忠敬が本格的な暦学修業を志して江戸に出る決心を固めるには、他にもう一つバネになるような強い力が働いたのではないかと思われる。それは、妻の祖父である伊能景利の遺業からの影響・刺激であった。

伊能景利が測量や地図作製について相当の実力をもち、幕府の元禄国絵図作製に協力する業績を上げたことは前述したとおりであるが、実は、彼の最大の業績は、大量でしかも整然とした記録を残したことである。

代表的な記録を二、三あげてみよう。

まず、『部冊帳《ぶさつちょう》』という記録がある。これは、天正年中から享保一〇年（一七二五）まで、近世初期の一五〇年間にわたって、佐原村とその近隣の村々に関する重要事項と記した留書きで、前巻・後巻合わせて二七冊、墨付紙三〇〇〇枚を超える大部の記録である。次に、元禄一〇年（一六九七）から享保一〇年（一七二五）までの『伊能景利日記』二〇冊。また、神祇・釈教・儒書・年中定書に関する重要事項を種々の書籍から筆写し、私見をも加えて編集した生活指導書ともいうべき『千代古見知《ちよのこみち》』七冊、『続千代古見知』九冊などがある。その他、景利の残した記録は数一〇冊を数えるほど大量であり、しかもすべてが極めて整然と編集・筆記されていて、常人ではほとんど実現不可能と思われるほどの記録である。

忠敬は、それらの記録から多くのことを教えられ、また、記録することの大切さについても学ぶことができたのだが、とりわけ胸に響いたのは、それらの記録の大部分が景利が四六歳、正徳三年（一七一三）に隠居して以後の一二年間にまとめたことであった。このことから、隠居してからでも大きな仕事をすることが可能であるという励ましを受け、本格的に学問に打ち込む決心を固めて江戸へ出たのである。これが、伊能忠敬の「第二の人生」への出発となった。

最近、伊能忠敬は「高齢化社会」の到来と共に、「第二の人生」を生きる手本としてもてはやされている。これはいうまでもなく、彼の偉大な業績が五〇歳を過ぎてから達成されたことによる。しかし、その「第二の人生」が、彼の青・壮年期の生き方を土台として築き上げられたものであるということも、忘れてはならないであろう。

参考文献

小島一仁（一九七八）＝伊能忠敬、三省堂

本稿に使用した写真は全て伊能忠敬記念館の提供である。

著者プロフィール

小島　一仁（こじま　いちじん）

大正一〇年（一九二一）、東京都八王子市生まれ。昭和一七年慶應義塾大学文学部史学科卒業、同年一〇月より軍隊生活。二一年九月戦場より帰還、佐原市に住む。二一～五一年の間、千葉県教員（県立佐原高校、同銚子高校等に勤務）

現在、日蓮宗浄国寺住職、歴史教育者協議会会員、佐原市伊能忠敬記念館協議会会長、佐原古文書学習会を主宰。

主な著書

『伊能忠敬』講談社（一九六〇年）、『伊能忠敬』三省堂（一九七八年）、『世界の国ぐにの歴史　ロシア』岩崎書店（一九九〇年）。その他、歴史関係の共著、論文多数。

香取神宮の式年神幸祭

利根川下流部、佐原市の河畔に大鳥居があります。香取神宮一の鳥居（浜鳥居ともいいます）です。ここは往古、香取海と呼ばれていた海岸にあり、香取大神は海路ここから上陸されたと伝えられています。一二年に一度とり行われる式年神幸祭では、ここから御神輿を載せた御座船が利根川を遡ります（口絵参照）。

香取神宮の御祭神は、経津主大神《ふつぬしのおおかみ》といいます。大神は、天照大御神の御神意を奉じて、鹿島神宮の大神、武甕槌大神《たけみかづちのおおかみ》とともに出雲国へ行き、大国主命と「国ゆづり」の交渉をして見事成功し、後に東国に下り、鹿島の大神と協力して平定したとのことです。香取神宮の創建は神武天皇の一八年と伝えられています。香取と鹿島を同一神とする説など、香取神宮の祭神には異説があるようです（島田、一九九八）。

香取神宮の祭典は年間を通じて各種行われていますが、四月一五日の神幸祭は、経津主大神の御神徳を仰ぐ氏子達が大神の御巡幸をお迎えするお祭りです。特に一二年目毎の午歳に行われる式年神幸祭は盛大で、伝統の装いで供奉する氏子は数千人にのぼり、御神輿は津の宮鳥居河岸から御座船に移り、利根川を遡ります。この神幸祭は、軍神祭ともいわれ、大神が荒振神を討伐した時の陣容にのっとるものとされます。その神幸の行列には御輿の後に旗・露払い・猿田彦・先乗童児・甲冑隊・少年隊・騎馬武者・獅子舞・大鳥

利根川河畔の香取神社一の鳥居（津の宮）

毛・大榊・四神旗・弓・楯・比礼鉾・大錦旗・太刀・大太鼓・伶人などがつづきます。利根川を遡った御神輿は、途中佐原の沖合いで鹿島神宮や小御門神社の出迎え船と御船遊びがあって、佐原に上陸し、お旅所に一泊し、翌日佐原の中心街を通って香取神宮に戻ります。

この神幸祭は、最近では平成二年（一九九〇）の午歳にとり行われました。「一大絵巻きを見る思い」とは、多くの方の感想のようです。

ここ津宮は、江戸時代舟運の盛んなときは、「津宮河岸」として栄え、赤松宗丹の『利根川図志』にも挿し絵が描かれています。当時の常夜燈が浜鳥居の手前中央に今も残っています。また、ここには対岸の津宮新田から津宮小学校へ通学する児童が主に利用している渡船の船着場があります。

次の香取神宮式年神幸祭は、午歳平成一四年（二〇〇二）四月一五日、一六日となります。佐原に行くには、JR成田線、東京駅八重洲南口からJRバス、東関東自動車道佐原香取ICが便利です。

〔参考資料〕香取神宮社務所「香取神宮」（パンフレット）
島田七夫（一九九八）＝「佐原の歴史散歩」、たけしま出版

江戸後期の津宮河岸
（赤松宗旦著「利根川図志」より）

氾濫原の植生と植物

鷲谷いづみ（東京大学教授）

進化の舞台としての氾濫原

私たちが今日目にしている自然の大部分は、長い年月をかけたヒトと自然の営為の合作である。地球のどこをとっても、その自然は旧石器時代以来の人類の活動の影響を何らかの形で受けており、原生的な自然といえども人為の痕跡は無視できない。しかし、人為がきわめて強く作用して「自然」が影の薄い存在になっている空間もあれば、自然の営力が人為にはるかに卓越する原生的な自然もある。

今日の利根川水系の河川の河原には、ゴルフ場、グランド、耕作地、工事跡の荒れ地など、人工的な空間の占める割合が小さくなく、植生に占める外来種の割合が大きい。しかし、ごくわずかではあるが、関東の低地に開発が及ぶ以前の広大な氾濫原自然がどのようなものであったかを伺い知るよすがとなる植生の片鱗が残されている場所もある。そのような植生を丹念に調べることで、かつてこの関東の地に広がっていた原生自然がどのようなものであったのか、朧気《おぼろげ》ながらではあるが描き出すことができる。

日本列島は海洋プレートが大洋プレートの下に沈み込む場所にできる典型的な島弧である。多数の火山を擁する島弧火山帯として造山運動も盛んであるため、列島は全体に山がちで地形は急峻である。低地は、基本的には急峻な山から削られた土砂が川によって運ばれて堆積した沖積地であり、その面積が国土に占める割合は二割にも満たない。その中で数千年の夕イムスケールでみた場合に河川の氾濫や浸食・堆積作用の影響を受ける場所が氾濫原（［広義］後背湿地、自然堤防なども含む）である。

氾濫原は、大地を自由に動き回る川の作用によって地形も地質も変化に富む。土壌が堆積した場所には河畔林が発達する一方で、水が停滞しやすい場所は湖や沼などになり、周りには湿めった草原が広がる。湖や沼の水辺には、異質な二つの生態系、すなわち水と陸の生態系をゆるやかにつなぐ「移行帯」の植生が発達する。

移行帯では、水から陸への緩やかな環境変化に応じて植物の種類が移り代わる。つまり、水深が深い場所には、体を完全に水の中に沈めて生活する沈水植物、少し岸に寄った浅い場所には長い葉柄で葉を水面に浮かべる浮葉植物、もう少し浅い場所には水を貫いて空気中にまで葉を伸ばす抽水植物、さらに陸側には水面より上の土壌に根を張る湿生植物がみられ、ヨシ原など湿生草原へとつながる。

異なる環境のモザイクともいえる氾濫原には、さまざまな生育場所が形成されて植生の多様性が大きい。さらに、場所毎に頻度や程度の異なる増水による攪乱によって高い種の多様性が維持される。

日本列島では、数百万年前来、造山運動、気候変動、海水準の変化に伴う地形の変化により、氾濫原の縮小・拡大が繰り返された。氾濫原が広がったときには、そこにつくられる多様な物理的環境条件に応じて多様な生活史をもつ植物が進化した。昆虫などの動物も、植物と相互に密接な影響を及ぼしあいながら進化した。氾濫原が縮小した時期に大きな気候変動があれば、そこに適応した生物種の絶滅がもたらされることもあった。しかし、氾濫原が再び広がれば氾濫原の生物はいっそう多様化した。山がちの列島において、面積では山地に遠く及ばない氾濫原ではあるが、その環境の多様さゆえに生物多様性を育む「進化の舞台」としての役割は、けっして山地にひけをとることがなかった。

人間活動と氾濫原の自然

氾濫原は、歴史時代、特に近世以降は治水によって水田などの耕作地に変えられて著しく狭められ、その名残が堤外地にわずかに残された。そこでは、採草や茅刈り、野焼きなど植物資源の採取にかかわるヒトによる管理が自然の撹乱の作用を補い、氾濫原らしい自然の要素の維持に役立った。しかし、氾濫原の植物のレフュージアとしての役割を果たしてきた堤外地の自然植生や半自然植生は、今ではその大部分が存続を危ぶまれるような人為的な圧力のもとにおかれている。河原が公園、グランド、ゴルフ場、花畑、駐車場などとして利用されるようになり、氾濫原の植物の生活の場は著しく狭められているからである。残された場所も極度に孤立し、氾濫原に特有な植物は全般に絶滅しやすい状態におかれている。しかも、現在の河原には、セイタカアワダチソウなど、競争力の大きい外来植物が侵入し、在来の植物の生活を脅かす。

一方で、湖沼などの止水域からは移行帯としての水辺の植生の成立と維持に欠かせない「緩やかな環境勾配」が失われた。利水や治水のための切り立った固い護岸の築造や自然の季節変動とはかけ離れた水位操作のせいである。そのため多くの水草が絶滅危惧植物となった。今では、日本に自生する水草の三分の一が絶滅危惧種である。水草の衰退は、水辺の植生に依存して生活する多くの動物や微生物の生活のための条件の喪失を意味する。そのため、水から陸へと過剰な栄養を戻す機能を担っていた生物間相互作用のネットワークが失われ、湖沼はその自浄作用を大きく損なった。水草が水から栄養塩を吸収して旺盛に成長し、その水草を虫が食べ、その虫あるいは直接水草を鳥が食べて、その鳥が陸で糞をしたり他の鳥獣の餌になる、といったありふれた生き物の営みの連鎖が失われたり、植物が空気中から取り入れた酸素を根を通じて泥の中に送ることによって、その活動が保障されていた水底の土壌中の好気性細菌による有機物やアンモニアなどの酸化が進まなくなるためである。流域の開発により流入する汚水の負荷が増大したこととと相まって、湖沼の富栄養化や汚染はなかなか改善しない。

関東低地の氾濫原植生の名残

草枕　旅の憂へを　なぐさもる　事もありやと　筑波嶺に
登りて見れば　尾花散る　師付の田井に　かりがねも
寒く来鳴きぬ　新治の　騰波の淡海も　秋風に
白波立ちぬ　筑波嶺の　よけくを見れば　長きけに
念ひつみこし　憂へはやみぬ

筑波山に登る歌一首　万葉集　巻第九（一七五七）

現在の茨城県下妻市の辺りに、万葉時代にはこの歌に詠まれている騰波（鳥羽）の淡海という湖があった。湖は次第に陸化したが明治の初めころまではその名残の広大な湿地が広がっていた。その場所に現在流れているのが下流側の取手で利根川に合流する小貝川である（**写真1**）。かつて鳥羽の淡海が存在していたあたりでは、河川勾配は二〇〇〇分の一から四〇〇〇分の一と非常に緩やかで、河原には礫はほとんどなく、土壌をつくるのは砂や粘土などの細かい粒子である。その西側を並んで流れる鬼怒川と小貝川は、もとは一つの河川であった。今は、鬼怒川から取水された農業用水が小貝川に流されているため、鬼怒川の土手のすぐ内側までが小貝川の流域である。そのため、鬼怒川は流下するにしたがって痩せていき、小貝川は下流にいくにつれて水量を増す。

三万年前には、鬼怒川は現在とはまったく異なる流路をとっていたことが知られている。それは、今の小貝川の谷を流れ

写真１　小貝川から筑波山を望む

て筑波山にあたり、その麓を巻くように流れて現在の霞ヶ浦に達し、その底を流れて太平洋に注いでいた。ところが二・六万年前になるとその流路を大きく西へ逸らし、筑波山から離れた現在の下妻のあたりを流れるようになった。六〇〇〇年ほど前の縄文海進の時代には、下妻台地より下流側は当時の奥鬼怒湾の深い入り江に沈んでいた。

八世紀の万葉時代には、鬼怒川は下妻台地の南を台地に沿って東に流下し、そこからは今の小貝川の流路を流れ下っていた。そのあたりに鳥羽の淡海があったのだが、それは鬼怒川が自然堤防でせき止められてできた堰止め湖であった。湖は次第に陸化したが、一〇世紀前後の将門の時代にも開けた水面が残されていた。この一帯の氾濫原の本格的な開発が行われるようになったのは、戦国時代も末になってからである。

家康が秀吉から未開の関東の地を与えられたころ、関東の低地では利根川・荒川・渡良瀬川が乱流し、まさに、未開の氾濫原というにふさわしい状態であった。その広大なひとまとまりの氾濫原とは台地で区切られた鬼怒川・小貝川の氾濫原も同様であった。

家康の家来であった伊奈氏は、まず水海道で小貝川に流入していた鬼怒川の分流に着手した。常総ロームの台地を開削してそこに新たな鬼怒川の流れをつくったのである。このつけ替えにより、小貝川の下流の湿地を新田として開発することができるようになった。この時、新田の用水を取るために関東三堰、すなわち、福岡、岡、豊田堰が小貝川につくられた。

このようにしてできた鬼怒川の流路（現在の利根川下流の流路）に、かつては東京湾に流入していた利根川と渡良瀬川をつけ替えて流下させた。これによって、関東の主要な河川が一つの河川として銚子に流れる、現在の利根川に統合されたのである。

江戸時代の初期に鬼怒川・小貝川の氾濫原はほぼ水田として開発しつくされたが、鳥羽の淡海一帯だけは手がつけられず、その開発は近代的な水利事業で干拓されて水田地帯となった明治時代以降にまで持ち越された。昭和六一年（一九八六）八月に襲来した台風によって約一五〇年に一度の規模の洪水が起こった時は、かつての鳥羽の淡海であった一帯が浸水し、ひとときではあるが淡海がよみがえった。

　鳥羽の淡海に由来する湿地帯が百年前まで残されていたことと、その一帯と下流の小貝川の河原に保全上の価値が高い植生が現在でも残されていることは無関係ではないと思われる。そして、小貝川の河原にわずかに残された河畔林や湿った草原とそれらの環境に特有の植物は、中世までこの関東の地にひろがっていた氾濫原の自然のかすかな名残りであるといえる。

　氾濫原植生の名残りがみられる場所としてまずあげなければならないのは、下妻市横根付近の小貝川河川敷（利根川合流点から約五四～五五キロメートル付近）である。ここには関東地方随一といえるまとまった河畔林が残されている（写真2）。しかし、現存の河畔林は昔の河畔林がそのまま残されていたものではない。その大部分は、一旦は桑畑や畑などとして利用されていた河原に、戦後に再び林が広がり、現在の規模にまで回復したものである。一九八六年の大洪水の後にこの河畔林の伐採が計画された。しかし、地元の「オオムラサキと森の文化の会」の人々の努力が実を結んで伐採を免れ、現在その一帯は「小貝川ふれあい公園」の自然観察ゾーンとして保全されている。

　水海道市の荒井木町大和橋下流付近（利根川との合流点から約三〇キロメートル上流の地点）にある小さな河畔林は、小貝川の河畔林のなかでも特に多くの絶滅危惧種が集中的にみられるホットスポットである。面積わずか一五〇〇平方メートルほどの小さな林とそのまわりに、フジバカマ、エキサイゼリ、マイヅルテンナンショウ、チョウジソウなど、十数種の絶滅危惧種が生育している。

写真2　下妻市横根の河畔林

現在では、小貝川でも河畔林もそのまわりのレッドデータブック記載種の生育場所も河原全体からみればごくわずかな面積となり、人為の影響を色濃く受けている。しかし、氾濫原の植物がこのように生き残っている場所は、広い関東平野の中でも浦和市の特別天然記念物サクラソウ自生地を除けば、この辺りと渡良瀬遊水地だけである。利根川本川の河原にも氾濫原植生の名残りが若干残されているところもあるが、小貝川に残るものと比べると断片的であるといわなければならない。次項に、小貝川に残されているそれら関東低地の氾濫原植生とそれを特徴づける植物を紹介する。

オオムラサキの森としての河畔林

氾濫源の中でも、地下水面に比べてやや高い位置に地表面があり、冠水頻度がそれほど高くない場所には河畔林がみられる。クヌギ、エノキ、ハンノキなどを主要な樹種とし、低木層にはゴマギやイボタノキがみられるのが関東地方や東北地方に分布する河畔林の特徴である。

食樹のエノキと成虫に樹液を提供するクヌギがほどよく混ざるこのような林は、国蝶のオオムラサキの生息に適している。というよりは、オオムラサキはこのような河畔林と結びついて進化した蝶といえるのだろう。河畔林は、辺りが水田として開発されると、多くが農用林や薪炭林として利用された。実際に、小貝川に残されている河畔林の多くは、二〇年ほど前までは薪炭林として利用されていたもののようである。河畔林は本来、氾濫原特有の水による攪乱作用で保たれていた森林であるが、氾濫原が開発された後には、利用のための植生管理によって維持されてきたものである。

このタイプの河畔林ではクヌギが優占し、ハンノキは冠水頻度の高い場所に集中する。また、日本のマメ科の植物の中でもっとも大きな莢をつけるサイカチが混ざるのも特徴である。

クリームがかった白い花を集合させて咲かせるゴマギは、このような河畔林の低木層に特徴的に見られる低木である（**写真3**）。低木には、ヤマコウバシ、ケカマツカ、イボタノキ、マユミなど、草本層には、エナシヒゴクサ、ヤナギイノコズチ、フユノハナワラビなどがみられる。

しかし、他の落葉樹林と同じように、河畔林でも春には可憐な春植物が花を競い合う。日本の野生のチューリップともいえるアマナの白い花（写真4）が林床を埋める林もあれば、黄色い小さな花を咲かせるヒメアマナ（口絵参照）が一面に咲き敷く林もある。同じように、小さな黄色い花を咲かせるのはヒキノカサである。そこに、ムラサキケマンの紫色やジロボウエンゴサクのピンク色が彩りを添える。

春、林床から始まる新緑は、林は下の方から次第に上方へとあがっていく。すると、落葉の中で冬越ししたオオムラサキの幼虫もエノキの木に登り、開きたてのエノキの葉を食べて成長する。そして初夏になるとまず雄が羽化する。彼らは勇壮に飛行して縄張りを宣言し、遅れて羽化する雌を待つ。オオムラサキの雄は、縄張りに入るものは鳥でも追うほど気が荒い。

冠水の頻度の高い場所には、そこここにアカメヤナギやカワヤナギからなるヤナギ林がみられるのも小貝川の河畔林の特徴である。石下町の小貝川の河原には、アカメヤナギの老齢木からなる希少なヤナギ林が残されている。

春植物と夏草が共存する冠水草原

夏季を中心に冠水する機会の多い河畔林のまわりの草原で、春に目立つのはトウダイグサ科の植物のノウルシである（写真5）。やや薄い黄色と薄緑がほどよく混ざる色合いが河原に広がる光景は、春の物憂さそのものである。

写真4　アマナ

写真3　ゴマギの花

春も終わろうとするころ、セリ科の植物エキサイゼリがひっそりと小さな花をつける。この植物に目を止めるのは、余程の植物好きだけであろう。それは、セリに似た目立たない植物であるが、一種で一属をなしていて、しかも、関東地方の湿地にしかみられない固有性の高い植物であるため、保全上の重要性がきわめて大きい。しかし、今ではこの植物がみられる場所はごく限られていて、人知れず絶滅してしまう可能性が大きい。

キンポウゲ科のハナムグラ、キョウチクトウ科のチョウジソウ、サトイモ科のマイヅルテンナンショウ（写真6）は、初夏に少しずつ時期をずらして花をつける。その名がよく体を表すマイヅルテンナンショウは、まさに鶴が舞う形をした野草である。何枚もの小葉にわかれた一枚の葉を、まるで羽のように左右に広げて立ち、鶴の首のような包葉の中に小さな花を集めて咲かせる。小さい個体は雄花だけつける雄株だが、大きく成長した個体は雌花もつけて両性となる。すなわち、成長につれて性転換する植物である。

秋の七草のひとつに数えられるフジバカマも絶滅危惧種となっていて、現在では川のまわりにわずかに自生するだけである。幸い、小貝川では河原の随所にまだフジバカマが見られる場所がある。フジバカマは、成長の盛んな夏に植物体が破壊されたり、泥に埋まったりしても、再生する力が強い。そのような特性から、他の河原の植物と共に氾濫原の明るい場所で進化したものと考えることができる。ヒトの自然に対する干渉が大きくなってからは、川や用水路の

写真6　マイヅルテンナンショウ

写真5　ノウルシ

まわりなどの、夏に頻繁に草刈りが行われる場所にもその生育適地を見いだしたようだ。小貝川とその周辺の現在の生育様子からは、夏に草刈りが行われる用水路の土手などが特に生育に適した場所のように見受けられる。金肥がまだ使われず、河原や堤防の草を刈って草肥として利用していたころ、フジバカマは河原や土手にごく普通にみられる野草であったものと思われる。

人々の生産と生活が大きく変化し、草刈が行われる代わりに除草剤が堤防にまかれた時期にフジバカマは衰退したらしい。さらに、セイタカアワダチソウなど、新たに侵入してきた競争力の強い帰化植物に生育の場を奪われたことも、衰退原因のひとつとなったものと思われる。フジバカマの花が咲くと、その香りに惹かれてたくさんの蝶が集まってくる。キタテハが多く訪れるが、アサギマダラもやってくる（口絵参照）。図鑑によっては、フジバカマを中国から渡来した古い時代の外来植物であると記しているものもあるが、野生のフジバカマは、園芸品種や中国のものとは遺伝的特性が明らかに異なり、わが国の氾濫原に自生していた在来の植物であるといえる。

冠水草原の大型の草本植物として目立つのは、タカアザミとシロバナタカアザミである。この二種はよく似ているが、タカアザミは初夏に、シロバナタカアザミは秋にというように、花を咲かせる時期が異なる。

ヨシ原のなかで、秋に可憐な花を咲かせるのはシロバナサクラタデである。

小規模な河畔林は、横からもよく光が入るため、冠水草原の植物が林の中にも生育する。

河原の中でも頻繁に水をかぶる水湿裸地には、タコノアシとミゾコウジュがよくみられる。

渡良瀬遊水地のサクラソウ

関東低地の大きな川が乱流していたころ、荒川も利根川も渡良瀬川も広大な共通の氾濫原をつくっていた。そしてそこには、浅間山の麓を流れてきた河川も流れ込んでいた。現在の川の名でいえば吾妻川である。

植物は、種子や地下茎などが川の水によって運ばれることで、氾濫原や川が連続している範囲であれば、その分布を拡大していくことができる。したがって、浅間山山麓に生育していた植物が荒川水系や利根川水系の川の河原に生育するようになるということは十分に考えられる。

サクラソウ（写真7）は、全国的に火山灰土壌の分布する地域にみられる。本来、火山噴火に伴う野火の影響をうける落葉樹林や草原で生活していた植物なのではないかと考えられる。サクラソウは、落葉樹林や湿った草原の中で大雨が降ると水の路になるような場所に沿って自生していることが多い。それは、種子や地下茎の分散による分布の拡大が水に依存していることを示唆する。

写真７　サクラソウ

浅間山の周りには、かつてはサクラソウの自生地が多くみられた。そこから川を介して、関東低地の氾濫原にまでサクラソウが分布を拡大したと考えることはそれほど無理がない。肥沃で適度に湿り気があり、しかも野焼きが行われる河原のオギ原は、火山草原を故郷とするサクラソウに、好適な二次的な生育場所を提供したに違いない。河原がヨシやオギを刈る場であり、植生管理のための野焼きが行われていた江戸時代から明治時代にかけて、江戸や後の東京に住む人にとってもっとも身近な川ともいえる荒川には、たくさんのサクラソウの自生地があったことが知られている。利根川は、そのころすでに江戸から遠く、江戸や東京に住む人々が行楽に訪れる場ではなかったため、その河原の植生を伺い知る資料が少ない。

残念なことに、現在の小貝川にも利根川本川にもサクラソウの自生はみられず、利根川水系ではサクラソウはきわめて希少な植物となっている。渡良瀬遊水地にわずかに自生のものが残されているだけである。渡良瀬遊水地の一帯にはかつては広大な自生地があったとされるが、現在は風前の灯火である。土壌中で密かに生き続けている種子を探し出すことも含めて手を尽くし、遊水地にぜひサクラソウ群落の復活を図りたいものである。

参考文献

奥田重俊（一九七八）＝関東平野における河辺植生の植物社会学的研究、横浜国立大学環境科学研究センター紀要四、巻一号、四三‐一一二頁

大島和伸・鷲谷いづみ（一九九四）＝小貝川河畔林の光環境の季節変化と林床植物のフェノロジー、一五巻、四五‐五一頁、筑波の環境研究

堀内 洋（一九九一）＝小貝川河畔植生の保全に関する基礎的研究、筑波大学環境科学研究科修士論文

宮脇 昭・奥田重俊 編（一九九〇）＝日本植物群落図説、八〇〇頁、至文堂

鷲谷いづみ（一九九六）＝小貝川の河畔林、雑木林の植生管理（亀山 章 編）、二九三‐二九九頁、ソフトサイエンス

鷲谷いづみ・森本信生（一九九三）＝日本の帰化生物、一九一頁、保育社

鷲谷いづみ・矢原徹一（一九九六）＝保全生態学入門—遺伝子から景観まで、二七〇頁、文一総合出版

著者プロフィール

鷲谷 いづみ（わしたに いづみ）

昭和二五年（一九五〇）、東京生まれ。東京大学理学部卒業、東京大学大学院理学系研究科修了。理学博士。筑波大学を経て、現在、東京大学農学生命科学研究科教授。専門は植物生態学・保全生態学。

主な著書

『保全生態学入門—遺伝子から景観まで』（共著、文一総合出版）、『生物保全の生態学』（共立出版）、『サクラソウの目—保全生態学とは何か』（地人書館）、『よみがえれアサザ咲く水辺—霞ヶ浦からの挑戦』（共編著、文一総合出版）、『オオブタクサ、闘う—競争と適応の生態学』（平凡社）、『日本の帰化生物』（共著、保育社）、『マルハナバチハンドブック』（共著、文一総合出版）、『動物と植物の利用しあう関係』（共編著、平凡社）、『生態系を蘇らせる』（日本放送出版協会）などがある。

ハクレンのジャンプ

金澤　光
（埼玉県農林総合研究センター水産支所主任研究員）

利根川にすむ怪魚のルーツ

利根川には全長一・五メートル以上に成長した魚がすんでいる。巨大魚と呼ばれ、大魚釣り師を虜にした魚たちである。日本古来からすむ最大級の川魚と言えばコイである。利根川に住む巨大魚の正体は中国大陸から移植されたソウギョ類（ソウギョ、アオウオ、ハクレン、コクレン）である（**写真1**）。この四種は食性が異なり、ソウギョは草魚の如く、草類、ヨシ、マコモの他に陸生のマメ科、イネ科等の草もよく食べ、成長が早い経済的魚種である。アオウオはソウギョによく似た魚で、タニシ、シジミなどの貝類を主食としている。ハクレンは、霞ヶ浦などの湖沼に大量に発生しニュースにもしばしば取り上げられるアオコ等の植物性プランクトンを主食として、ソウギョ同様動物質の餌料をほとんどとらない。しかも、短期間によく肥育し成長するため、ソウギョと並んで増殖上最も経済的魚種である。コクレンは、ハクレンによく似た魚であるが、動物プランクトン

写真１　１m級のソウギョ

を主食としている。これら四魚種は中国で家魚と呼ばれる。この家魚とは、人には直接食糧として利用できない草やプランクトンを魚肉蛋白に変身させる重要な経済魚種として、家禽、家兎と同様に並び称されてきたもので、その飼育の歴史も古い。中国では、これらの食性や遊泳層も異なる四魚種を同じ池で飼育する混養技術によって高い生産を得ていた。ソウギョ類は原産地の中国大陸以外では産卵しないといわれ、台湾や諸外国に稚魚が輸出されていた。

日本への移植は、成長が早い上に大型になることから食用を目的に明治時代から種苗が輸入された。第二次世界大戦中には海産魚の漁獲や供給が抑制され、養魚餌料も少なくなったことから、農林省は戦火の中、昭和一六年（一九四一）から昭和二〇年（一九四五）の間、危険を伴いながらもソウギョの大量生産を目的に種苗三七〇万尾を輸入した。そして、二〇数府県下の養魚池、溜池、湖沼、河川などに放養され、戦時下の国民の動物性蛋白食糧源として大いに貢献したといわれている。

利根川への放養は昭和一八年（一九四三）、昭和二〇年の二回行われたが、茨城県水産振興所の発表によると、昭和二二年（一九四七）九月、茨城県北浦の一部で稚魚が採集された。以来、利根川水系の各地で数多くの稚魚が漁獲されるようになった。しかし、鱗齢査定の結果、これらの小型魚は移植放流された種苗ではないことが判明した。ここに、利根川水系におけるソウギョの天然繁殖が確認された。

ハクレンは、明治一一年（一八七八）にソウギョと一緒に初めて日本へ移植された。その後もソウギョの移植のたびに混入して移植された。昭和二二年（一九四七）九月にはソウギョと同様、茨城県北浦でその小型のものが漁獲されたと同県水産振興所の発表にあり、以後利根川水系の各地でもソウギョの稚魚とともに混獲されるようになった。体形は四寸二分〜七寸八分（一二・二〜二三・五センチメートル）で鱗齢査定では一年魚にあたり、同地で繁殖したものであることが確認された。原産地以外での移植先では天然産卵した記録はない。しかし、水産支所の前身である埼玉県水産指導所により、昭和三一年（一九五六）には産卵場と親魚の産卵習性とが確認された。その後、河川産親魚をもとに種苗生産が行われ、水産試験場産の種苗と合わせて、江戸川筋には台湾向けの種苗生産者が誕生し、国内外から利根川のソウギョ・ハクレンが注目される始まりとなった。

埼玉県農林総合研究センター水産支所とソウギョ類のかかわり

ソウギョ類の増養殖は、埼玉県水産指導所が昭和三一年（一九五六）に世界で初めて天然ハクレンの人工授精に成功し、ソウギョの国内初の人工授精にも成功している。翌年にはソウギョ類種苗海外初出荷、人工授精、孵化方法、流下卵の採集、種苗生産、輸送方法などの技術開発を行い、昭和三七年（一九六二）にソウギョ類種苗一〇〇万匹を生産し、養成親魚にハクレンの脳下垂体を接種して催熟させて人工採卵する技術が確立している。これまでの研究成果を活用して、水産支所では現在でもソウギョ類の人工採卵を行い、種苗（稚魚）を県内の養魚農家に供給している（**写真2**）。

ソウギョは水草などをよく食べることから、ため池や農業水路、ゴルフ場の池等の除草用として、ハク

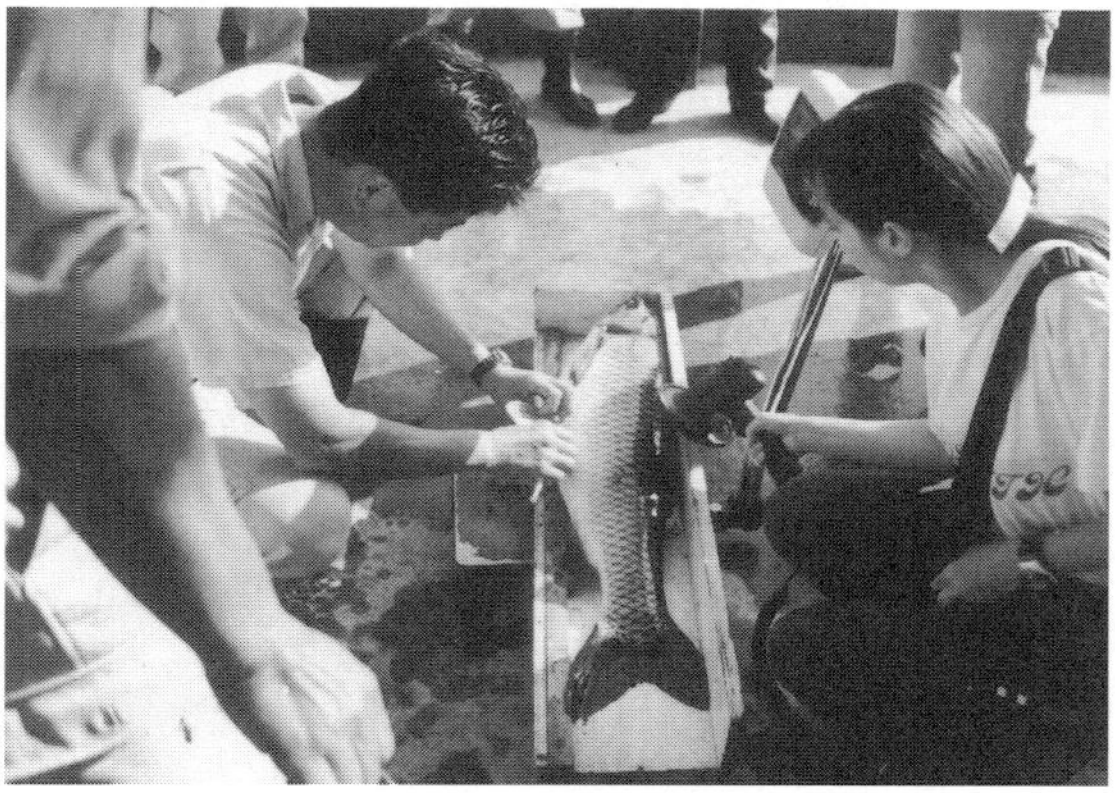

写真２　ソウギョ類の人工採卵

写真３　水産支所における海外研修生の研修風景

レンは甘露煮や霞ヶ浦北浦のアオコ対策として、それぞれ県内の養魚農家で稚魚から養殖した種苗が、埼玉県養殖漁業協同組合を経由して全国に出荷されている。また、埼玉県と千葉県境の江戸川では、埼玉東部漁業協同組合がソウギョ類の流下卵を採集し、埼玉および茨城県に供給していた。

水産支所におけるこれまでのソウギョ類の研究実績は世界でも高い評価を得ている。また、研究の成果を公開することでこれら技術の普及に努めてもいる。中でも、国際協力事業団（ＪＩＣＡ）からソウギョ類養殖技術の海外研修生の受入れ、また発展途上国での技術援助に向かう青年海外協力隊の研修受入れを行っている。これまでに十数カ国、六〇名以上の海外研修生を受入れている（写真3）。

利根川でのみ繁殖した理由

移植記録によると、昭和一六～二〇年（一九四一～四五）にかけて、福岡、長崎、佐賀、滋賀、東京、茨城など二七都府県の養魚池、溜池、湖沼、河川などに放養して増産が図られたが、利根川水系だけで繁殖した背景には、利根川流域の地形に起因するところがある。（図1）。

利根川は、中流部の埼玉県行田市付近から河川勾配が緩やかになり、同県栗橋町で渡良瀬川が合流し、関宿町（千葉県）で江戸川を分派し、鬼怒川、小貝川を合わせ、さらに下流部の波崎（茨城県）で霞ヶ浦に連なる常陸利根川を合流して、銚子にて太平洋に注いでいる。河川延長三二二キロメートル（信濃川に次いで第二位）、流域面積一万六八四〇平方キロメートル（全国第一位）である。また、常陸利根川は西浦、北浦、外浪逆浦の三湖沼、常陸川、北利根川、鰐川、横利根川の四河川からなり、霞ヶ浦の面積は二二〇平方キロメートルで、琵琶湖に次ぐ全国第二位の広さの湖で湖容量は約八億立方メートルである。

利根川の流域面積は、山地が占める割合が二八パーセントで残りは平野になる。そのため、全国的にみて比較的流れが緩

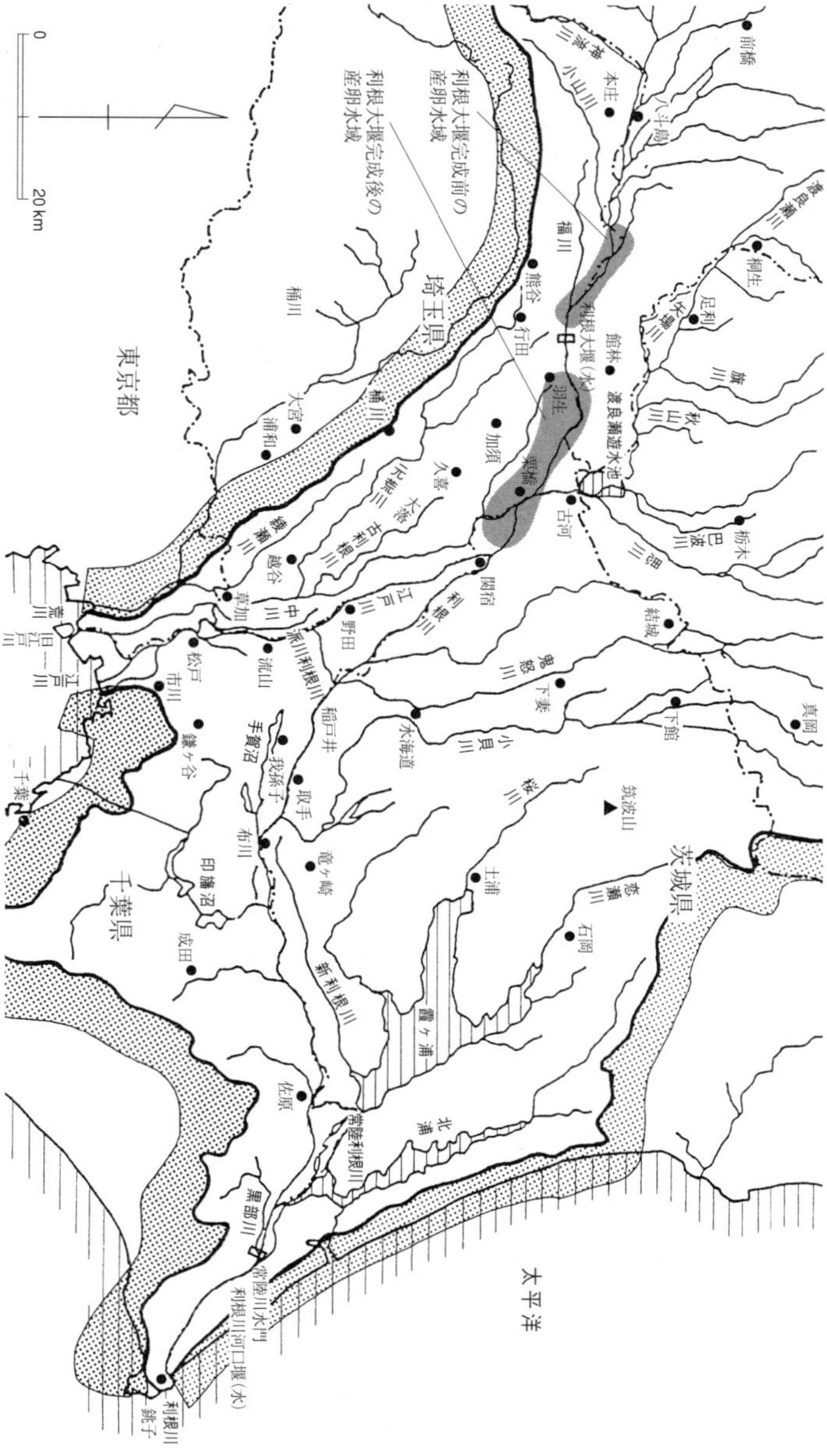

図1　利根川とソウギョ類の産卵水域

やかな大河である。河川延長二〇〇キロメートル以上の河川の流域面積で、山地の占める割合を利根川と比較すると、信濃川は河川延長三六七キロメートル（山地八四パーセント）、天竜川二一三キロメートル（九三パーセント）、最上川二二九キロメートル（七六パーセント）、北上川二四九キロメートル（七五パーセント）、阿武隈川二三九（七三パーセント）、江の川一九四キロメートル（九三パーセント）で、いずれの大河も山地が占める割合が高く急流河川となり、ソウギョなどのコイ科魚類が河川中流部まで生息することが困難であると考える。利根川では産卵水域が確保されていたことが要因としてあげられる。また、利根川には下流部で連なる広大な水域である霞ヶ浦・北浦が位置することから、産卵場から流下して孵化した稚魚の生育場、親魚の生息水域が確保されていたことなどが、ソウギョ類の繁殖条件に適していたことになる。ふるさと揚子江の形状に似ているようである。

産卵場所の変遷

ソウギョ類は、主に利根川流域や餌となる抽水植物や動植物プランクトンが豊富な常陸利根川（霞ヶ浦・北浦）を定住の水域として、三月頃から産卵場へ向かって産卵のための回遊に入る。しかし、主な生息場所である常陸利根川からどのような経路で利根川へ移動するかは、いまだ謎である。常陸利根川には河口部に水門が、利根川へ出てからは利根川河口堰があり、堰下にはハクレンが大量に滞留することが多いといわれている。この二カ所を無事に通過すれば産卵場のある栗橋町付近まで移動できる。

常陸利根川から利根川へ移動したソウギョ類は産卵のために遡上してくる。しかも一〇〇キロメートル以上も遡り、栗橋町の産卵場へと移動する。しかし、昭和四三年（一九六八）行田市須加に利根大堰が完成するまでは、栗橋町よりさらに上流の深谷市小山川合流付近から下流の羽生市稲子に至る二四キロメートル区間が産卵水域で、特に豊春、葛和田、下中条、川俣が中心であった。この付近が産卵水域であった当時は、水産支所の脇を流れる利根川から取水している葛西用水でもソウギョ類の卵が採集できた。いずれの産卵場所も浅い暖流部で、浅瀬の間に平水時は中州が見える流程であったという。

昭和二五年（一九五〇）当時は、利根川の行田市や妻沼町で天然遡上する稚鮎を採捕する目的で四ッ手網が操業されていた。時折大型のソウギョがこの網に紛れ込み網地を突き破り逃げ出したり、あるいは操業の合間に付近を通ったソウギョが驚いて水面上にジャンプする状況が観察された。この付近に遡上するソウギョ類を最初に見るのは五月上旬頃であった。なお、産卵時期を控えて遡上回遊する魚の他に、この付近で越冬して居着くものもごく少量であるがいた。

このように、以前は現在よりさらに上流が産卵区域であったが、利根大堰の設置後は、利根大堰下流の羽生市村君から下流茨城県五霞村の東北新幹線鉄橋下までの約二一キロメートルの範囲に変わってしまった。

現在の産卵場は、最も親魚が集中する渡良瀬川合流付近から下流三キロメートルの範囲である。左岸から渡良瀬川が合流し、右岸は利根川の流れである。最近は、濁りが強い利根川の流れである右岸側で産卵する様子が見られることが多いようだ。橋から産卵状況が観察できるのは利根川橋である。また、条件によっては昭和橋付近から産卵が始まったり、渡良瀬川で産卵したり、江戸川でも産卵することもある。

ソウギョ類の産卵が合流付近で行われることは、中国大陸における天然産卵にも見られることで、流れの拡散、混入と川底の砂泥の洗浄が産卵に関与しているといわれている。

利根川の河床材料は、河口から一五〇～一六〇キロメートルより上流では礫分が見られ、一三五キロメートルから下流では礫分がほとんど分布せず、この中間の産卵水域は礫と砂で構成されている。

ソウギョ類の産卵生態

産卵している親魚は五～二〇キログラムの大型魚で、産卵は五～一〇匹程度の集団で行われ、産卵行動が観察できるのはハクレンが主体でソウギョ、アオウオ、コクレンの産卵を見かけることはほとんどない。これは三種が河川の中層以下で産卵していることや親魚が少ないためと考えられている。なお、川を流れている卵を採集して孵化してみると四種の魚が出現することで、同じような産卵時期であることがわかる。

ハクレンの産卵は数尾から十匹程度が一つの群れになり、川を下りながら水面に幾つもの「浮花」と呼ばれる水しぶきをあげて水面産卵する状況が見られる（**写真4**）。雄が雌を追尾し、バシャバシャと水面にしぶきを跳ばせ雌に雄が絡みながら産卵するのである。産卵に疲れた雌は仮死状態となり、水面に浮きながら流される。それでも雄は仮死状態の雌に絡みつくほどである。それは、産卵が年に一日もしくは数日という短い期間であるからであろう。なお、産卵日の水温は一八～二三度で、透視度が三〇センチメートル以下の場合が多い。

天然産卵された受精卵は数ミリで徐々に吸水して、一リットル当たり約一万一〇〇〇粒となる。卵は流下卵と呼ばれ、河川水とともに流れ下り、水温二〇度で三六～四〇時間で孵化する。現在の産卵水域は河口から約一三〇～一四〇キロメートルであるが、産卵日の河川流速が仮に毎秒一メートルだとすると、孵化するまでに一三〇～一四四キロメートル流されることになる。毎秒一・五メートルでは、一九五～二一六キロメートル流されて海に出てしまうことになる。そこで、流下卵は途中で他の魚に食べられたりもするが、流れが緩やかな場所に滞留した流下卵が孵化すると考えられている（**写真5**）。

昭和五五～平成一二年（一九八〇～二〇〇〇）までのソウギョ類の天然産卵日は六月が五回、七月が一四回、八月が二回で、六月下旬から七月中旬に産卵が集中していた（**表1**）。また、産卵する条件は昭和五五～平成元年（一九八〇～一九八

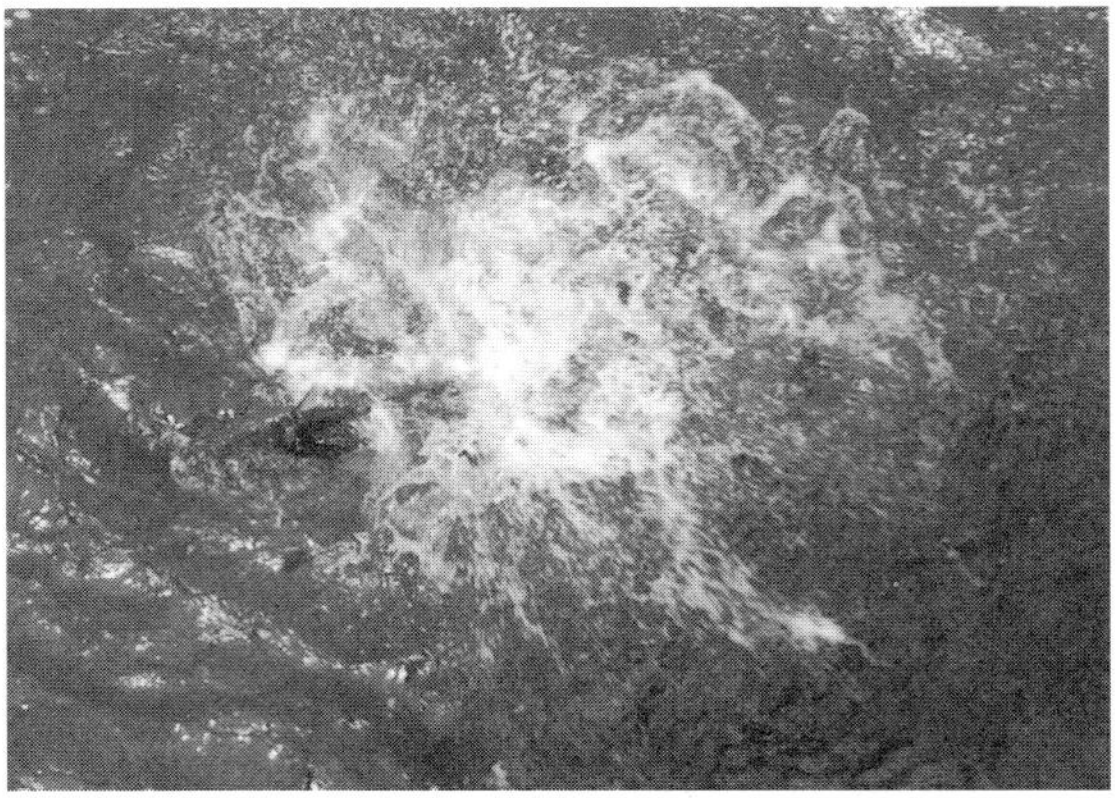

写真4　産卵風景

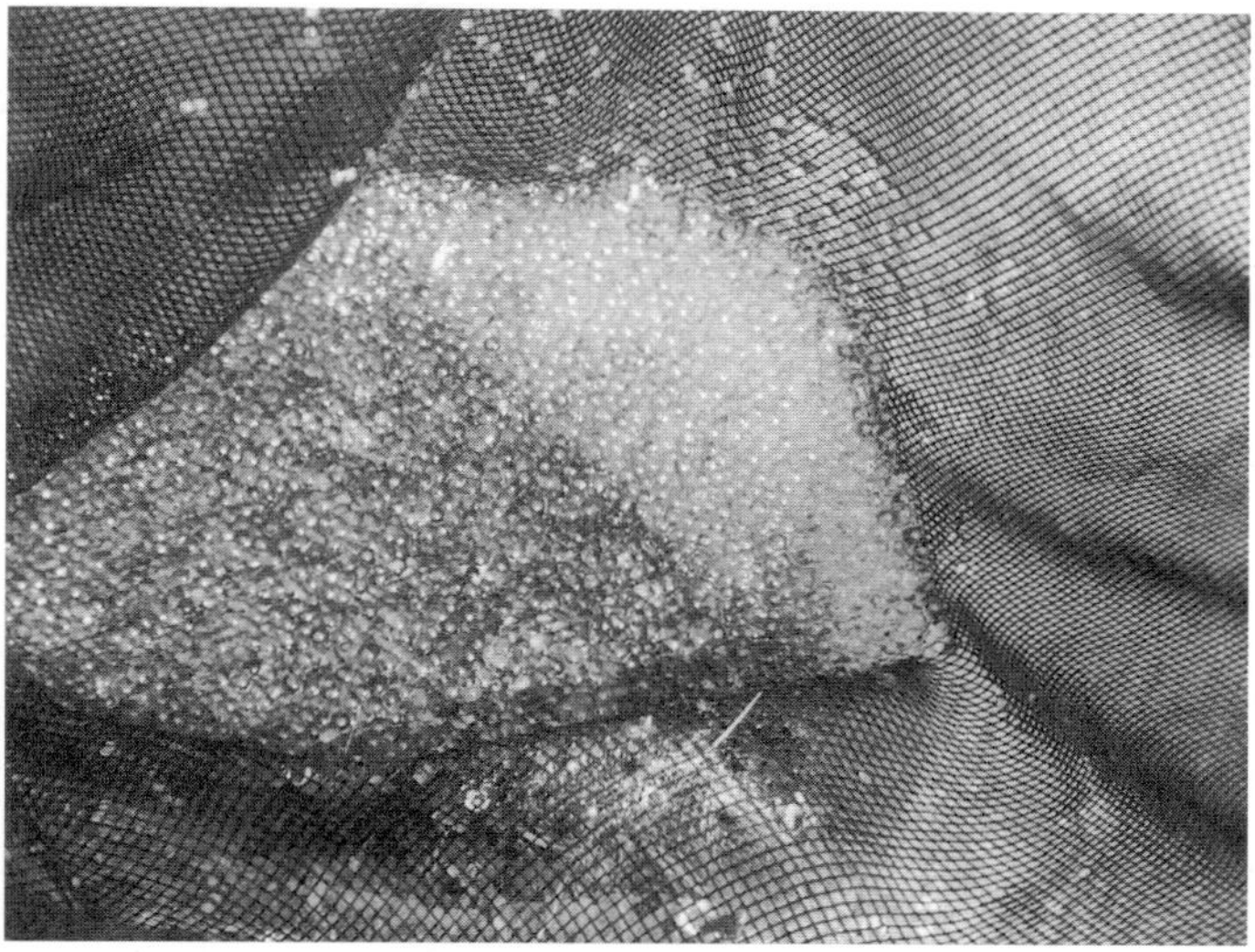

写真5　流 下 卵

表1　利根川におけるソウギョ類の産卵状況（1980～2000年）

年	年号	産卵日	備考
一九八〇	昭和五五	七月 九日	
一九八一	五六	七月 五日	
一九八二	五七	七月三一日	台風
一九八三	五八	七月 七日	二日前に降雨
一九八四	五九	六月三〇日	前日雷雨
一九八五	六〇	七月一五日	前日雷雨
一九八六	六一	八月 六日	台風
一九八七	六二	七月一六日	
一九八八	六三	六月二九日	前日に雨
一九八九	平成元年	七月 一日	前々日に雨
一九九〇	二	八月一二日	台風
一九九一	三	七月 七日	
一九九二	四	七月一七日	
一九九三	五	六月二三日	減水時
一九九四	六	七月二〇日	減水時
一九九五	七	六月一七日	減水時
一九九六	八	七月一六日	大規模な産卵はなかった
一九九七	九	六月二一日	台風　減水時
一九九八	一〇	七月二五日	
一九九九	一一	七月 一日	数回の産卵が見られた
二〇〇〇	一二	七月 四日	

九）の調査結果から、降水による河川水の出水に影響され、産卵期間中の六〜八月の間に一回目の出水で産卵した年は五カ年、二回目の出水時が二カ年、三回目の出水時が三カ年であった。この期間の産卵日の河川流量の平均は毎秒六六三立方メートル、最大毎秒二二三六立方メートル、最小毎秒三〇六立方メートル（異常渇水年）であった。産卵する状況は河川流量の増減に関係する。降水で河川流量が増水する時に産卵する「増水時産卵型」、降水で最大水位になった時に産卵する「ピーク時産卵型」、減水する時に産卵する「減水時産卵型」の三タイプがあることがわかった。ただし、ピーク時産卵型は産卵水域の上流に位置する利根大堰の堰下放水管理がソウギョ類の産卵に影響を及ぼしていることがわかった。

親魚匹数の推定

親魚量を把握するために産卵数量調査を平成三〜五年（一九九一〜九三）の三年間、利根川から分派している産卵場から下流一二キロメートル地点の江戸川で行った。流下卵は午前三時には確認され、午後二二時まで流下している様子が観察されたことから、深夜に産卵している事実が明らかになった。その結果、流下卵総数は産卵期間中一四六〇億〜二八九三億粒であった。産卵に関与した親魚数は、過去に利根川で採捕した天然親魚の一匹あたり平均産卵数を一一二万粒として、雄雌一対一の比率で推定した結果、二六万〜五二万匹と推定した。

これだけの卵が流下することから、産卵日には産卵場所付近の利根川が生臭くなる。そこで、利根水系の江戸川から取水している庄和・金町浄水場等では、取水口で魚卵の流入量を調べて活性炭で脱臭処理している。

ソウギョとハクレンの割合

江戸川で採集した流下卵の魚種組成を東京都水産試験場が昭和三三年（一九五八）に調査した結果、ソウギョ一対ハクレン〇・九三の割合であった。それが現在では、ハクレンが九六パーセント以上を占め、ソウギョは四パーセント前後である。

ハクレンの占める割合が高くなった原因は明らかではないが、利根川流域の護岸化によってソウギョの餌となるマコモ、ひし等の抽水植物や藻類が減少し、逆に霞ヶ浦・北浦が富栄養化により植物性プランクトンの大量繁茂によってハクレンの餌が豊富になったことも要因として考えられる。

魚種組成はいまのところ流下卵での判別はできないため、孵化後六〜七日の仔魚後期に腹部膜鰭一体に出現する黒色胞の有無による手法が有効である。黒色胞が出現するのはハクレンである。また、ソウギョはハクレンに比べると体幅が広く、頭部から体背面にかけて緑黄色を呈するので判別は可能である。

平成元年（一九八九）に流下卵一五リットルを飼育した結果、孵化率九八・三パーセント、孵化直後の組成は、ハクレンが占める割合（パーセント）は九三・〇六、ソウギョ六・九四、孵化後一六日目にはハクレン八八・七五、ソウギョ一一・二五、孵化後三九日目にはハクレン七八・一三、ソウギョ二一・八七であった。ソウギョは共食いやハクレンを捕食することから手選別でソウギョだけを取り除き九一日間飼育した結果、ハクレン七九・四九、ソウギョ二〇・一七、アオウオ〇・二八、コクレン〇・〇六の割合（パーセント）であった。ハクレン、ソウギョの他に、アオウオ、コクレンも同時期に産卵に参加していることがわかる。

ハクレンの利用

ハクレンを食材とした利用では、埼玉県行田市酒巻で甘露煮が作られている。養魚農家でもある高沢正二さんが食用のハクレンを養殖・加工・販売している。秋に捕り上げられた一〇センチメートル程のハクレンは内蔵を丁寧に取り除かれて甘露煮にされる。見た目には海産魚のようで、大変美味である。生産量はわずかで、店売りの他に養魚祭や地域の収穫祭りでも販売されている特産品である。また、季節限定の彩の国ふるさと認証食品にも指定されている（**写真6**）。

一方、茨城県では霞ヶ浦・北浦の水質浄化に一役買っている。前述したように、ハクレンは窒素や燐等の栄養分で発生したアオコなどの植物プランクトンを餌としている。このハクレンが全長一メートル以上の大きさまでに成長したところで捕獲すれば、結果的にアオコを魚体に換えて湖内から直接除去することになる。富栄養化の元凶である窒素や燐等の間接的な除去となり、霞ヶ浦・北浦の水質浄化に期待されている。しかし、現在未利用の資源となっているハクレンは、短期間で大型となることから漁網の破損など漁業操業の支障となり、県では霞ヶ浦および北浦の両漁業協同組合連合会に対し、ハクレンを漁獲回収する経費の一部を助成することにより、水質浄化と漁業振興対策を進めている。さし網により漁獲されたハクレンは、トラックでひたちなか市内のミール工場に運搬され、魚粉として利用されている。

水質浄化の効果は、一〇〇トンのハクレンを漁獲回収にすることにより、窒素二五〇〇キログラム、燐五〇〇キログラムが回収される（魚体成分の二・五パーセントが窒素、燐が〇・五パーセントとして計算）。この量は、一年間にすると窒素では約二三〇〇人分、燐では約三四〇〇人分の生活系雑排水（し尿を除く）の負荷量に相当する。

写真６　ハクレンの甘露煮

茨城県霞ヶ浦北浦水産事務所調べによるハクレンの漁獲実績（トン）は、平成七年度から事業を開始し、七年度一〇〇、八年度二〇〇、九年度一九六、一〇年度一五八、一一年度八〇、一二年度六七、である。

また、霞ヶ浦は日本一のコイのイケス網養殖場でもあり、日本のコイ生産の約五割を占めている。水の汚れはアオコなどの植物性プランクトンの異常発生となり、その原因の一つとしてコイ養殖が上げられている。県の行政指導でアオコ対策として養殖業者は、ハクレンをイケス網で飼育し、水を少しでもきれいにすることに協力している。ハクレンの稚魚の無給餌養殖（アオコなどの植物性プランクトンを食べさせる）を行い、同事務所調べによると取り上げ量は一〇年度三七トン（二一万匹）、一一年度一八トン（八万匹）である。

魚が跳ぶまち栗橋町

「魚が跳ぶまち」と最近にわかな話題を呼んでいる埼玉県北葛飾郡栗橋町。JR栗橋駅より徒歩一五分の同町利根川河川敷の利根川橋下流（河口から一三〇キロメートル）が、ハクレンの集団ジャンプ（口絵参照）を観察できる場所である。同町観光協会では、ハクレンの産卵日当てクイズや体験放流などのハクレンフェアーを開催するほどの力の入れようだ（写真7）。同町観光協会のホームページ（http://www3.ocn.ne.jp/~kurihasi/main.html）には、産卵時期が近づくとハクレンのジャンプの情報が載る。この季節を迎えると、同町観光協会や水産支所には県内外やマスコミからの問い合わせが殺到する。時期は六月下旬から八月中旬の間で七月上旬が最も多く、この時期になると大ジャンプを一目見ようと、県内外から多くの人が辺り一帯に押し寄せ、カメラやビデオを持ってシャターチャンスを狙っている。

しかし、全長一メートル以上の巨大魚が雄大な「ジャンプ」を披露することが産卵だと思いこんでいる人が多いが、ジャンプは産卵の数日前に見られる兆候である。大雨が降り続き、増水して晴れた日にジャンプが見られることが多い。過去に大ジャンプが見られた場所は、国道四号の利根川橋から東北新幹線鉄橋の間の埼玉県側になる（図2）。

ジャンプする生態は明らかではないが、産卵場所に集結したハクレンは警戒心が強く、震動などの何らかの刺激で一匹がジャンプすると連鎖的に何匹もがジャンプするようだ。水産支所のハクレン養成池では、地曳網で曳き上げようとした時にジャンプして曳き手に体当たりしたり、網の上を跳び越えて逃げ出すものや、池全体に麻酔をした時も必ずジャンプする強者でもある。また、地震や重機の震動でも養殖池からジャンプして陸上がりするものがよく見られることから、ストレスや震動がジャンプの引き金になるらしい。しかも、ハクレンは表層を主に回遊する魚であることから、他の魚よりもジャンプ

写真7　ハクレンフェア（栗橋町）

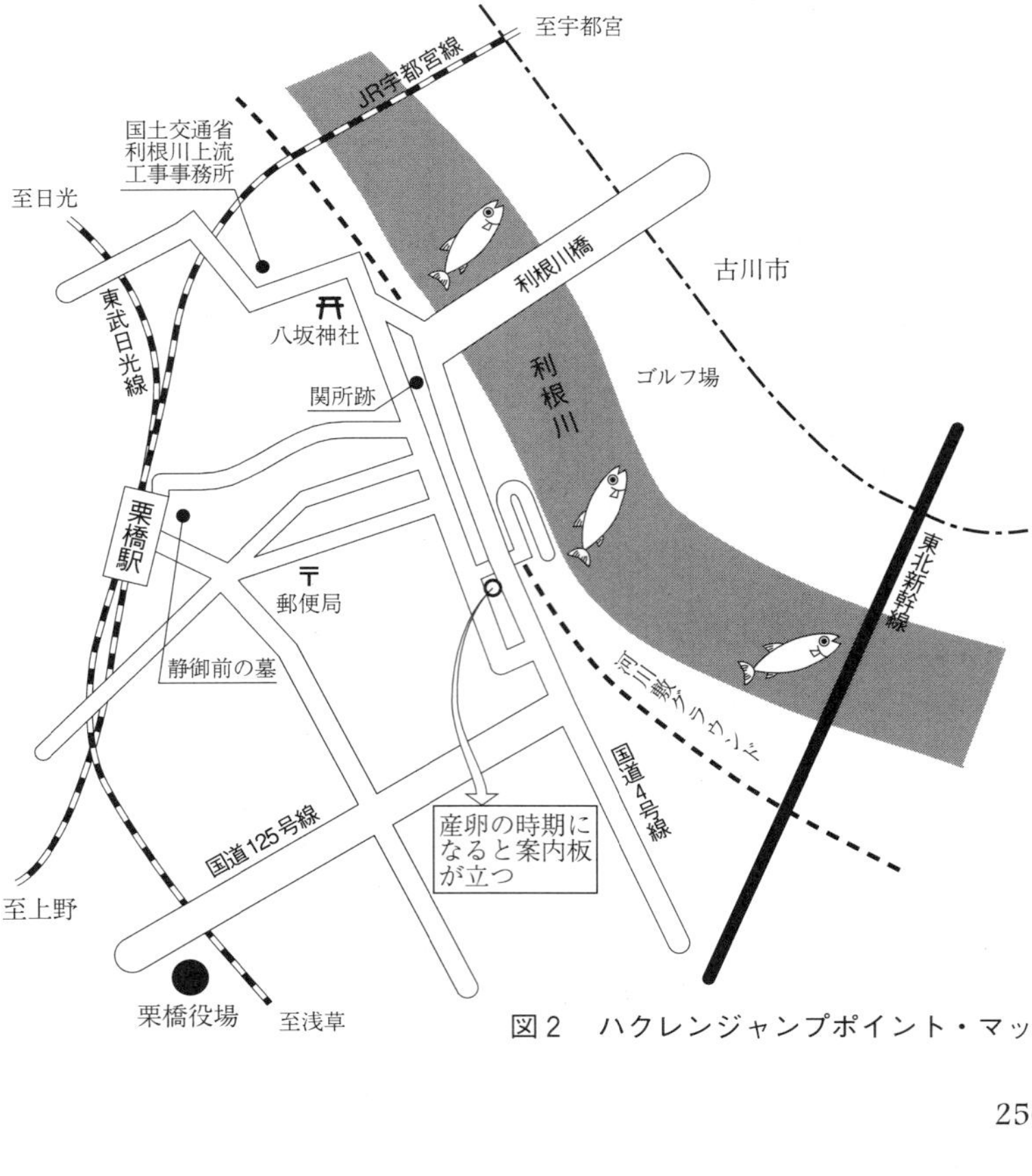

図2　ハクレンジャンプポイント・マップ

しやすいことも考えられる。

このハクレンのジャンプは一〇年前位から注目されている。以前は、産卵状況調査では産卵前の夕方によく見られた。なお、産卵日にもジャンプする個体は見られるが、産卵前と比べると迫力はない。

このように、中国大陸から移植されたソウギョ類は、重要な動物性蛋白資源として日本の利根川水系で繁殖する地を見つけた。だが、現在の飽食日本では本来の役割を果たせないでいる。我々が本来の役割を変えてしまったのだろうか。

参考文献

青木三雄（一九五七）＝内水面増殖、大日本水産会出版部、四九七‐五二一頁
土屋　実・高橋国夫（一九五七）＝ソウギョの人工採卵に関する研究、水産指導所業務報告書、埼玉県水産指導所
周達生訳（一九六六）＝中国淡水魚養殖学（上）、新科学文献刊行会
鍾　麟　等（一九七四）＝家魚の生物学と人工繁殖、松島昌大　訳、業績第三四五号、水産庁淡水区水産研究所
土屋　実（一九七六）＝草魚、養魚講座第二巻、緑書房、一三‐八九頁
中村守純（一九八〇）＝日本のコイ科魚類、資源科学研究所、二八七‐三〇六頁
金澤　光（一九九〇）＝利根川におけるソウギョ類の天然産卵状況について、第四九号、埼玉県水産試験場研究報告、八三‐九二頁
金澤　光（一九九〇）＝ソウギョ類の流下卵の魚種組成について、第四九号、埼玉県水産試験場研究報告、九三‐九八頁
大倉　正（一九九五）＝利根川におけるソウギョ類の天然産卵状況について、第五三号、埼玉県水産試験場研究報告、一‐九頁

著者プロフィール

金澤　光（かなざわ　ひかる）

昭和二八年（一九五三）、埼玉県浦和市生まれ、昭和五三年三月北里大学水産学部水産増殖学科卒業。同年四月埼玉県農林部蚕糸特産課水産係勤務、五六年四月埼玉県水産試験場熊谷支場勤務、五八年四月県営さいたま水族館勤務（開設時）、六一年四月埼玉県水産試験場開発部勤務、平成元年同資源調査部勤務（組織改正）、九年四月同養殖部勤務、一二年四月埼玉県農林総合研究センター水産支所水産環境担当（組織改正）。現在、主任研究員。日本魚類学会、生態学会、陸水学会会員

主な研究

流下仔アユ・遡上稚アユ調査、魚道効果調査、生息魚類分布調査、フナ類の増殖研究、河川資源培養（ソウギョ類）・漁場改善・漁場保全、ヤマメ、ナマズ、アメリカナマズ等の養殖試験など。

主な著書

「ナマズの養殖技術」緑書房、「野生魚を飼う」（共著）朔風社、「埼玉つり場ガイド」幹書房など。

うどんと利根川

「うどん」というと「讃岐うどん」「きしめん」を連想することが多いと思います。また、そばの関東、うどんの関西と言われるように、関東地方は、そば文化のイメージが強くありますが、うどんの原料でもある小麦は、関東地方でその昔より米と並んで主要な生産物でした。夏作は水稲、陸稲、冬作は大麦、小麦が栽培され二毛作が可能となりました。

利根川沿川では小麦栽培が盛んに行われており、埼玉県では「加須のうどん」、群馬県では「館林うどん」として有名です。

麦作の盛んな関東地方のなかでも、群馬県産のものは「上州コムギ」と言われ昔から上質で有名です。特に小麦の生産が盛んな場所は群馬県館林市です。

加須の地形は、利根川によって運ばれた土砂の堆積作用によって形成されたもので、ほとんど平坦な地形ですが、全体として南東に向かって緩やかに傾斜しています。こうした地形にわずかな変化を与えているのは、利根川の旧河道とその両岸に発達した帯状の自然堤防とそれにつづいて形成される砂丘です。この自然堤防は、人々が定住するには適した場所で、畑地として利用してきた場所でもあります。加須の小麦はこうした自然堤防の畑地に作られています。

『武蔵国郡村誌』によると、加須市はほとんどが稲・麦の栽培に適していると記録されています。

また、館林・加須は関東地方のほぼ中央にあることから、輸送の面でも便利な場所でもありました。このような地理的な好条件により、館林・加須周辺には製粉会社や工場が設立されました。

利根川により形成された地形から作られた小麦が、館林・加須をはじめこの周辺を「うどんの里」として有名にしました。この小麦を使ったうどんは、むかしから手打ちの技巧を生かし、コシの強い風味豊かな味わいのうどんとして親しまれています。

〔参考〕館林市誌通史編　加須市誌通史編

利根川と霞ヶ浦

椎貝博美（山梨大学長）

霞ヶ浦の概要

わが国において霞ヶ浦は、琵琶湖に次ぐ面積をもつ湖沼である。比較のためにこの二つの湖の概要を示せば、**表1**のとおりである。

二つの湖はまことに対照的である。琵琶湖は京都の北方にある断層陥没湖である。それは古代から地域の人々に親しまれながら、現在でもなおその神秘的な色合いを残している。

それに対し、霞ヶ浦は海跡湖であって、広く浅い湖である。実際、霞ヶ浦が長い間海として認識されていたことは、その名称に入江をあらわす、浦、という文字が使われていることから明らかである。

元来、浦という言葉は海の一部をさすものであり、実際霞ヶ浦はごく最近まで海であったといってよい。

霞ヶ浦だけではなく、それに繋がる水域、また近辺

表1　琵琶湖と霞ヶ浦の比較
（理科年表1997年版）

湖名	成因	水況	周囲長（km）	最大水深（m）	平均水深（m）	面積（km^2）
琵琶湖	構造	淡水	二四一	一〇三・六	四一・二	六七〇・三
霞ヶ浦	海跡	汽水	一二〇	七・〇	三・四	一六七・六

の水域も湖よりは海としての名称をよく保存している。例えば、外浪逆浦《そとなさかうら》、北浦などがそうである。また付近の地名も、潮来《いたこ》市、美浦《みほ》村、江戸崎《えどさき》町、龍ヶ崎《りゅうがさき》市、など海域に関連した名称が多い。

霞ヶ浦の変化

霞ヶ浦は、狭義の霞ヶ浦（西浦）と北浦の二つの湖の総称である。これまでに両者は人為的、および自然の力による変動を受けてきた。そのために湖の形もかなり変化しているが、昔の面影を全く失ったわけでもない。

注目すべきことは、少なくとも八世紀において、霞ヶ浦、という名称自体が存在しなかったと考えられることである。それは常陸風土記に霞ヶ浦という名称が登場せず、「流れ海」という言葉が現在の霞ヶ浦の部分をあらわす言葉として登場することから、現在の霞ヶ浦は多くの「流れ海」の集合体として記述されていたと考えられる。

風土記は、古代の日本で編纂された地誌であるが、応仁の乱によってそのかなりの部分が消滅したとされ、現存するものは後述の五編にすぎない。

幸いなことに、常陸国風土記は完全ではないが、その大部分が現存しているために、古代の霞ヶ浦の状況はこれによって、かなりの程度知ることができる。

常陸国風土記は、和銅六年（七一三）の官命に答えてつくられたとされている。

現存する風土記は、常陸国、播磨国、出雲国、豊後国、肥前国、の五本であるが、そのうちで完全なものは出雲国風土記ひとつである。

常陸国風土記（以下、風土記）は完本ではないが、五本の風土記の中でも特にその文体において格調が高いものとされており、その記述もかなり鮮明である。とりわけ当時の霞ヶ浦の状況について、かなり精密な記述があるのは特筆すべきことである。

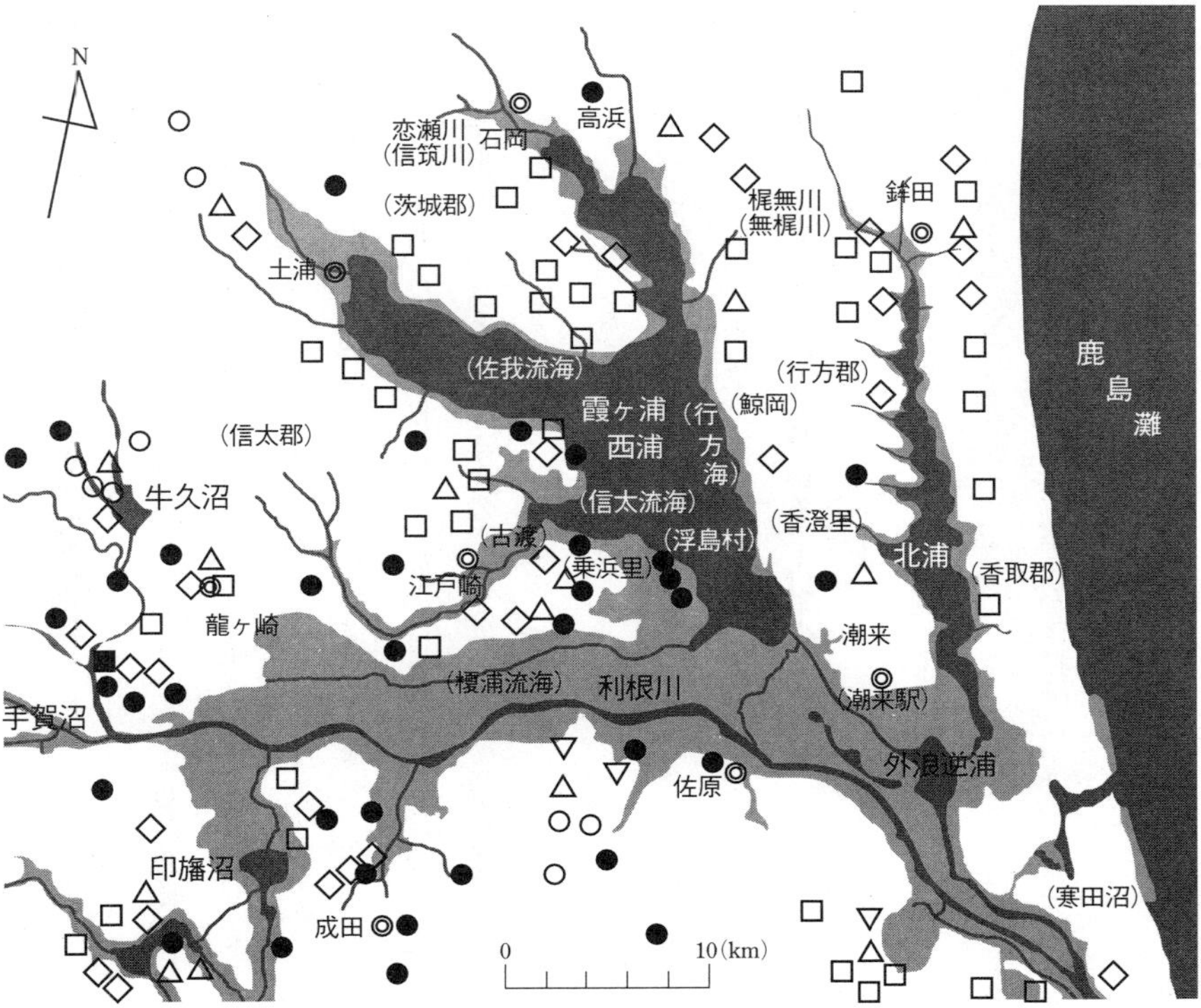

凡　例

- ：浮島の大きさの変化から推定される風土記当時の水域
- ：現在の水域
- （　）：風土記当時の地名および名称
- ▽：縄文貝塚　早期前半（海産貝類が主）
- △：縄文貝塚　早期後半〜前期（海産貝類が主）
- □：縄文貝塚　中期〜後期初頭（海産貝類が主）
- ◇：縄文貝塚　後期〜晩期（海産貝類が主）
- ○：縄文貝塚　後期〜晩期（淡水貝類が主）
- ●：製塩土器出土遺跡
- ◎：市町村（現在）

図1　風土記当時の霞ヶ浦再現図

（フロント、Sep., 1996、（財）リバーフロント整備センターより作製）

風土記時代の霞ヶ浦の復元

図1は、風土記の記述をもとにして復元を試みた、七世紀以降の霞ヶ浦の復元図である。これは、松倉博文の一九九七年の卒業論文（筑波大学基礎工学類）の記述をもとにした。

霞ヶ浦には現在でも、浮島（稲敷郡桜川村浮島）という地名が残っている。元来浮島は本当の島であったが、昭和五一年ころに埋め立てのため陸続きとなり、現在では島ではない。

島であった当時、浮島は利根川沿岸の砂洲とは異なり、丘陵であって、対岸の伊崎、阿波崎とその地質構造が同じである。埋め立て以前の、島としての浮島の大きさは、東南の最大長さはおよそ七・二キロメートル、その最大幅がおよそ一・五キロメートルであった。

常陸風土記の記述を見ると、

「乗浜の里の東に浮島の村がある。（長さ二〇〇〇歩、幅は四〇〇歩である。）四方はみな海で山と野が入り混じり、人家は一五戸、田は七、八町ばかりである。住民たちは塩を焼いて生計を立てている。そして九つの社があり、言葉も行いも忌みつつしんでいる。（以下略）」

という記述がある。

簡潔ではありながら、この記述は当時の霞ヶ浦に関して、いくつかの重要な情報を含んでいる。

まず、一歩《ぶ》という長さの単位は大宝時代から和銅にかけて変わらず、長さの一歩はおよそ二・一メートルに相当する。これに従って表をつくってみると**表2**のとおりである。

表2　古代と現代の浮島とサイズの変化

	浮島の長さ（m）	浮島の幅（m）
風土記	四、二〇〇（二、〇〇〇歩）	八四〇（四〇〇歩）
現在	七、二〇〇	一、五〇〇
比率	一・七	一・八

これから推定されることは次のとおりである。

① 浮島の大きさは八世紀と現代との間に変化して、より大きくなっている。

② その変化の状況は、浮島についてほぼ一様である。つまり長さと巾の変化の割合がほぼ一様である。

③ このことは、潮汐、洪水等による堆積や侵食の影響よりは、海水位の低下によって生じた変化である可能性が高い。

それでは、当時の霞ヶ浦の水質はどのようであったのだろうか。これについては常陸風土記には前述の記述と共に次のような記述がある。

「古老がいうことには、倭武《やまとたける》天皇《すめらみこと》が海辺を巡行して乗浜《のりはま》まで行かれた。その時、浜辺の浦のほとりにたくさん海苔（土地の人は、のりという）が乾してあった。これによって能理波麻《のりはま》の村と名づけた。（以下は省略）」

乗浜は、現在の桜川村古渡《ふっと》のあたりと同定されているから、現在霞ヶ浦に面している浜のひとつである。現在の霞ヶ浦は、水門によって海水の侵入が制限され、ほぼ淡水化されているが、水門ができる前には、昭和になってからも汽水湖、つまりある程度の塩分が含まれている水質であった。

ここで海苔という言葉があらわれるが、これが「かわのり」でなければ、常陸風土記時代、霞ヶ浦の古渡のあたりは海苔がとれるほどの海水であったことになる。

このことは、「浮島の住民は塩を焼いて生計を立てていた」という当時の浮島に関する記述を見れば、いっそうはっきりしてくる。

塩を焼く、という作業、つまり製塩作業は汽水湖のレベルの塩分濃度では採算が取れず、従って浮島のまわり、つまり当時の霞ヶ浦は海水、もしそうでなくともかなりの濃度の塩水であったことは明らかである。

その一方、霞ヶ浦の東側に現在もある無梶河《かじなしがわ》（この漢字のならべ方は漢文的である）に関する記述では、そこに住む魚類について、

「鯉、鮒の類はことごとく書きあげることができない（ほど多い）」

という表現がある。この記述によれば、梶無川は常陸風土記の時代には淡水であったことがわかる。なお、無梶河という書き方が現在では梶無川となっていることに注意しなくてはならない。

右記の記述の少し後に、

「郡役所の西に渡船場があり、いわゆる行方の海である。海松《みる》また塩を焼く藻（藻塩草）を生ずる。」

という記述がある。これから、行方郡、つまり霞ヶ浦の東側の水質も海水であり、海として認識されていたことが推定される。

なお、この少し後に、

「ただ鯨鯢はいまだかつて見分したことはない」

という記述がある。この記述をどのように見るかであるが、単に、このあたりには鯨がこない、という意味に解することもできる。浮島からは鯨の骨が出土しているが、もちろんこの鯨の年代が同定されているわけではない。従って前記の鯨に関する記述は、「他では鯨は見られるが、ここには鯨がこない」という意味ではないかと思われる。なお、板来（現在の潮来―いたこ―）の海産物に関して、塩を焼く藻、海松、ばか貝、辛螺、蛤がたくさん取れる、という記述から見ても、当時の霞ヶ浦はそのほぼ全域が海であったことは、ほとんど確かである。

このような状況から、浮島を軸にして当時の霞ヶ浦の状況を再現することが考えられる。

浮島が丁度常陸風土記記述の大きさになるように、水面を上昇させて常陸風土記時代の霞ヶ浦の状況を推定したのが図1である。これも松倉博文の卒業論文（既述）に現れた労作である。この図では参考のためにそれぞれ時代は異なるものの、貝塚、製塩土器の出土状況も重ねあわせてある。

この図から推定されることはいくつかあるが、最も目を引くのは風土記時代の霞ヶ浦の規模と、製塩土器の分布から推定される古代の霞ヶ浦の状況である。一見したところ、最も大きく変化したのは現在の利根川本流であることがわかる。

近世から現在にかけての霞ヶ浦の変化

霞ヶ浦が常陸風土記という文献の存在によって、その時代の姿が推定できるのに対し、利根川は明治直前につくられた、利根川図志という優れた地誌を擁している。

利根川図志（以下、図志）は安政二年（一八五五）、当時五〇歳の赤松宗旦があらわした一書である。この書によって、幕末の利根川の様子が、必ずしも明瞭ではないにしろ、生き生きとわかるのは大切なことである。特に利根川全体の様子についての記述には、次の表現がある。

「……今これを畧説せむに、此川大別し上中下の三利根川と為すその上利根川に入る者は赤谷川・発知川・臼根川・片科川・吾妻川・烏川・志戸川・渡良瀬川等なり。この間大約二十八里有奇。この下分れて二川と為る。その北なる者は赤堀川、関宿に至り、再分れ、一《ひとつ》は逆川と為り、平時は南して江戸川に入る（大水の時はこれに反す）。一は利根川の本流を為し、東流して絹川・蠶養川をあわせる。これを中利根川という……」

という重要な記述がある。これは明治以前に現在の利根川の本流が当時でも本流であると、すでに赤松宗旦によって認識されていたことを示すからである。

歴史的に見れば、利根川は元来東京湾に流れ込んでいたものであって、江戸時代、およびそれ以前の文書に現れる「利根川」は、どの流れをさすものかは明らかではない。現に利根川東遷という言葉自体、明治になってからの言葉ではないかという説も存在する。

確かに現在の隅田川、あるいは荒川等の川筋は江戸時代になっても俗に利根川と呼称されていた。しかし幾度かの流路変更によって、いわゆる利根川東遷が生じ、幕末のころには赤松宗旦の記述のように、現在の利根川が本流として認識されていたことは確かである。

江戸時代、霞ヶ浦周辺には洪水が多かった。これは利根川東遷とともに土砂の堆積が多くなったことや、周辺の人口が増大したこと、さらに天明三年（一八〇三）に代表される、一連の浅間山の噴火によって利根川に大量の土砂が堆積したことなどに理由があるのであろう。従って、明治政府も小規模な放水路の建設を行ったりしていたが、その効果は乏しかった。また地域の住民も、霞ヶ浦一体を「水郷地帯」と認識し、洪水も含めて水と共存する、という考えを持っていた。

しかし、昭和一三年の六月から七月にかけての洪水は、大きな被害を霞ヶ浦周辺に引き起こした。洪水が大災害と化したのである。この災害の詳細な記録はほとんど残ってはいないようである。それは当時日中戦争のさなかであったため、新聞、雑誌上の災害の報道が検閲にかかり、災害そのものの存在が押さえられたことによる。わずかに残された記録と写真によれば、霞ヶ浦沿岸では湛水が一ヶ月にも及んだという。

第二次大戦後間もない、昭和二二年（一九四七）九月にはカスリーン台風により、利根川下流域は大きな被害を受けた。住民の生命財産のみならず、日本の穀倉地帯の災害は日本全体の問題であったのである。この洪水に対し当時の占領軍司令部（ＧＨＱ）も大きな衝撃を受け、アメリカから日本に食料を緊急輸送したほどであった。食料生産の増大のために多くの池や湿地が失われていたのも被害を大きくした。しかし、最も大きな理由は第二次大戦中に、河川整備がほとんど行われなかったためであろう。

その後洪水を防ぐために利根川の疎通能力を大きくした結果、今度は利根川下流には海水が浸入し、塩害が生ずるようになった。これは人災といえばそうかもしれないが、元来霞ヶ浦という海を数百年かけて淡水化したことにも理由があるであろう。

前述のように、さらにその名称が示すように、霞ヶ浦は元来河川、湖沼ではなく、海に分類されるべき水域であった。ところが宝暦から天明にいたる一連の浅間山の噴火による土砂が河道に堆積し、そのために利根川への海水の遡上が押え込まれ、一時的には利根下流部の淡水化が進んだものと考えられる。その一方、河道に堆積した土砂のため洪水が頻発するようにもなっていたものである。

従って河道から土砂を取り除いただけでは、常陸風土記の記述にあるように、程度の差はあろうが霞ヶ浦一帯は再び塩水化することは自明である。

さらに常陸風土記の時代と異なっていたのは、日本、特に関東地方における人口の増加であり、生活の向上でもあった。従って、霞ヶ浦の淡水は重要な水資源になっていたと同時に、ワカサギ等の淡水魚、さらにレンコン等の重要な生産地でもあった。

昭和四〇年ころは、利根川下流部の問題といえば、利根川の流況に応じて海水がどこまで侵入してくるのかという予測であり、利根川上流のダムのどの位置から取水すれば、稲作のためにすこしでも暖かい水を下流部に供給できるかということが当座の問題であった。つまり利根川と霞ヶ浦は、日本全体とはいえなくても、関東地方の食料生産の生命線であり、さらに東京を主とする地域への水供給の基地となっていたのである。

その方針に沿って、常陸川水門（昭和三八年五月竣工）、利根導水路（昭和四三年四月竣工）、利根川河口堰（昭和四六年三月竣工）の三施設が建設された。

元来東京の水供給は村山、山口の二つの貯水池が主体であり、事実私の子供時代（昭和一〇年代）にはそれで間にあっていたが、第二次大戦後には小河内ダム（昭和三二年竣工）が建設された。

霞ヶ浦の水質問題

霞ヶ浦の水質は昭和五〇年ころより透明度が低下し、燐の増大が見られるようになった。それとともに、その生物相もかなり激しく変化をするようになった。

藍藻（俗称アオコ）の出現は昭和四〇年代の後半より始まり、昭和五〇年より六〇年いっぱいにかけて、その数を増やし、霞ヶ浦のほとんどの水面を覆う現象が見られた。

しかし、平成に入るとアオコは徐々に減少し、平成一一年、平成一二年とほとんど見られないようになって、現在に至っている。

アオコは水面を覆い、死滅すると悪臭を発生するため、汚染の象徴としてその絶滅を口にする人もいる。

しかし、実際には藍藻類は地球全体の酸素の形成に主役を果した生物とされており、現在の酸素呼吸生物の根元をなしたと考えている存在である。しかも現在でも大気中の酸素の保持に重要な貢献をしてもいる。

霞ヶ浦のアオコが減少した理由は明らかではないが、多分霞ヶ浦内の生物相が安定せず、優先種の交代が常に生じているためであると考えられる。生物種の交代はかなり自励的な性質を持っているために、水質のわずかな変化によって優先種が大きく変動していると解すべきであろう。

現在、アオコが見られなくなったからといって、霞ヶ浦の水質改善が進んだと即断するのは誤りであると同時に、アオコが発生したからといって、「死の湖」という誇張された表現も正しくはない。

元来アオコは二七億年ほど前に地球上に発生した、シアノバクテリアの仲間である。その原形に近いと考えられているストロマトライトは、現在オーストラリア付近の海域に現存している。このストロマトライトは恐らく強い光合成機能を持った最初の生物であり、それ以後、ストロマトライトから発生する酸素によって、地球大気の組成に大きな変化が生じたと考えられている。

現在の地球における酸素環境は、どのようなメカニズムによって保持されているかについては諸説がある。しかし、ストロマトライトが大きな役割を果し、その仲間である藍藻類、つまりアオコの類が現在でも、地球の酸素環境の維持に大きな役割を果していることは確かである。

霞ヶ浦にアオコが大量発生した理由はあまり明らかではない。同様に霞ヶ浦のアオコが急激に減少した理由も明確にはできない。むしろ問題は、霞ヶ浦がアオコでいっぱいになると、死の湖になったと表現したり、アオコは地球を滅ぼす、というまるで根拠のない表現によって、アオコという生物に憎しみをぶつけた人間の態度にあった。

これまで述べたように霞ヶ浦を中心とした広大な領域は、長い間に人間の影響を強く受けてきた。その理由は日本の人口の増大による住居地の開発であり、食糧の増産であった。

霞ヶ浦の流域は平坦であり、水利の便がよく、水田による稲作を農業の主体とする日本においては、最も住みやすい場所の一つであった。

しかし、水害は次第に住民にとって大きな負担のひとつになった。

その間航空機の発達にともない、霞ヶ浦周辺は軍事基地化されてきた。

地元の人たちに聞くと、皮肉なことにその時代がもっともよく霞ヶ浦が安定していたそうである。明治

表3　利根川主要洪水

水位・雨量／発生年月	水位(m)	流域平均降雨量(mm)	備考
昭和一三年六、七月	Y・P・＋三・四四	六〇〇(七日間)	台風
昭和一六年七月	Y・P・＋二・九〇	三一五(四日間)	台風八号
昭和二二年九月	Y・P・＋一・九六	一七九(五日間)	台風九号(カスリーン)
昭和二五年七月	Y・P・＋二・三四	二四八(一〇日間)	台風一七号
昭和三三年九月	Y・P・＋二・三〇	二四六(五日間)	台風二二号(狩野川)
昭和三六年六、七月	Y・P・＋一・九六	三〇〇(七日間)	梅雨前線
昭和四六年九月	Y・P・＋一・九一	三一二(九日間)	台風二三、二五号
昭和五二年八月	Y・P・＋一・八四	二一二(七日間)	前線、熱帯低気圧
昭和五七年九月	Y・P・＋一・八〇	一七五(三日間)	台風一八号
昭和六〇年六、七月	Y・P・＋一・八九	一一五(二日間)	台風六号
昭和六一年八月	Y・P・＋二・〇五	二三八(二日間)	台風一〇号
平成三年九月	Y・P・＋二・三一	一九八(二日間)	台風一八号
平成三年一〇月	Y・P・＋二・五〇	一七九(九日間)	台風二一号

〔出典〕霞ケ浦＝建設省関東地建、霞ケ浦工事事務所(現国土交通省)

から昭和に至る主要な洪水は、明治四三年（一九一〇）八月、昭和一三年（一九三八）六、七月、昭和一六年（一九四一）七月とかなり少ない。その中で昭和一六年の洪水は相当に激しかったようであるが、日中戦争中のため、昭和に入ってからの洪水に関する報道は厳しく制限され、わずかに検閲のがれとなった少数の記録があるに過ぎない。

表3に示したのは、昭和以降の主要な洪水の一覧表である。

この表で見れば、昭和一三年の洪水は、特に大きなものであったことがわかる。また、平成に入ってからの洪水の水位は再び増大傾向にある。しかし、災害の度合いが減少しているのは喜ばしいことである。

最近の霞ヶ浦の変化

長い間、霞ヶ浦の魚類はワカサギによって代表されていた。そのほかにはウナギ、ワタカ、モロコ、オイカワ、フナ類、タナゴ類のような日本固有種に、戦時中に食料資源として導入された、ハクレン、カムルチーのようなアジア種が昭和二〇年代の魚相であった。

その間にコイの養殖が導入された。これは網生簀方式であって、湖の中に網で生簀をつくり、上部から餌を供給する方式であった。このようにするとコイの食べ残した餌は湖底に沈積するために古い餌をコイが食べることはないから、良質のコイが生産できるというものであった。しかし湖底に沈んだ古い餌は腐敗するために水質悪化の恐れがあった。

コイの生産の目的は主として釣りの対象物であった。さらに、ペヘレイ、ブラックバス等の外来種が釣りの対象として導入され、これはワカサギにかなりの影響を与えたと見られる。

現在私の住んでいる山梨県には、かつてワカサギ釣りのメッカであった河口湖があるが、ここでは度胸を決めてブラックバスの大量導入を行い、現在バス釣りのメッカとして相当の収益を上げている。そのかわりワカサギは完全に消滅した。歴史を調べれば、ワカサギも導入種であるが、ブラックバスは肉食であるために直接他の魚種に影響を与えたのである。

今後もしばらくの間、霞ヶ浦の生物相は変化を続けるであろう。しかし地域全体としての注意深い観察のもとに、きめ細かい水質管理を行っていけば、昭和初期の水質にもどすことも夢ではないであろう。

参考文献

吉野　裕（二〇〇〇）＝風土記、平凡社ライブラリーの書き下し文によった。
岩波日本史辞典（一九九九）
柳田国男　校定・赤松宗旦（一九三八）＝利根川図志、岩波文庫
鈴木牧之　編撰（一九三六）＝北越雪譜、岩波文庫
丸山茂徳・磯崎行雄（一九九八）＝生命と地球の歴史、岩波新書

著者プロフィール

椎貝　博美（しいがい　ひろよし）
昭和九年（一九三四）、東京生まれ。東京大学工学部卒業、土木工学科専攻。筑波大学教授を経て、現在山梨大学長

利根川の風景― 田山花袋「田舎教師」

自然主義文学の田山花袋はその名作「田舎教師」で羽生を舞台としましたが、明治後期の利根川の風景を書き綴りました。

土手にのぼると、利根川は美しく夕日に栄《は》えていた。その心がある希望の為《ため》に動いている為であろう。何だかその波の閃《ひらめ》きも色の調子も空気の濃い影も総《すべ》て自分の踊り勝《がち》な心としっくり相合っているように感じられた。半孕《なかばはら》んだ帆が夕日を受けて緩《ゆるや》かに緩かに下って行くと、漾々《ようよう》として大河の趣を成した川の上には初秋《はつあき》でなければ見られぬような白い大きな雲が浮かんで、川向うの人家や白壁の土蔵や森や土手が濃い空気の中に浮くように見える。土手の草むらの中にはキリギリスが鳴いていた。

渡良瀬《わたらせ》川の利根川に合するあたりは、ひろびろとしてまことに坂東《ばんどう》太郎の名に負《そむ》かぬほど大河の趣を為《な》していた。夕日はもう全く沈んで、対岸の土手に微《かすか》にその余光が残っているばかり、先程の雲の名残《なごり》と見えるちぎれ雲は縁を赤く染めてその上に覚束《おぼつか》なく浮いていた。白帆が懶《もの》うそうに深い碧《みどり》の上を滑って行く。

……利根川《とねがわ》を渡って一里、其処に板倉沼というのがある。沼の畔《ほとり》に雷電

利根川昭和橋地点から羽生市の水田地帯を見る

を祭った神社がある。其処等《ら》あたりは利根川の河底よりも低い卑湿地で、小さい沼が一面にあった。上州から来る鮒や雑魚の旨《うま》いのは、此処等《ここら》でも評判だ。

田山花袋はこの小説の中で全編を通じて関東平野と利根川の田舎の風景を書き連ねています。文庫本に解説を書いた福田恆存は「『田舎教師』の主人公は林清三であるよりは、私にはそれらの田舎町の風物や生活であるように思われます（昭和二七年八月、評論家）」と記しています。

広大な関東平野と周りの山々は次のように綴られます。

関東平野を環《わ》のように繞《めぐ》った山々の眺め――その眺めの美しいのも、忘れられぬ印象の一つであった。秋の末、木の葉が何処《どこ》からともなく街道を転《ころが》って通る頃から、春の霞《かすみ》の薄く被衣《かつぎ》のようにかかる二三月の頃までの山々の美しさは特別であった。雪に光る日光の連山、羊の毛のように白く靡《なび》く浅間ヶ岳《あさまがたけ》の烟《けむり》、赤城《あかぎ》は近く、榛名《はるな》は遠く、足利附近《あしかがふきん》の連山の複雑した襞《ひだ》には夕日が絵のように美しく光線を漲《みなぎ》らした。……

主人公林清三は、中学校の教師であり生徒たちと野原で遊び、花の枝折りに喜びます。

利根川《とねがわ》の土手にはさまざまの花があった。ある日清三《せいぞう》は関さんと大越から発戸《ほっと》までの間を歩いた。清三は一々花の名を手帳につけた。――みつまた、たびらこ、じごくのかまのふた、ほとけのざ、すずめのえんどう、からすのえんどう、のみのふすま、すみれ、たちつぼすみれ、さんしきすみれ、げんげ、たんぽぽ、いぬがらし、こけりんどう、はこべ、あかじくはこべ、かきどうし、さぎごけ、ふき、なずな、ながばぐさ、しゃくなげ、つばき、こごめざくら、もも、ひぼけ、ひなぎく、へびいちご、おにたびらこ、ははこ、きつねのぼたん、そらまめ。

こんなにのんびりした美しい風景を、明治から百年、今も利根川で歩き見たいものです。

〔出典〕田山花袋＝「田舎教師」新潮文庫（明治四二年作）

利根川いろいろ情報

アーカイブス利根川編集委員会

1．日本の主要河川

順位	河川名称	流域面積 (km²)	幹川流路延長 (km)	関係都道府県名
1	利根川	16,840	322	群馬・栃木・埼玉・茨城・千葉・東京
2	石狩川	14,330	268	北海道
3	信濃川	11,900	367	長野・新潟
4	北上川	10,150	249	岩手・宮城
5	木曽川	9,100	227	長野・岐阜・愛知・三重・滋賀
6	十勝川	9,010	156	北海道
7	淀川	8,240	75	滋賀・京都・大阪・兵庫・奈良・三重
8	阿賀野川	7,710	210	福島・新潟・群馬
9	最上川	7,040	229	山形
10	天塩川	5,590	256	北海道

2．世界の主要河川

順位	河川名称	流域面積 (10^2km)	延長 (10km)	河口の所在地	
1	アマゾン	70,500	630	ブラジル	（大西洋）
2	ザイール（コンゴ）	36,900	437	ザイール	（大西洋）
3	ミシシッピ	32,480	378＊1	アメリカ	（メキシコ湾）
4	ラプラタ	31.040	30＊2	アルゼンチン・ウルグアイ	（大西洋）
5	ナイル	30,070	669＊3	エジプト	（地中海）
6	オビ	29,479	368＊4	ロシア（旧ソ連）	（オビ湾）
7	ニニセイ	25,915	413	ロシア（旧ソ連）	（北極海）
8	レナ	23,837	427	ロシア（旧ソ連）	（北極海）
9	ニジェール	20,920	418	ナイジェリア	（ギネア湾）
10	アムール（黒竜江）	20,515	435	ロシア（旧ソ連）	（間宮海峡）

（注）＊1：ミズリー源流からは6,210km
＊2：パラナ・ウルグアイ両川の合流点から下流の値
＊3：カゲラ川源流からの値
＊4：イルチュシュ源流からは5,200km

〔出典〕日本の河川

3. 利根川計画高水流量図

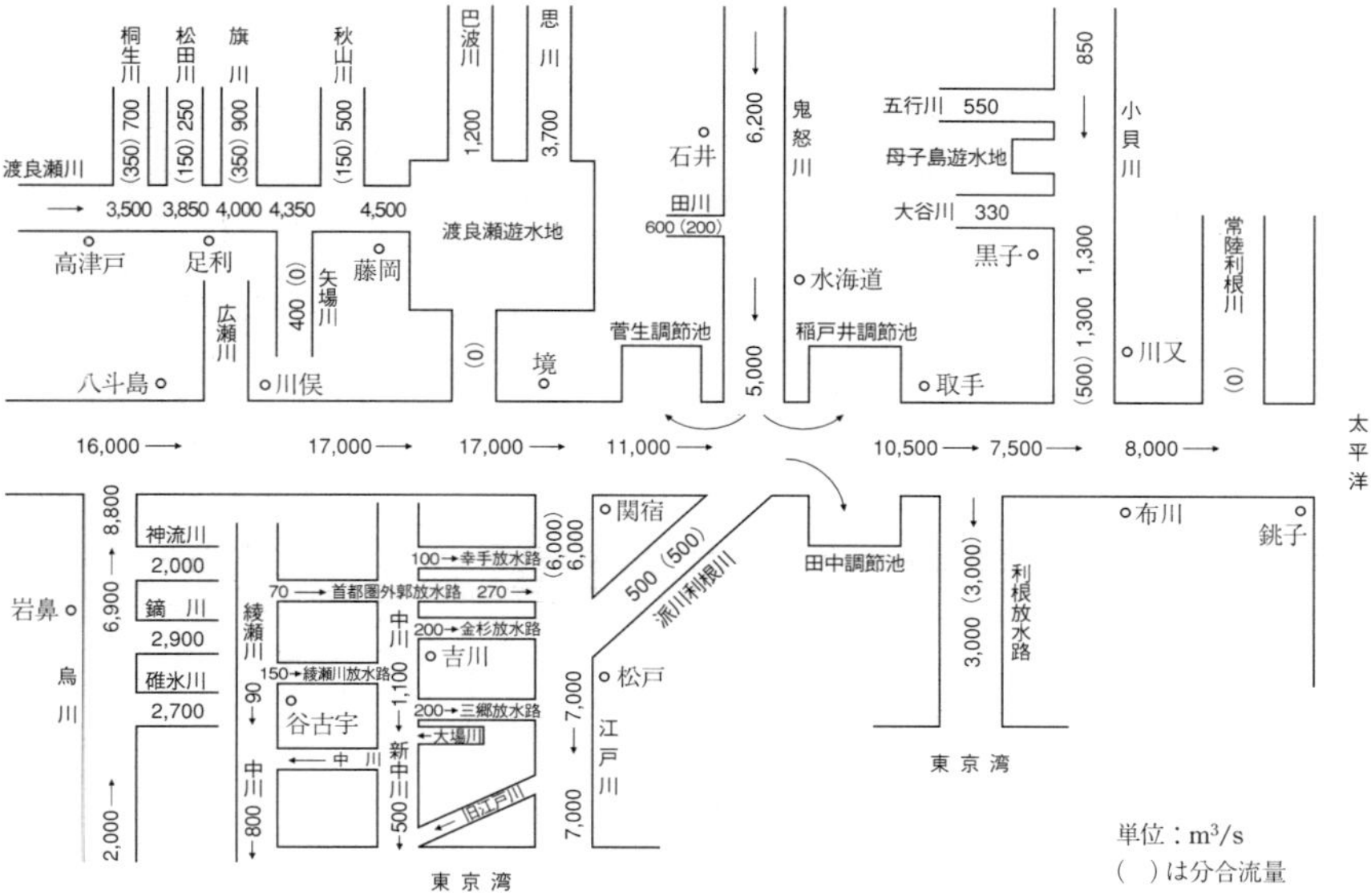

4. 利根川縦断図

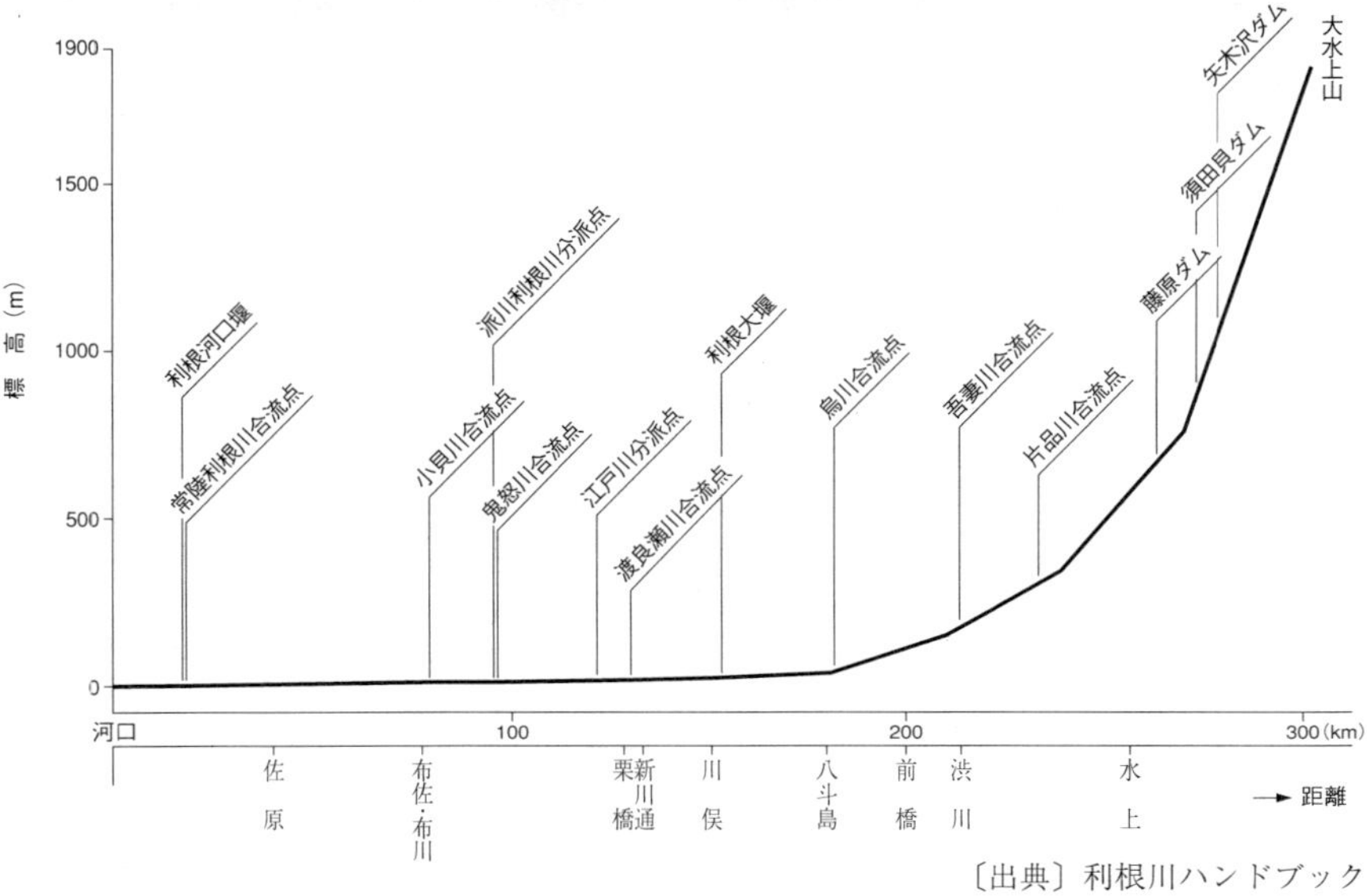

〔出典〕利根川ハンドブック

5．日本の降水量の経年変化

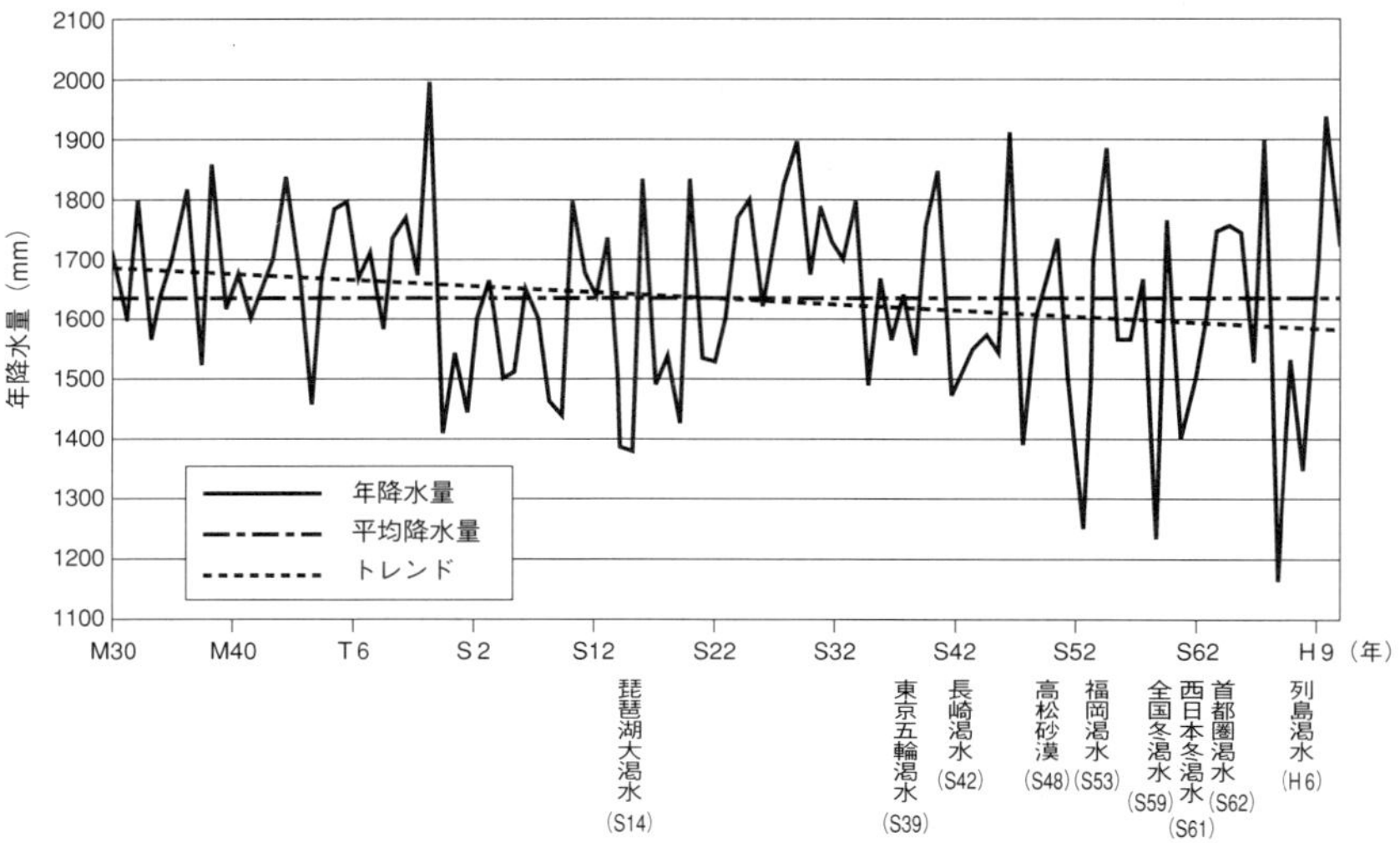

（注）１．気象庁資料に基づいて国土庁で試算。全国46地点の算術平均値。
　　　２．トレンドは回帰直線による。
〔出典〕利根川水系知事サミット2000資料より。

6．利根川（栗橋地点）年最大流量

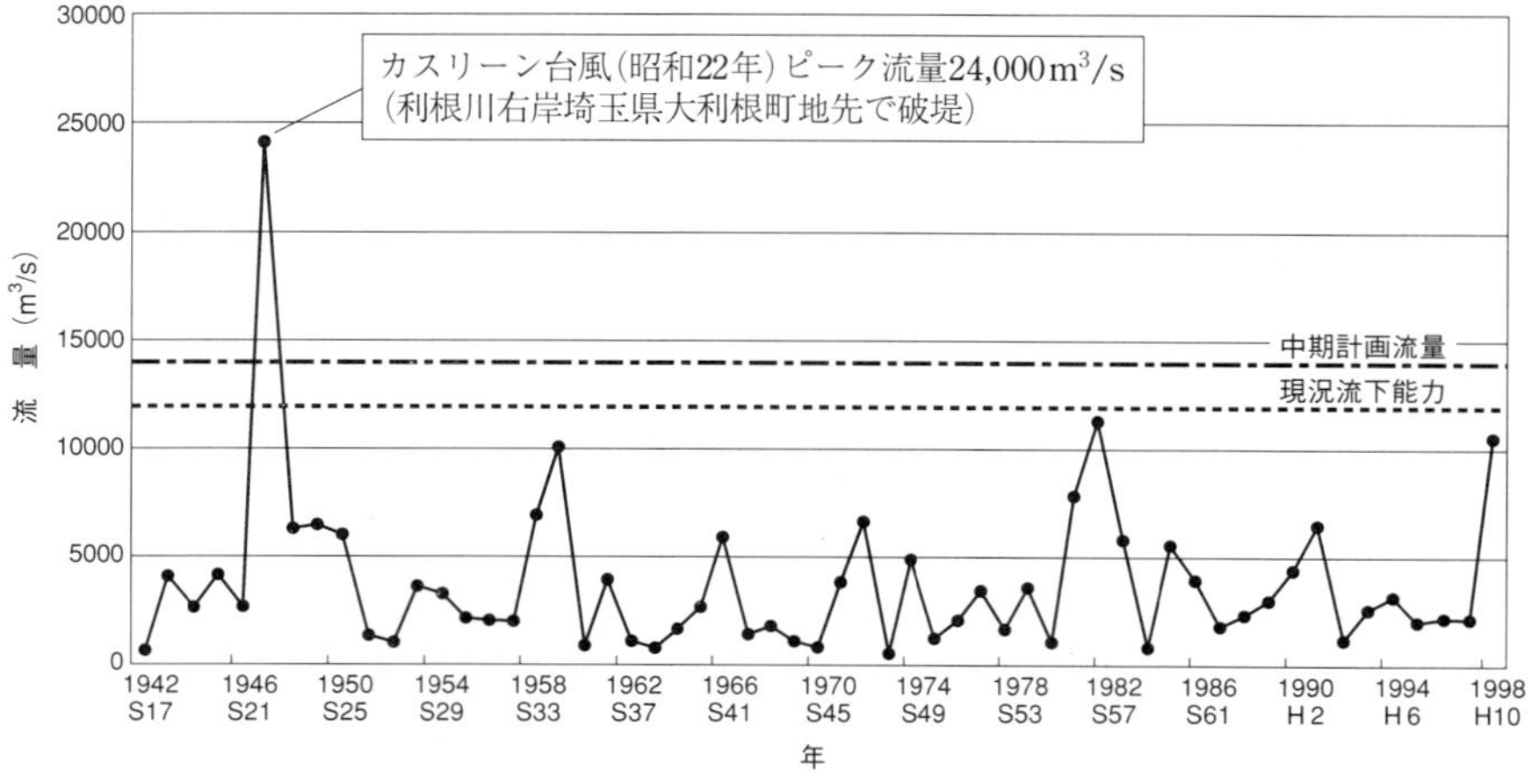

（注）昭和22年の流量は氾濫がなかった場合の流量。
〔出典〕利根川水系知事サミット2000資料より。

7．利根川流域の水害被害額

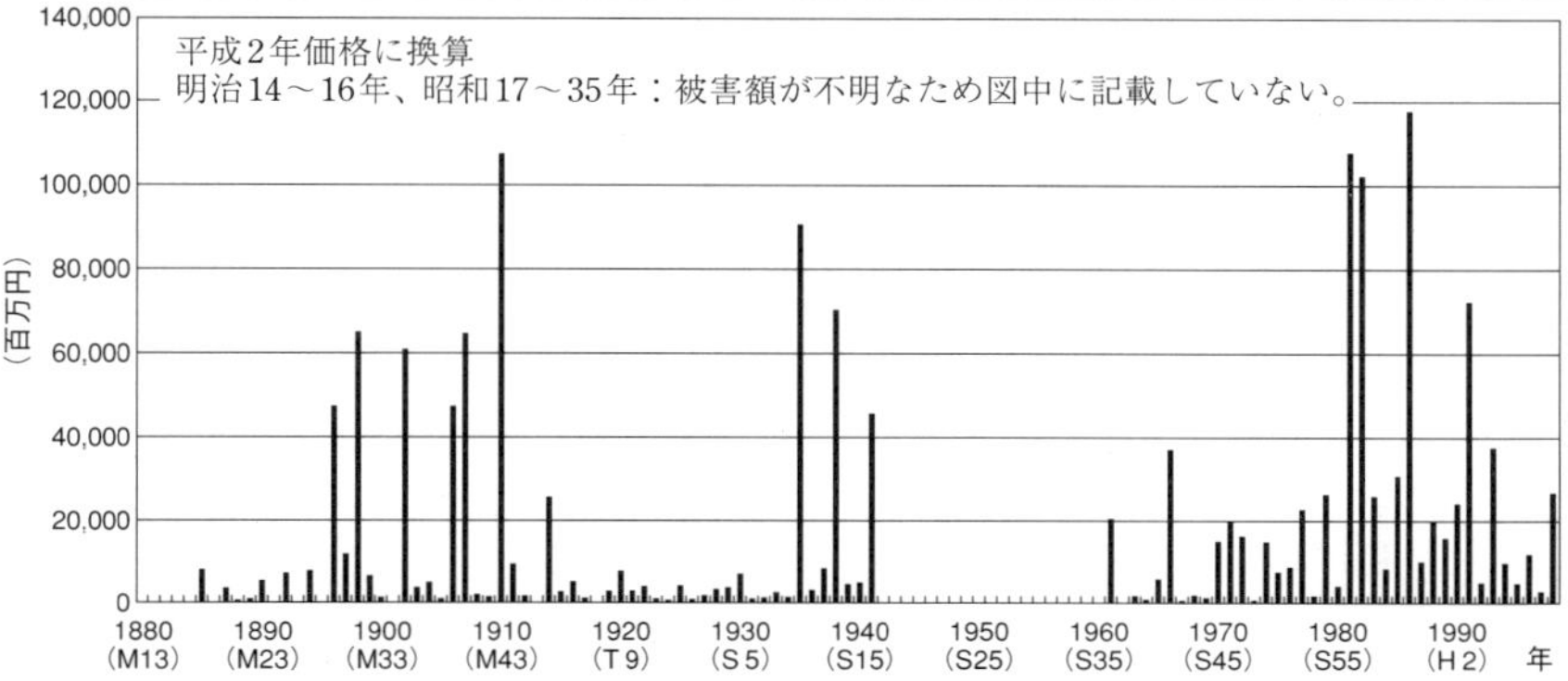

〔出典〕明治13年：「土木局年報」(内務郷年報附録)、内務省
明治17～42年：「大日本帝国内務省統計報告」、内務省
明治43～昭和10年：「大日本帝国内務省統計報告」、内務省
「64水系水害損失価格表」(明治27～昭和16年)、経済安定本部資源調査会事務局
「土木局統計年報　第30回」、内務省土木局
「治水事業に関する統計書　第7回」、内務省土木局
昭和11～16年：「64水系水害損失価格表」(明治27～昭和16年)、経済安定本部資源調査会事務局
昭和36～平成10年：昭和36年版～平成10年版「水害統計」、建設省河川局、1963～2000年

(注)明治13年：「損亡代価」　利根川流域内に中川が含まれているかどうか不明
明治17～20年：「流域内損耗代償」
明治21～24年：「再築費」
明治25～34年：「損失代価及再築費」
明治35～昭和16年：「損失代価」明治35～38年までは「土木に属するもの」と「其他」の合計
明治39～昭和10年までは「復旧費」と「諸損耗」の合計
昭和36～平成10年：「一般資産等」「公益事業等」「公共土木施設」の被害額の合計

8．東京都における年間取水量

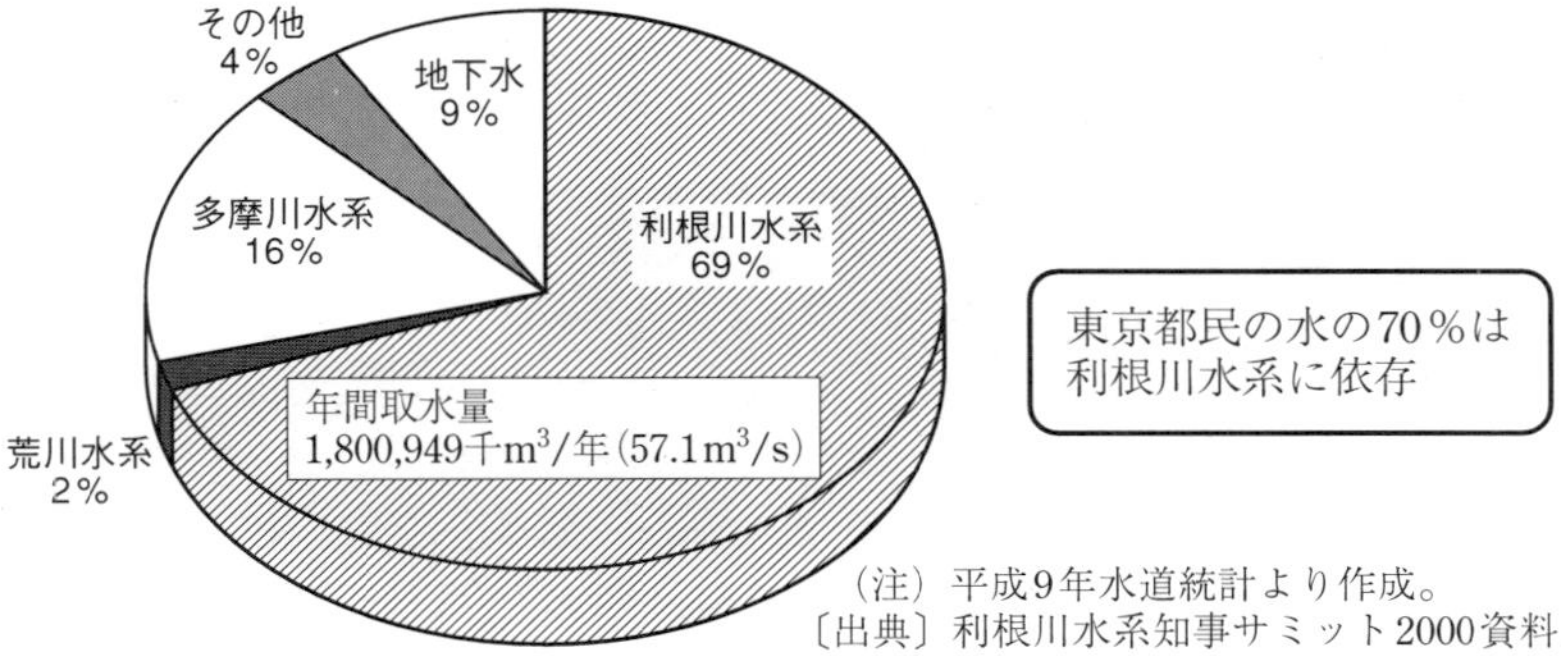

(注) 平成9年水道統計より作成。
〔出典〕利根川水系知事サミット2000資料より。

9．利根川における電力開発量の類型(最大発電力)

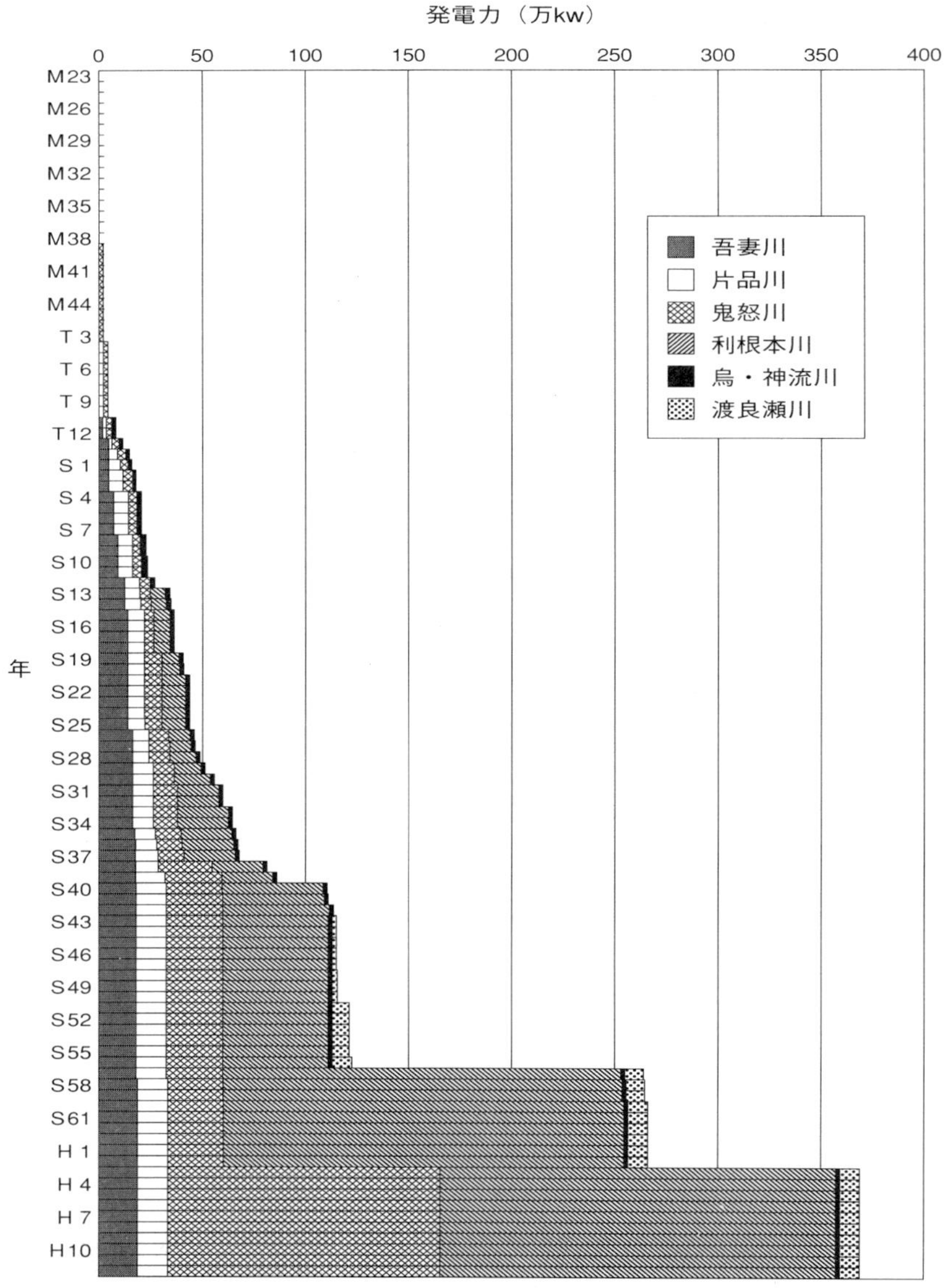

〔出典〕電気事業要覧

10. 利根川流域の桜の名所

11. 利根川流域の花火の名所

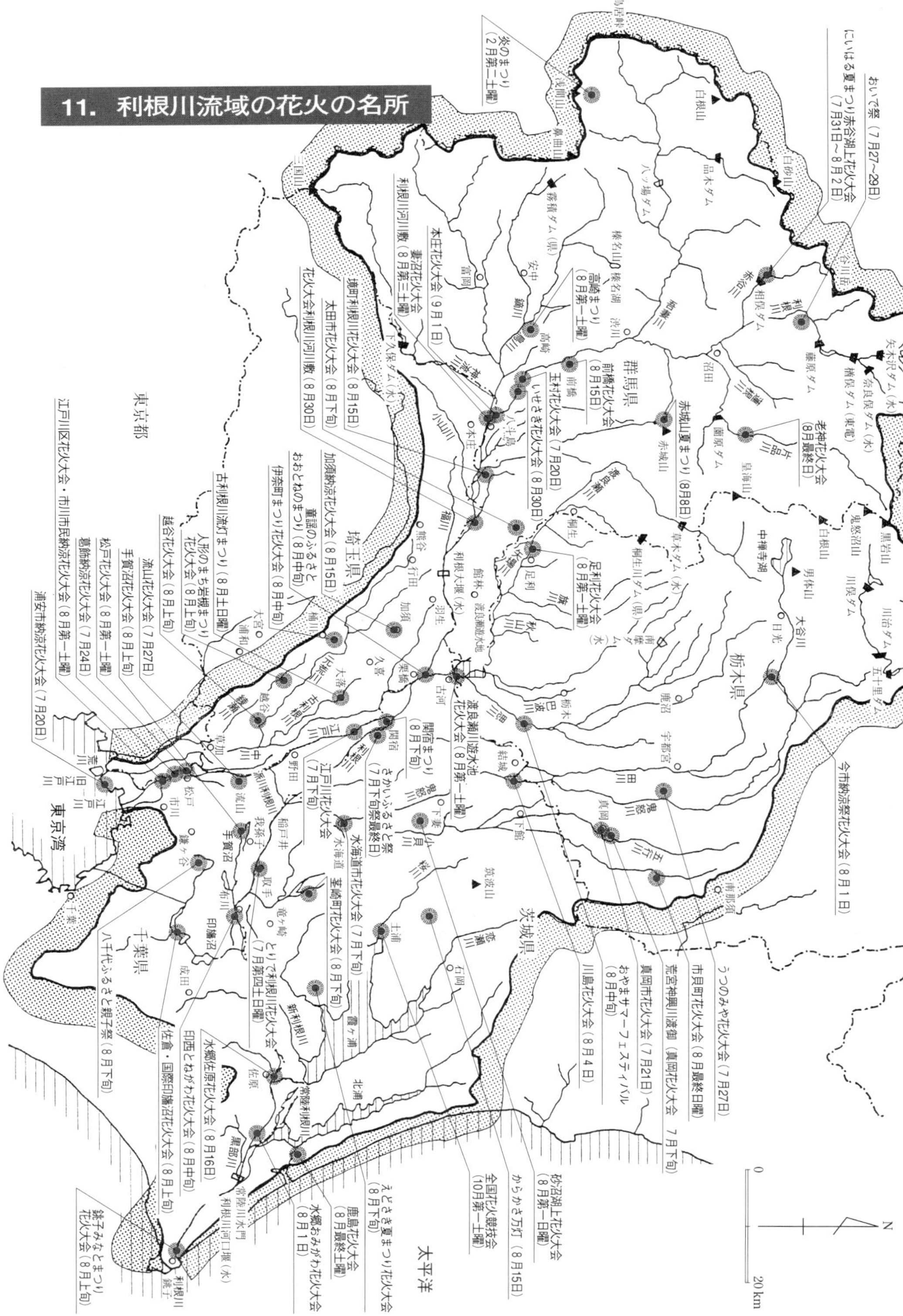

12. 利根川百年の経過

西暦	和暦	利根川のあゆみ	世の中の動き
一八六八	明治 一年		明治維進、五箇条の誓文
一八七二	五年	オランダ人技師らによる利根川の調査、量水標の設置、水位観測の開始	新橋・横浜間鉄道開通
一八七三	六年	内務省設置	
一八七五	八年	低水工事着手、内務省土木寮「利根川出張所」を関宿向河岸に設置	東京中央気象台設置
一八七七	一〇年		西南の役起る
一八八二	一五年	榛名白川で砂防事業開始	
一八八五	一八年	利根川、江戸川の洪水流量を初めて実測	
一八八八	二一年		市制、町制公布
一八九〇	二三年	利根運河開通（明治二一～二三）	
一八九六	二九年	河川法公布	
一八九七	三〇年	砂防法、森林法制定	矢切の渡し認可
一九〇〇	三三年	利根川第一期改修工事着手	川俣事件
一九〇一	三四年		田中正造鉱毒問題で天皇に直訴
一九〇二	三五年	榛名山砂防工事竣工 大谷川土砂流発生	日英同盟協約調印
一九〇四	三七年	吾妻川酸性水により前橋地方養鯉に被害	日露国交断絶、ロシアに宣戦
一九〇七	四〇年	利根川第二期改修工事着手	
一九〇九	四二年	利根川第一期改修工事竣工、利根川第三期改修工事着工	ハイカラ節流行
一九一〇	四三年	利根川大洪水、堤防が決壊し東京まで濁流が押しよせる。この洪水を契機に計画の見直し、臨時治水調査会設置	鈴木梅太郎ビタミンB_1創製 徳川好敏初飛行に成功
一九一四	大正 三年		ミルクキャラメルの創製
一九一六	五年	江戸川放水路開削着工（昭五年竣工）	
一九一八	七年	鬼怒川水系、直轄砂防事業として着工	シベリア出兵
一九二一	一〇年	横利根閘門竣工	公有水面埋立法制定
一九二三	一二年	関東大震災、利根川、渡良瀬川両川維持工事着工	
一九二五	一四年		東京放送局ラジオ放送開始

西暦	和暦	利根川のあゆみ	世の中の動き
一九二六	昭和　一年	権現堂川締切着工（二年竣工）	
一九二七	二年	関宿水閘門竣工	東京地下鉄浅草上野間開通（日本初）
一九三〇	五年	利根川第二、第三期改修工事竣工、五十里ダム掘削開始	農地開発法施行
一九三一	六年	江戸川の通運丸廃業	満州事変起こる
一九三三	八年	五十里ダム工事中止、田中調節池工事着工	東北、三陸地方に大地震大津波発生
一九三五	一〇年	大洪水により小貝川堤防決壊	
一九三七	一二年	利根川応急増補工事着工、渡良瀬川宣轄砂防工事着工	日華事変起こる
一九三八	一三年	利根川大洪水	
一九三九	一四年	利根川増補計画着工、砂防工事着工	
一九四一	一六年	利根川大洪水	大平洋戦争始まる
一九四六	二一年		日本国憲法公布
一九四七	二二年	カスリーン台風来襲、利根川新川通りで決壊	
一九四八	二三年	アイオン台風来襲、利根川水系砂防片品川流域に着手	利根川気象連絡会発足
一九四九	二四年	キティ台風来襲、利根川改修改訂計画樹立、利根川水系砂防・赤城山を中心に着工	水防法制定土地改良法制定、湯川秀樹ノーベル賞受賞
一九五〇	二五年	五十里ダム再度着工	朝鮮動乱起こる
一九五二	二七年	建設省、一都六県水防演習（第一回）実施	日華、日印平和条約調印
一九五三	二八年	利根川総体計画策定	NHKテレビ放送開始
一九五四	二九年	渡良瀬川水系足尾堰堤竣工	
一九五六	三一年	五十里ダム竣工	神武景気高まる
一九五六	三一年	利根川河口導流堤竣工	
一九五七	三二年	行徳可動堰竣工	日本、国際連合の非常任事国に当選
一九五八	三三年	利根川大渇水、藤原ダム竣工	水質保全法、工場排水規制法公布
一九五九	三四年	相俣ダム二期工事竣工、利根川水系砂防工事、神流川流域に着工、伊勢湾台風来襲	
一九六〇	三五年	岡堰洗堰竣工	治山・治氷緊急措置法、水特別会計法制走、日米安全保障条約調印
一九六二	三七年	新中川開削工事竣工、	三河島事故発生

		利根川水系水資源開発基本計画策走	
一九六三	三八年	常陸川水門竣工、品木ダム中和工場竣工	
一九六四	三九年	新河川法制定、隅田川浄化用水導水事業実施、東京異常渇水で水不足深刻化（オリンピック渇水）	東海道新幹線開業、東京オリンピック
一九六五	四〇年	利根川水系工事実施基本計画策定、品木ダム事業竣工、利根川羽生千代田引堤竣工	
一九六七	四二年	薗原ダム竣工、川俣ダム竣工	
一九六八	四三年	矢木沢ダム竣工、利根川行田、利鳥、川巴村引堤工事竣工	公害対策基本法公布
一九六九	四四年	下久保ダム竣工、岩井分水路竣工、利根大堰竣工	小笠原返還協定調印
一九七一	四六年	利根川河口堰竣工、福岡堰改築工事竣工	沖縄返還協定調印
一九七四	四九年	利根川水系渇水対策連絡協議会設立	
一九七五	五〇年	利根川、荒川水源地域対策基金設立	
一九七六	五一年	草木ダム竣工、豊田堰改築工事竣工、関東地方水質汚濁対策連絡協議会設置	八月一日「水の日」閣議決定
一九七七	五二年	野田緊急暫定導水路竣工、利根川渇水	成田空港運営開始
一九七八	五三年	三郷放水路暫定竣工	木曽御嶽山噴火
一九七九	五四年	利根川水系工事実施基本計画改訂	イラン・イラク戦争
一九八一	五六年	利根川水害、総合治水の一環として中川・綾瀬川流域の浸水実績公表	中国残留孤児来日調査開始
一九八二	五七年	利根川水害（主に内水被害）	
一九八三	五八年	川治ダム竣工	日本海中部地震、大韓航空機撃墜事件、三宅島大噴火
一九八四	五九年	霞ヶ浦導水着工、環境影響評価実施要綱閣議決定	新一万円・五千円・千円札発行
一九八五	六〇年	日光地区で総合土石流対策モデル事業開始	日航ジャンボ機・御巣鷹山に墜落
一九八六	六一年	利根川水害	旧ソ連チェルノブイリ原子力発電所で大事故
一九八七	六二年	南郷流路工竣工、スーパー堤防事業開始、河川環境創出のためのモデル事業開始	国鉄民営化・JR発足

西暦	和暦	利根川のあゆみ	世の中の動き
一九八八	六三年	総合治水の一環として中川・綾瀬川流域の浸水予想図公表、第四次フルプラン策定	青函トンネル開通（世界最長）
一九八九	平成 一年	火山砂防事業開始	消費税三パーセント導入
一九九〇	二年	渡良瀬第一調整池内に渡良瀬貯水池（谷中湖）概成、多自然型川づくり事業開始、河川水辺の国勢調査開始	日本人初の宇宙飛行（東京放送秋山豊寛）
一九九一	三年	奈良俣ダム竣工、小貝川母子島遊水地完成	
一九九二	四年	渡良瀬貯水池でヨシ原利用の水質対策開始、利根川水系最初に着手の千葉県栄町矢口地区スーパー堤防完成	EU発足
一九九三	五年	首都圏外郭放水路着工、環境基本法制定	
一九九四	六年	利根川水系渇水（列島渇水）、渡良瀬川上流部支川に対し清流ルネッサンス21（水環境改善緊急行動計画）策定、環境政策大綱作成	松本サリン事件、関西国際空港開港
一九九五	七年	鬼怒川上流ダム群連携事業着手、綾瀬川に対し清流ルネッサンス21策定	阪神・淡路大震災、地下鉄サリン事件
一九九六	八年	霞ヶ浦開発事業完成、綾瀬川放水路完成、利根川水系渇水、相俣ダム水環境改善事業（減水区間の解消等の目的）着手	O-157集団食中毒発生
一九九七	九年	江戸川中流部及び坂川に対し清流ルネッサンス21策定、河川法改正（環境の整備と保全を目的に追加）、環境影響評価法制定	消費税五パーセントに引き上げ
一九九八	一〇年	江戸川放水路妙典地区スーパー堤防完成	長野冬季オリンピック開催
一九九九	一一年	江戸川流水保全水路暫定完成	ミレニアム語流行
二〇〇〇	一二年	利根川改修工事着手（明治三三年）以来一〇〇年目を迎える、北千葉導水路完成	

〔出典〕「利根川ハンドブック」および国土交通省資料による。

おわりに

遠く群馬と新潟の県境の大水上山を源流とし、関東の一都五県を流域に抱える広大な利根川は、流路延長で全国二位、流域面積では全国一位の堂々たる大河川です。

規模だけではありません。飲み水、舟運、食料、建設資材、などなど我が国の首都を四〇〇年にわたり支えてきました。今日私たちは、利根川及び各支川の姿を見ることはできるものの、その歴史的な変遷の多くはもうすでに過去のものとなってしまい、石碑や遺跡としてしか直接見ることはできません。

隅田川と違って、首都の縁を銚子に向かって西から東へと流れる利根川は、首都圏の住民にとってせいぜい旅行や出張に向かうとき東北自動車道や新幹線の窓から見える途中の景色でしかなさそうです。

とても利根川の水を毎日飲んでいることや、利根川の堤防が無ければ首都が水浸しになるなどとは思いも及ばず利根川を渡っているに違いありません。

今年（二〇〇一年）は渇水でもあり、少しは利根川の水の重要性に気が付いた方も多いと思いますが、喉元すぎれば暑さ忘れるでは心許ありません。現に空前の首都渇水であった昭和三九年のオリンピック渇水などはもうほとんどの方の意識から薄れているに違いありません。

古代四大文明は大河のほとりに起源し、その大河の恵みの中で発展してきました。文明にとって川は必要不可欠な与条件です。日本でもそれは同じです。江戸、東京は、多摩川や荒川、隅田川とともに、大きな存在として利根川が支えて来たのです。

アーカイブス利根川編集委員会は、利根川近代治水百年目、さらには西暦二〇〇〇（平成十二）年という歴史的な節目の年にあたり、利根川の本来の姿、様々な姿を書き留め書籍として出版するために発足しました。

是非、この本に書かれた身近な話題から、利根川に対してあらためて興味を持っていただければ幸いです。さらに、四季の話題として、スポーツ・散策の場として、歴史・文化・技術等の学習や研究の対象としてなど、いろいろな切り口を開いていただければ願ってもないことです。

今回の書籍は広く一般の方々を読者対象として二一世紀に語り伝える話題や利根川に興味を持っていただけるような話題を提供することを目的としました。

ご執筆には各界の方々にご協力を賜り、ほとんどボランティアでお忙しい中執筆いただきました。改めまして御礼を申し上げます。

なお、編集にあたりましては、宮村忠教授にその監修をお願いし、左記編集委員会のメンバーが参加しました。コラムおよび「利根川いろいろ情報」については、熊野、広尾、村田、石川、杉山、土屋が担当しました。

平成十三年晩秋

アーカイブス利根川編集委員会

宮村　忠　関東学院大学教授
松田　芳夫　財団法人リバーフロント整備センター理事長
宮武　晃司　国土交通省河川局河川環境課（前関東地方整備局）
広尾　義彰　利根川歴史研究会（株日本能率協会総合研究所）
村田　和夫　利根川歴史研究会（株建設技術研究所）
熊野　可文　利根川歴史研究会（応用生態工学研究会事務局）
石川　大軸　日本河川開発調査会
杉山八重子　自然環境復元協会
土屋　詔二　利根川歴史研究会

―スタッフ―

［アーカイブス（archives）＝記録保存所、（知識などの）蓄積場所］（岩波新和英辞典より）

アーカイブス 利根川

2001年(平成13年) 11月30日 第1刷発行

監　修　宮村　忠
編　集　アーカイブス利根川編集委員会
発行者　今井　貴・四戸孝治
発行所　(株)信山社サイテック／信山社出版
〒113-0033　東京都文京区本郷6－2－10
TEL 03(3818)1084　FAX 03(3818)8530
http: //www.sci-tech.co.jp
発　売　(株)大学図書（東京神田駿河台）
印刷／製本　松澤印刷／渋谷文泉閣

ISBN4-7972-2563-7 C3060